计算机网络实验与学习指导

——基于 Cisco Packet Tracer 模拟器

（第 3 版）

叶阿勇　赖会霞　张桢萍　编著

電子工業出版社
Publishing House of Electronics Industry
北京 • BEIJING

内 容 简 介

本书共 7 章。第 1 章主要介绍了 Cisco Packet Tracer 8.0 的操作方法；第 2～6 章围绕计算机网络系统中数据链路层、网络层、运输层、应用层、网络安全方面的主要协议和知识点精心设计了 27 个实验；第 7 章设计了 2 个综合实验，分别针对计算机网络体系结构 5 层协议栈和 3 层组网技术进行了实验分析。实验步骤中增设了“观察”和“思考”环节，以引导读者按要求完成实验任务，并通过分析和深入思考加深对计算机网络相关理论知识的理解及融会贯通。

本书既可作为计算机网络课程的配套实验教材，也可作为自学教材单独使用。

本书附有各实验的配套实验文件（*.pka），所有实验文件均需在 Cisco Packet Tracer 8.0 及以上版本中打开，读者可从华信教育资源网（http://www.hxedu.com.cn）免费下载。

图书在版编目（CIP）数据

计算机网络实验与学习指导：基于 Cisco Packet Tracer 模拟器 / 叶阿勇，赖会霞，张桢萍编著. —3 版. —北京：电子工业出版社，2022.8
ISBN 978-7-121-43919-3

Ⅰ. ①计… Ⅱ. ①叶… ②赖… ③张… Ⅲ. ①计算机网络—实验 Ⅳ. ①TP393-33

中国版本图书馆 CIP 数据核字（2022）第 118186 号

责任编辑：米俊萍　　特约编辑：张燕虹
印　　刷：三河市鑫金马印装有限公司
装　　订：三河市鑫金马印装有限公司
出版发行：电子工业出版社
　　　　　北京市海淀区万寿路 173 信箱　邮编：100036
开　　本：787×1 092　1/16　印张：17.5　字数：448 千字
版　　次：2014 年 11 月第 1 版
　　　　　2022 年 8 月第 3 版
印　　次：2024 年 7 月第 5 次印刷
定　　价：59.00 元

凡所购买电子工业出版社图书有缺损问题，请向购买书店调换。若书店售缺，请与本社发行部联系，联系及邮购电话：（010）88254888，88258888。

质量投诉请发邮件至 zlts@phei.com.cn，盗版侵权举报请发邮件至 dbqq@phei.com.cn。

本书咨询联系方式：mijp@phei.com.cn。

前　言

“计算机网络”是信息类专业的核心基础课程之一。以Internet为代表的计算机网络是一个庞大而复杂的系统，涉及众多抽象的协议和技术。并且，这些协议和技术大多被网络系统采用的分层设计方法屏蔽与封装。因此，计算机网络对初学者而言，显得复杂抽象、不易理解。通过直观的方法观察数据传输过程、分析协议原理，对深入地理解计算机网络原理大有裨益，本书的编写目的就在于此。

本书实验基于Cisco Packet Tracer模拟器设计，充分利用其模拟模式下对数据传输过程的动画演示，以及协议分析、协议处理数据详细信息的查看等功能。实验内容包括跟踪网络中数据传输过程、捕获数据传输中产生的数据包、查看分析协议处理数据的详情、从协议封装层次和封装格式等角度进行分析等。实验设计紧扣计算机网络教学中的重点、难点，通过读者亲自动手操作实验或者教师演示实验，使复杂抽象的网络概念、网络协议的学习和教学变得形象生动，有助于读者理解和掌握相关的概念和协议。

本书（第 3 版）对第 2 版的主要修订如下：

（1）在第2版的基础上对原有多数实验进行重新设计和完善，充分利用Cisco Packet Tracer 模拟模式下提供的信息和功能，不仅优化了实验步骤，也更深入地剖析了网络协议的工作原理和工作流程，使读者通过操作实验能更好地理解计算机网络原理。

（2）新增若干重要实验，如第2章新增“CSMA/CD工作原理”实验，并将第2版中的“集线器与交换机的对比”实验改为“共享式以太网与交换式以太网的对比”；第4章新增“TCP 运行机制探究”实验，并将第2版中的“序号与确认序号”实验的内容整合至该实验中。

（3）在实验步骤中增设了“观察”和“思考”环节，用于规范实验报告的内容和要求。其中，“观察”环节主要明确该实验步骤的具体任务，“思考”环节旨在引导读者对实验结果或相关知识点进行深入思考，以达到更好的实验效果。

本书共7章。第1章主要介绍了Packet Tracer 8.0的操作方法；第2～6章围绕计算机网络系统中数据链路层、网络层、运输层、应用层、网络安全方面的主要协议和知识点精心设计了27个实验；第7章设计了2个综合实验，分别针对计算机网络体系结构5层协议栈和3层组网技术进行了实验分析。

本书每个实验均归纳和介绍了所涉及的背景知识，并在实验步骤中设置了“观察”和“思考”环节，以引导读者按要求完成实验任务，并通过分析和深入思考加深对计算机网络相关理论知识的理解及融会贯通。针对每个实验，作者都亲自动手完成并反复验证，在书中给出了详细的实验操作步骤，以确保实验内容的正确性及实验的可操作性。

本书由叶阿勇、赖会霞、张桢萍编著。第 1 章、第 2 章、第 6 章由赖会霞编写，第 3 章由叶阿勇编写，第 4 章、第 5 章由张桢萍编写，第 7 章由叶阿勇和赖会霞共同编写。叶阿勇、赖会霞负责全书的统稿工作。

本书既可作为计算机网络课程的配套实验教材，也可单独作为自学教材使用。

本书附有各实验的配套实验文件（*.pka），所有实验文件均需在 Cisco Packet Tracer 8.0 及以上版本中打开，读者可从华信教育资源网（http://www.hxedu.com.cn）免费注册下载。

由于作者水平所限，书中难免存在不足和疏漏之处，恳请广大读者和同行批评指正。

作者邮箱：yay@fjnu.edu.cn。

编 著 者

目 录

1

第 1 章 Packet Tracer 8.0 使用指南

1.1 Packet Tracer 8.0 概述

Packet Tracer 是由 Cisco 公司发布的一个辅助学习工具，为学习者学习计算机网络原理与技术、设计和配置网络项目，以及排除网络故障等提供了一个简单易行的模拟环境。用户可以直接使用拖曳方式建立网络拓扑，并使用图形配置界面或命令行配置界面对网络设备进行配置和测试；也可在软件提供的模拟模式下观察数据包在网络中行进的详细过程，进行协议分析等。

本书后续章节所用实验文件均基于 Packet Tracer 8.0 版本，请读者使用 Packet Tracer 8.0 或以上版本进行实验。

1.2 Packet Tracer 8.0 操作界面

打开 Packet Tracer 8.0 进入其操作界面（如图 1-1 所示）。该操作界面主要包括：① 菜单栏；② 工具栏；③ 拓扑工作区工具条；④ 拓扑工作区；⑤ 设备列表区；⑥ PDU List Window（PDU 列表窗口）区。

其中，工具栏提供菜单项中一些常用功能的快捷键，而 PDU List Window

区将在 1.5 节介绍。

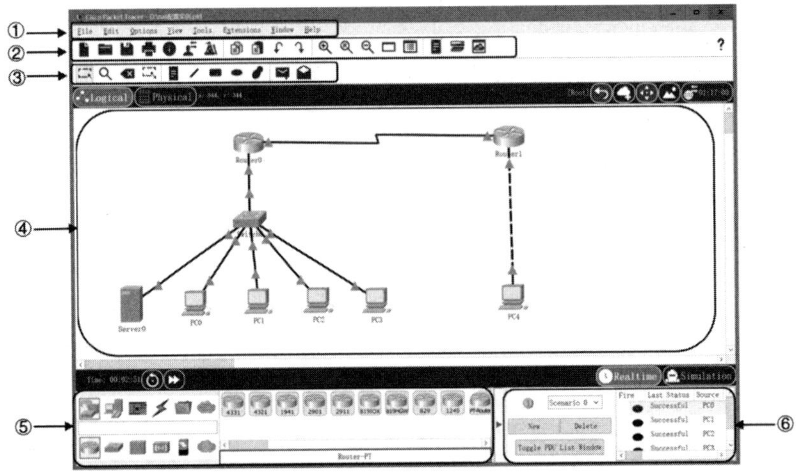

图 1-1　Packet Tracer 8.0 操作界面

1.2.1　菜单栏

菜单栏如图 1-1 中的①所示。使用菜单栏内的菜单，可以新建、打开、保存文件，可以使用复制、粘贴等编辑功能，以及获取软件帮助信息等。在此仅对 Preferences 中的常用功能项进行介绍。

单击菜单栏上的 Options→Preferences，打开 Preferences（参数设置）对话框，如图 1-2 所示。

在 Interface 选项卡中，可以通过勾选 Customize User Experience 内的选项定制在拓扑工作区内显示哪些信息。

- Show Device Model Labels：显示设备型号，在拓扑图上显示每台设备的型号。
- Show Device Name Labels：显示设备名，在拓扑图上显示每台设备的设备名，便于用户识别。
- Always Show Port Labels in Logical Workspace：始终显示接口标签，在拓扑图上显示接口名，便于用户了解拓扑图中各设备之间的连接情况。
- Show Link Lights：显示链路指示灯，在拓扑图中设备接口旁显示该接口状态指示灯。指示灯为红色时，表示接口为关闭状态；交换机端口指示灯为橙色时，表示端口已连接设备并打开，但不能收发数据；指示灯为绿色时，表示接口已打开且可收发数据。

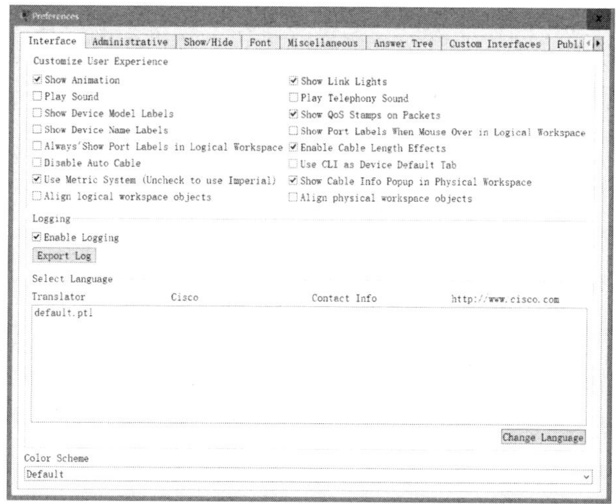

图 1-2　Preferences（参数设置）对话框

1.2.2　拓扑工作区

拓扑工作区是创建网络拓扑、配置网络设备及测试网络的主要工作场所。在拓扑工作区中，可以添加设备、使用线缆连接设备创建网络拓扑图，使用拓扑工作区工具对拓扑图进行操作，对设备进行配置及测试网络，或者在模拟模式下分析网络协议等。

拓扑工作区工具条（如图 1-3 所示）用于对拓扑图进行操作。在工具条上用鼠标单击某个图标或在键盘上按下相应的快捷键即选中工具。拓扑工具区工具条包含以下工具[①]。

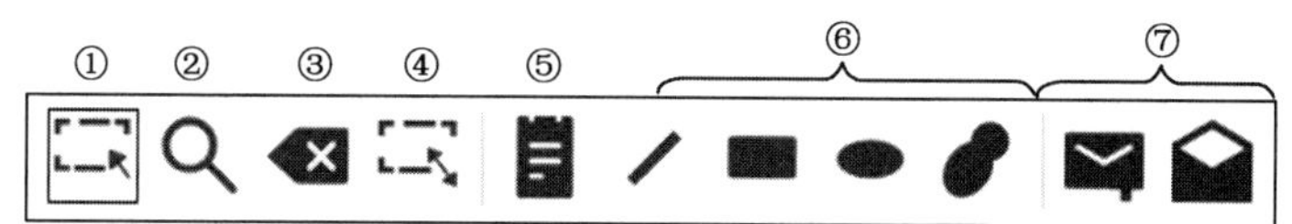

图 1-3　拓扑工作区工具条

① Select（Esc）：选择工具。选中该工具后，将鼠标移至拓扑工作区，可以选择拓扑工作区内的元素进行操作。例如，单击设备可打开其配置界面；选

[①] 将鼠标指针移动到工具条中的每个工具图标上时，会显示出该工具的英文名称及其快捷键。在本书后续章节中使用工具条中的工具时，以其英文名称表示。

中设备并按住鼠标左键移动鼠标，调整设备在工作区中的位置等。在使用其他工具后，有时也需要再次选中 Select 以释放鼠标。

② Inspect（I）：查看工具。该工具用于查看拓扑图中设备的信息，如路由器的路由表、端口状态、ARP 表，交换机的 MAC 地址转发表等。选中该工具后，在拓扑图上单击需要查看的设备，并在弹出菜单中选择相应菜单项即可查看对应信息。例如，查看路由器的路由表，如图 1-4 所示。

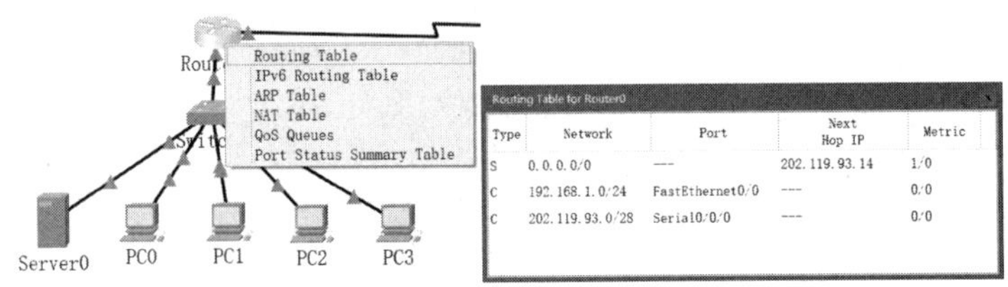

图 1-4　使用 Inspect 工具查看路由器的路由表

③ Delete（Del）：删除工具。选中该工具后，在拓扑工作区内单击某个设备、线缆或标签等元素，即可将其删除。

④ Resize（Alt+R）：改变大小工具。在拓扑工作区中添加图形后，若选中该工具，则图形上会出现红色小方块，用鼠标左键按住红色小方块并拖动鼠标可调整图形大小。

⑤ Place Note（N）：添加标签工具。选中该工具后，可以在拓扑工作区内为设备添加标签或者添加拓扑图的说明信息等。

⑥ Draw Line（L）、Draw Rectangle（R）、Draw Ellipse（E）、Draw Freeform（F）：绘制图形工具，可以绘制直线、矩形、椭圆和自由图形。

⑦ Add Simple PDU（P）、Add Complex PDU（C）：添加简单 PDU 和添加复杂 PDU 工具。该工具的用法将在 1.5 节中详述。

1.2.3　设备列表区

设备列表区（如图 1-5 所示）显示 Packet Tracer 8.0 模拟器支持的设备，由以下 4 部分组成。

① 设备分类列表区：显示模拟器支持的设备的大分类，如 Network Devices（网络设备）、End Devices（终端设备）等。

② 设备分类名或设备类型名显示区：当用鼠标移动到某个设备分类图标或设备类型图标时，此处会显示设备分类名或设备类型名。

③ 设备类型列表区：显示模拟器支持的设备类型，在设备分类列表区选中一个设备分类后，在此显示该分类下的所有设备类型。在选中第一个分类 Network Devices 时，此处列出所有支持的网络设备类型，包括 Routers（路由器）、Switches（交换机）、Hubs（集线器）、Wireless Devices（无线设备）等。

④ 设备型号列表区：显示某种类型设备的所有可选型号。在设备类型列表区内选中某个设备类型后，此处显示该类型设备的所有可选型号。在设备类型列表区内选中 Routers 后，此处列出路由器的所有可选型号。在把鼠标移动到某个图标时，下方会显示该图标对应的设备型号名称。

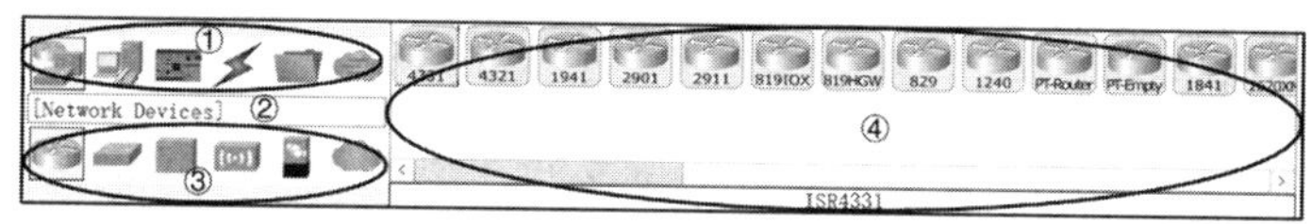

图 1-5　设备列表区

Packet Tracer 8.0 支持的设备类型和设备型号较多，在此不一一赘述，读者可以通过软件显示信息或帮助了解详细信息。

1.3　使用 Packet Tracer 8.0 搭建网络拓扑

1.3.1　添加设备

如图 1-6 所示，添加设备按如下步骤操作。

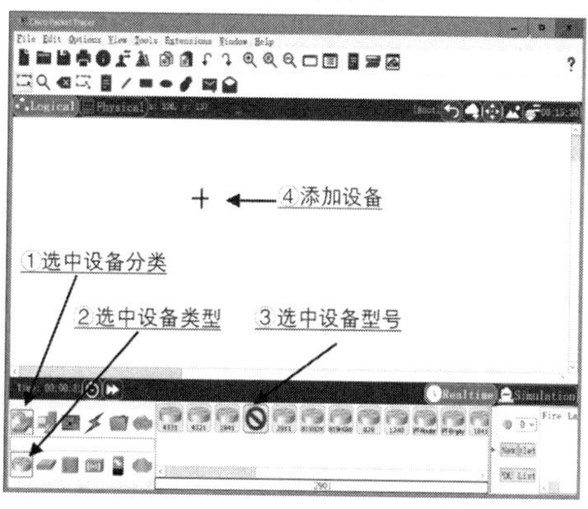

图 1-6　添加设备的操作步骤

① 在设备分类列表中单击选中要添加设备的所属分类。

② 在设备类型列表中单击选中要添加设备的类型，此时设备型号列表中将

显示该类型设备的所有可选型号。

③ 在设备型号列表中单击选中要添加设备的型号，此时选中设备呈现为图 1-6 中③箭头所指的图标。再次单击该图标可取消选择。

④ 将鼠标移至拓扑工作区，此时在鼠标所在位置上会出现“+”的符号，表示设备添加的位置。确定添加位置后单击鼠标左键即完成设备的添加。也可以在选中设备型号时，按住鼠标左键并拖动到拓扑工作区内合适的位置，再松开鼠标左键完成设备的添加。

完成设备的添加后，如需移动设备位置，可以选中拓扑工作区工具条上的 Select 工具，在拓扑工作区中选中要移动的设备，按住鼠标左键移动到合适的位置松开鼠标即可。

按照上述操作步骤，添加网络设备 Router（路由器）、Switch（交换机）和两台终端设备（PC）。完成设备的添加，如图 1-7 所示。

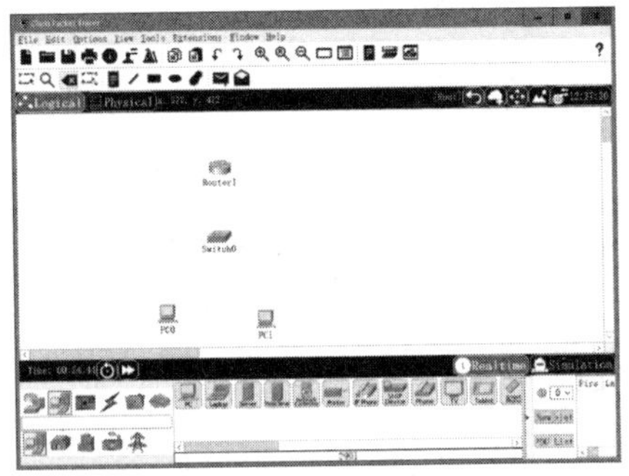

图 1-7　完成设备的添加

在拓扑图中单击设备可以打开其配置窗口，在 Config 选项卡中修改其设备名。Router1 的配置窗口如图 1-8 所示。其中，Display Name 是显示在拓扑图中的名称，Hostname 用于交换数据时标识该设备。

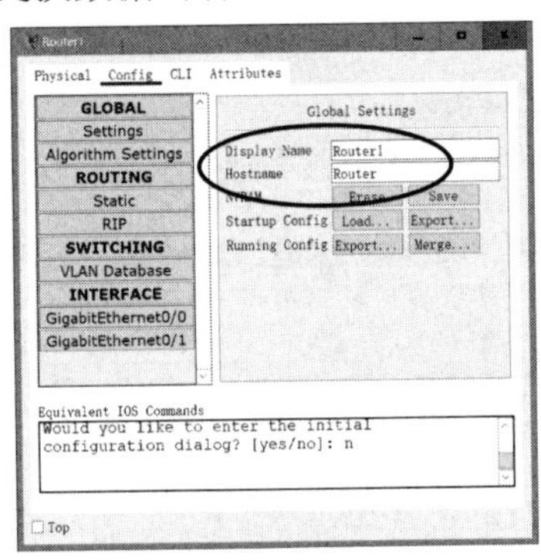

图 1-8　Router1 的配置窗口

1.3.2　添加设备模块

上一节完成了设备的添加，但有些模块化设备可能尚未达到连接网络拓扑的要求，模块化设备本身仅提供一些基本的功能，同时提供一些插槽和可选模块。用户可以根据实际需求选择合适的模块添加到设备中，以获得所需功能。下面以路由器为例，介绍添加设备模块的操作步骤。

在拓扑图中单击 Router1 打开其配置窗口，选择 Physical 选项卡，如图 1-9 所示。此处添加的路由器型号为 2811，其他型号的路由器物理视图及可选模块会有所不同，但其操作方式相同。

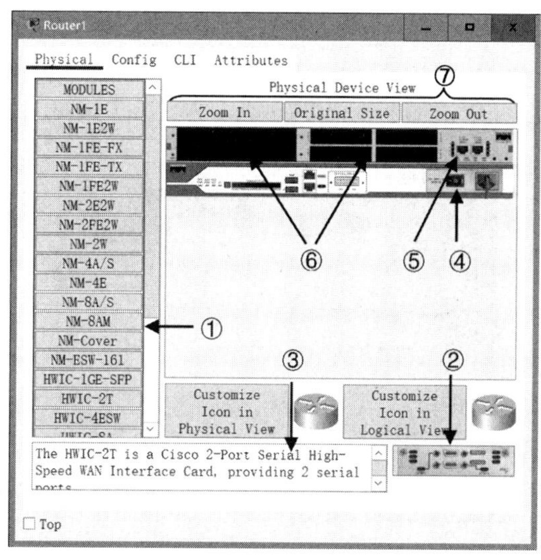

图 1-9　Physical 选项卡

如图 1-9 所示，Physical 选项卡由模块列表（MODULES）、物理设备视图（Physical Device View）和模块物理视图等组成，下面按照操作需要进行介绍。

① 模块列表（MODULES）：列出该设备支持的扩展功能模块，单击 MODULES 可以收起或展开该列表。

② 模块物理视图：在选中模块列表中某个功能模块后，其对应的模块物理视图显示在此处。

③ 模块描述信息：此处显示所选模块的详细信息。

④ 电源开关：用于控制设备的开启和关闭。当需要向设备添加新模块时，需要先关闭设备电源。

⑤ 基本配置：路由器已经具备的基本功能模块。

⑥ 扩展插槽：用于添加模块列表中的模块，扩展路由器功能。不同型号的路由器支持的功能模块不同，因此扩展插槽也会不同。

⑦ 物理设备视图控制按钮 Zoom In（扩大）、Original Size（原始尺寸）、Zoom Out（缩小），用于调整物理设备视图的大小。

为设备添加扩展功能模块的操作步骤如下：

① 单击物理设备视图上的电源开关，关闭设备。指示灯为绿色表示设备开启，黑色表示关闭。在设备开启状态无法添加模块。

② 单击 MODULES 展开模块列表，选中需要添加的功能模块。

③ 在模块物理视图上按住鼠标左键，将其拖动到物理设备视图中对应的插槽上，松开鼠标左键，完成模块的添加（如图 1-10 所示）。单击电源开关开启设备。

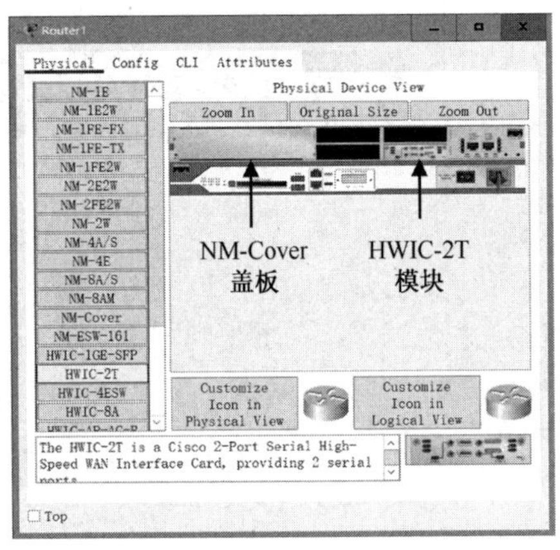

图 1-10　完成模块的添加

需要注意的是，不同的功能模块对应不同的扩展插槽。如果将模块放置到错误的扩展插槽上，则无法添加模块。如需移除模块，在物理设备视图上选中要移除的模块，按住鼠标左键将其拖动到模块视图位置后松开鼠标即可。

1.3.3 连接网络设备

先在设备分类列表中选中 Connections，然后在设备类型列表中选中 Connections，则可选线缆类型显示在设备型号列表中，如图 1-11 所示。

连接网络设备的操作步骤如下：

① 在设备型号列表中单击需要使用的线缆，再将鼠标移至拓扑工作区中准备连接的设备上。

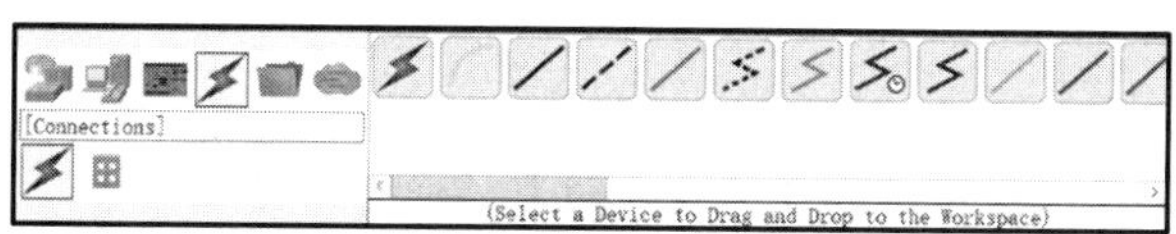

图 1-11　线缆类型

② 单击该设备，先在弹出菜单中选择要连接的接口，然后将鼠标移至要连接的另一台设备上，单击鼠标，在弹出菜单中选择要连接的接口，完成设备连接，如图 1-12 所示。

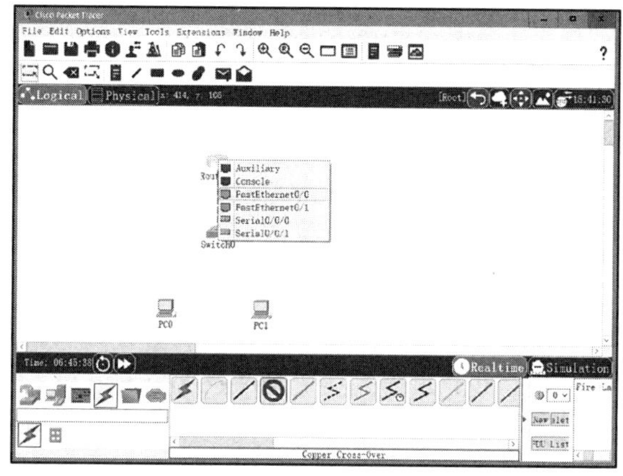

图 1-12　完成设备连接

在本书示例中，选择 Copper Straight-Through 线缆连接 Router1 和 Switch0、Switch0 和 PC0，以及 Switch0 和 PC1，连接时均使用 FastEthernet 类型的接口，完成连接后，拓扑图如图 1-13 所示。

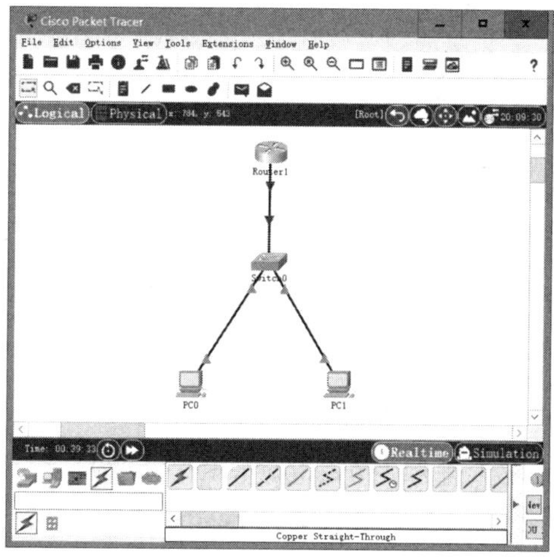

图 1-13　拓扑图

1.4 使用 Packet Tracer 配置网络

完成网络拓扑图创建后，还需要对网络设备及 PC 进行配置。Packet Tracer 提供两种配置方法：图形化配置界面和 IOS 命令行接口（CLI）。本节介绍如何使用图形化配置界面完成设备的配置，以及命令行接口的基本操作命令。

1.4.1 使用图形化配置界面配置网络设备

单击拓扑图中需要配置的网络设备，打开其配置窗口。其中，Config 选项卡和 CLI 选项卡分别是图形化配置界面和命令行接口。

如图 1-14 所示，图形化配置界面中包括 GLOBAL、ROUTING、SWITCHING 和 INTERFACE 几个主要的配置项。GLOBAL 可以修改主机名、保存/删除配置文件、导入/导出配置文件等；ROUTING 可以配置静态路由、RIP 路由协议的相关参数；SWITCHING 可以添加/删除 VLAN（Virtual Local Area Network，虚拟局域网）信息；INTERFACE 可以配置各接口的 IP 地址、子网掩码等基本信息。

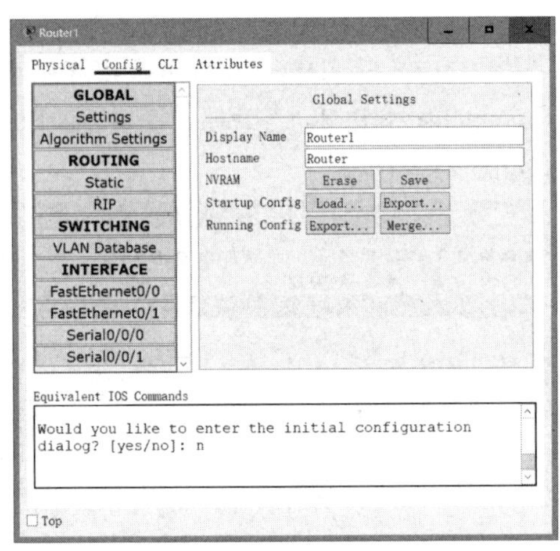

图 1-14 图形化配置界面

以配置快速以太网接口 FastEthernet0/0 为例，先在左侧列表中单击 INTERFACE 项展开接口列表，然后单击 FastEhternet0/0，在右侧配置区中将显示该接口的配置界面，如图 1-15 所示。在此界面内依次选择或填入所需参数，则 Equivalent IOS Commands 中将出现配置该参数对应的配置命令。

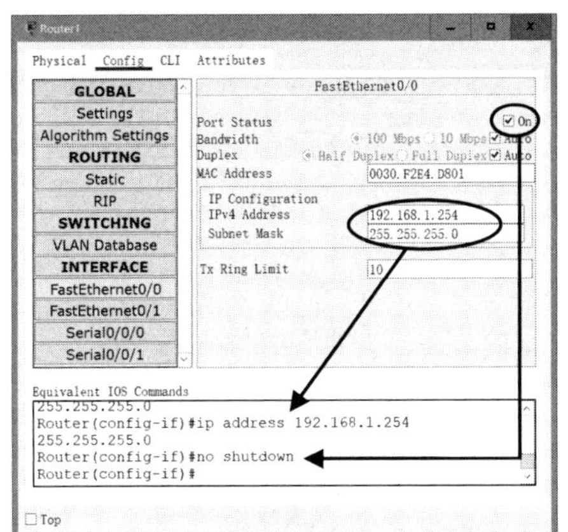

图 1-15　使用图形化配置界面配置以太网接口

完成配置后，如需保存则单击 GLOBAL 下的 Settings 选项，在其配置界面中单击 Save 按钮保存配置，如图 1-16 所示。

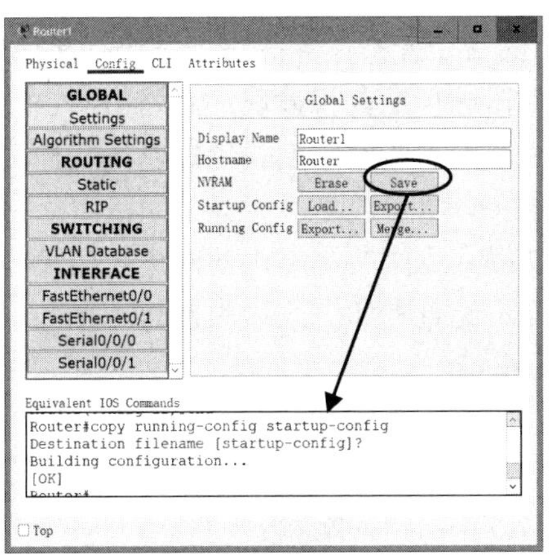

图 1-16　保存配置

图形化配置界面能够完成的配置非常有限，如需对设备进行更复杂的配置，则要进入其 IOS 命令行接口完成。

1.4.2　命令行接口 CLI

单击路由器配置窗口的 CLI 选项卡进入命令行接口，如图 1-17 所示。通过

CLI 可以对路由器进行配置和管理。本节介绍 CLI 模式下路由器的几种操作模式，以及常用的基本配置命令。

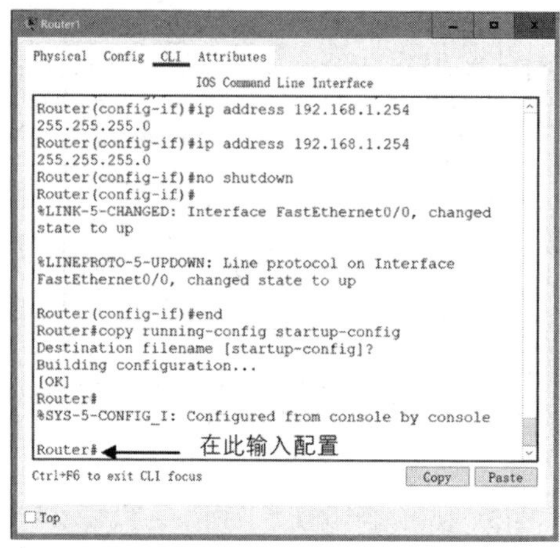

图 1-17　命令行接口（CLI）

1．路由器操作模式

Cisco 路由器使用的命令行操作界面称为命令行接口（CLI），使用 CLI 可以输入操作命令对路由器进行配置和管理。对路由器进行不同的操作需要在不同的模式下进行。路由器的主要操作模式包括以下几种。

1）用户模式：Router>

这是路由器的默认模式，刚登录路由器时进入用户模式。在该模式下，可以进行有限的操作，但不能查看和更改路由器的配置。

2）特权模式：Router#

在用户模式下，输入 enable 命令后按 Enter 键，即进入特权模式。在特权模式下，可以使用绝大多数用于测试网络、检查系统、查看信息和保存配置等的操作命令，但不能修改路由器的配置。

3）全局配置模式：Router(config)#

在特权模式下，输入 configure terminal 后按 Enter 键，即进入全局配置模式。在全局配置模式下，可以配置路由器的全局参数，如主机名、特权密码等。

4）局部配置状态：Router(config-mode)#

在全局配置模式下输入相应的命令，即进入局部配置模式。在局部配置模式下，可以配置路由器的某个局部参数。例如，进入接口配置模式可对接口的参数进行配置；进入路由协议的配置模式可以对路由协议的参数进行配置等。提示符中的 mode 指局部配置模式，其具体信息与所进入的局部配置模式有关，如进入接口配置模式提示符为 Router(config-if)#，在此不一一介绍。

2．路由器基本配置命令

1）命令行的编辑特性

Cisco IOS 命令繁杂，以下规则可以简化操作或为用户提供帮助。

- Cisco 设备支持命令简写

操作命令允许简写，如 enable 可以简写为 en，configure terminal 可以简写为 conf t。但是，简写命令必须对应该模式下的唯一命令。

- 使用 Tab 键补全命令

输入命令的前几个字母，再按 Tab 键，系统会自动补全命令。Tab 键补全的使用要点与命令简写一样，即输入的部分必须对应当前模式下的唯一命令。

- 使用帮助选项“？”

在 CLI 命令后输入“？”，可以获取该命令的帮助。

2）模式间切换

在不同配置模式之间进行切换是配置路由器的基础，其操作命令如下：

- 在用户模式下进入特权模式

    Router>enable
    Router#

- 在特权模式下进入全局配置模式

    Router#config terminal
    Router(config)#

- 退出某个模式

在任意配置模式下输入 exit 可退回到其上一级模式；在任意配置模式下输入 end 可直接退回到特权模式。

3）修改路由器主机名

路由器默认的主机名是 Router，可以通过全局配置命令 hostname 修改主机名：

    Router(config)#hostname R1　//修改为 R1
    R1(config)#

4）保存配置文件

    Router#copy running-config startup-config　//保存当前配置

5）Show 命令的使用

Show 命令用于查看各种配置、统计、状态等信息，是对路由器配置进行验证和排除故障的非常重要的命令。在此仅以查看运行的配置文件和保存的配置文件为例，其他 Show 命令根据需要查看的信息通过帮助学习使用。

    Router#Show running-config　//查看当前正在使用的所有配置信息

```
Router#Show startup-config  //查看保存的配置信息
```

3．路由器接口的配置

1）进入接口配置模式

配置路由器接口，需要进入接口的局部配置模式，操作命令如下：

```
Router(config)#interface interface-type slot_num/port-num
```

参数说明如下：

- interface-type：接口类型。
- slot_num：插槽号。
- port_num：接口号。

例如，进入接口 FastEthernet0/0 的操作命令如下：

```
Router(config)#interface fastethernet0/0   //进入 FastEthernet0/0
Router(config-if)#                         //接口配置模式提示符
```

2）激活接口

Cisco 路由器的接口默认为关闭状态（down），若要使用路由器接口，则需要开启接口。开启和关闭接口的命令如下：

```
Router(config-if)#no shutdown      //开启接口
Router(config-if)#shutdown         //关闭接口
```

3）配置接口 IP 地址

在路由器接口上配置 IP 地址的命令如下：

```
Router(config-if)#ip address ip_address subnet_mask
```

参数说明如下：

- ip_address：为接口配置的 IP 地址。
- subnet_mask：为接口配置的子网掩码。

例如，为 1.3 节创建的示例拓扑图中路由器 Router1 的 FastEthernet0/0 接口配置 IP 地址为 192.168.1.254、子网掩码为 255.255.255.0，操作命令如下：

```
Router(config)#interface f0/0
Router(config-if)#ip address 192.168.1.254 255.255.255.0
```

1.4.3 PC 的配置

Packet Tracer 提供两种 PC 的配置方式，分别对应其配置窗口中的 Config 和 Desktop 选项卡。在 Config 选项卡中，选中 GLOBAL 下的 Setting 选项，配置默认网关和 DNS 服务器；选中 INTERFACE 下的 FastEthernet0，配置接口 IP 地址和子网掩码，如图 1-18 所示。

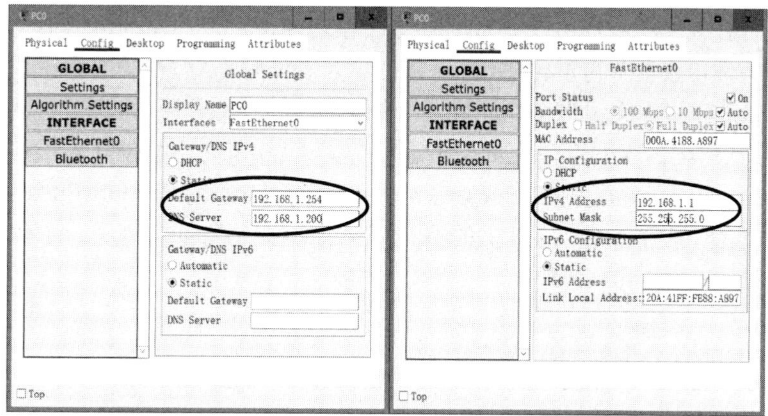

（a）配置默认网关和 DNS 服务器　　（b）配置接口 IP 地址和子网掩码

图 1-18　Config 下 IP 地址配置界面

在 Desktop 选项卡中，单击 IP Configuration 图标，打开其配置窗口，可以配置 PC 的 IP 地址、子网掩码、默认网关和 DNS 服务器等信息，如图 1-19 所示。

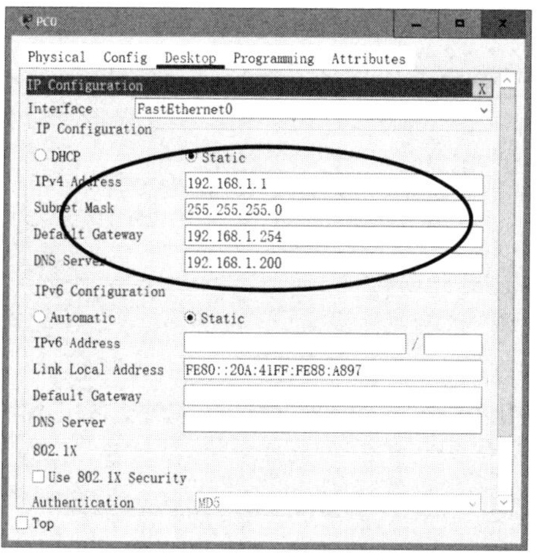

图 1-19　在 Desktop 选项卡中配置 IP 地址等

1.5　使用 Packet Tracer 进行协议分析

Packet Tracer 除了提供搭建网络拓扑、对网络设备进行配置、测试网络的功能，还为用户提供以动画形式生动地演示数据在网络中传输的过程、捕获网络中的通信事件、进行协议分析的功能。该功能使复杂抽象的网络概念、网络协议的学习和教学变得形象生动，可帮助学习者理解、掌握相关的概念和协议。本节以 1.3 节创建的网络拓扑为例，介绍 Packet Tracer 进行协议分析的操作方法。在进行后续内容的学习之前，需要读者参照 1.3 节的内容创建示例拓扑图；参照 1.4 节的图形化配置方法或 CLI 配置命令配置 Router1 的 FastEthernet0/0 接口的 IP 地址，配置 PC0 和 PC1 的 IP 地址、子网掩码与默认网关，注意 PC1 不能使用与 PC0 相同的 IP 地址。

1.5.1 Packet Tracer 操作模式

Packet Tracer 提供 Realtime Mode（实时模式）和 Simulation Mode（模拟模式）两种操作模式。单击拓扑工作区右下角的 Realtime（Shift+R）和 Simulation（Shift+S）按钮可以切换操作模式。在模拟模式下，Simulation Panel 子窗口可帮助用户完成和观察模拟过程，单击下方的 Event List（Alt+I）按钮，可以隐藏或打开 Simulation Panel 子窗口，如图 1-20 所示。

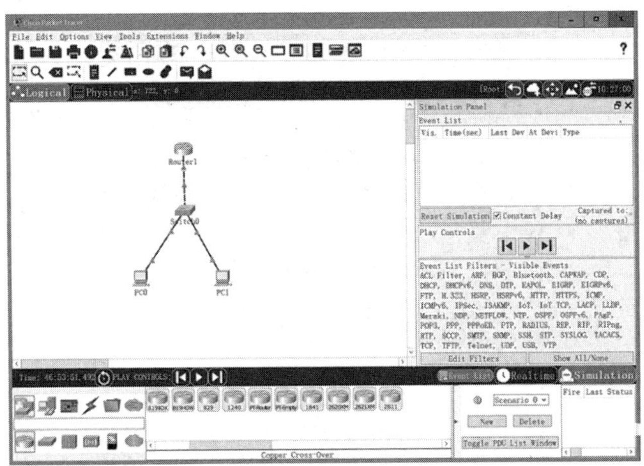

图 1-20 Packet Tracer 操作模式

在实时模式下，网络行为和真实网络环境一样，对所有的网络行为即时响应。例如，在 PC 中发送 ping 命令后，根据网络当前的连通性情况即时返回通信结果。实时模式一般用于网络配置、网络测试等。

在模拟模式下，动画形式形象地演示数据在网络中传输的过程，可以捕获数据传输过程中产生的通信事件、查看 PDU 的封装及详细处理信息等。

Simulation Panel 子窗口如图 1-21 所示。

图 1-21　Simulation Panel 子窗口

Simulation Panel 子窗口为用户提供模拟模式操作按钮、工具，以及显示已捕获事件列表等。

- Event List（事件列表）：显示模拟模式下捕获到的事件，每个事件表示一次 PDU 的生成或者传输，正在处理的事件将在 Vis 列下出现眼睛图形，表示焦点事件。
- Reset Simulation（“重置模拟”按钮）：单击此按钮，将返回当前模拟过程的起始点。
- Play（Alt+P）[①]（“播放”按钮）：单击此按钮时数据传输模拟过程在拓扑工作区开始演示动画，同时自动捕获传输过程生成的通信事件，显示在事件列表中。当传输过程结束或者需要暂停动画演示及捕获时，再次单击 Play 按钮即可。
- Go Back to Previous Event（Alt+B）[②]（“返回上一事件”按钮）：单击此按钮动画将返回上一步，同时事件列表中焦点事件也将设置为上一步对应的事件。
- If Last Event，Capture then Forward（Alt+C）[③]（“继续捕获”按钮）：在不使用 Play 按钮进行自动播放和捕获时，单击该按钮，拓扑工作区

[①] 将鼠标指针移动到图 1-21 中部的 ▶ 按钮上，会显示其英文名称及其快捷键。在本书后续章节中使用该按钮时，用其英文名称“Play”表示。

[②] 将鼠标指针移动到图 1-21 中部的 |◀ 按钮上，会显示其英文名称及其快捷键。在本书后续章节中使用该按钮时，用其英文名称简称“Go Back”表示。

[③] 将鼠标指针移动到图 1-21 中部的 ▶| 按钮上，会显示其英文名称及其快捷键。在本书后续章节中使用该按钮时，用其英文名称简称“Forward”表示。

中演示动画完成一次转发，同时事件列表中增加一个新的事件，即可对数据传输过程进行逐步跟踪和捕获。使用 Go Back 按钮与此按钮可以根据需要再现模拟过程。

- Event List Filters-Visible Event（事件列表过滤器—可见事件）：显示模拟过程中在拓扑工作区演示动画中出现的及捕获的数据包的协议类型。在默认情况下，将显示 Packet Tracer 支持的所有协议类型，用户可以通过编辑过滤器修改此列表。
- Edit Filters（“编辑过滤器”按钮）：单击此按钮打开编辑过滤器窗口，可以选择在模拟过程中需要显示的协议类型，在复选框中勾选的协议将在模拟过程中显示并被捕获。
- Show All/None（“显示所有/不显示”按钮）：切换模拟过程中显示所有协议类型的数据包或不显示任何协议的数据包。当需要根据模拟过程需求设置过滤器时，可单击此按钮切换至不显示任何协议，再通过 Edit Filters 编辑过滤器。

在拓扑图中添加 PDU 并开始捕获通信事件时，如果捕获事件较多，软件就会弹出 Buffer Full 对话框，如图 1-22 所示。此时，依据实验目的选择操作方式。如果实验目的仅是观察数据传输过程的演示动画，则选择 Clear Event List 按钮，将清空事件列表中已捕获到的事件。如果需要查看捕获到的数据包的详细信息，则单击 View Previous Events 按钮。此时，事件列表中已捕获到的事件仍然保留在该列表中，用户可以单击查看这些事件，但是不再捕获新的事件。

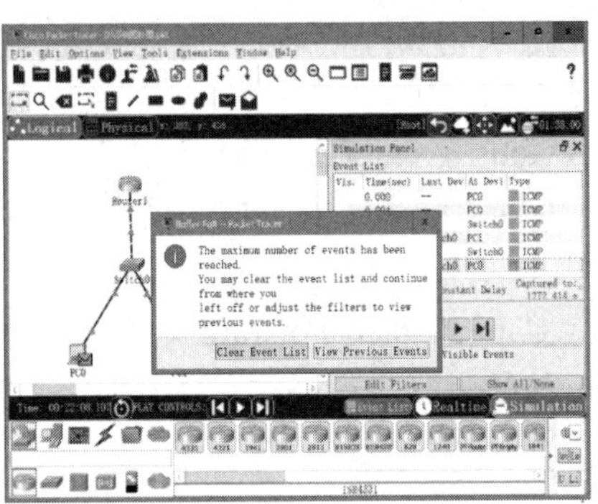

图 1-22　Buffer Full 对话框

1.5.2　添加 PDU

在测试网络或进行协议分析时，往往需要向网络中添加数据包。此时，除可以使用 ping、tracert 等测试命令，以及使用 Web 浏览器等工具或者某些协议运行自动生成的数据外，Packet Tracer 还提供了两种添加 PDU 的工具：Add Simple PDU（添加简单 PDU）和 Add Complex PDU（添加复杂 PDU），它们位于拓扑工作区工具条上。

Add Simple PDU 提供测试网络连通性的简单功能，实际上是添加一个从源站点到目标站点的 ping。选中拓扑工作区工具条上的 Add Simple PDU，将鼠标移动到拓扑工作区，单击源站点，然后移动鼠标至目标站点并单击，即完成简单 PDU 的添加。

使用 Add Complex PDU 可以根据需要添加更复杂的 PDU。用户可选择协议类型、源/目标 IP 地址、源/目标端口号、数据包大小、发送间隔等信息。当用户需要添加复杂 PDU 时，选中拓扑工作区工具条上的 Add Complex PDU，将鼠标移至拓扑工作区上准备发送数据的站点上并单击鼠标，将弹出 Create Complex PDU（创建复杂 PDU）窗口，根据需要选择协议并输入相关参数，单击 Create PDU 按钮即可完成复杂 PDU 的添加，如图 1-23 所示。

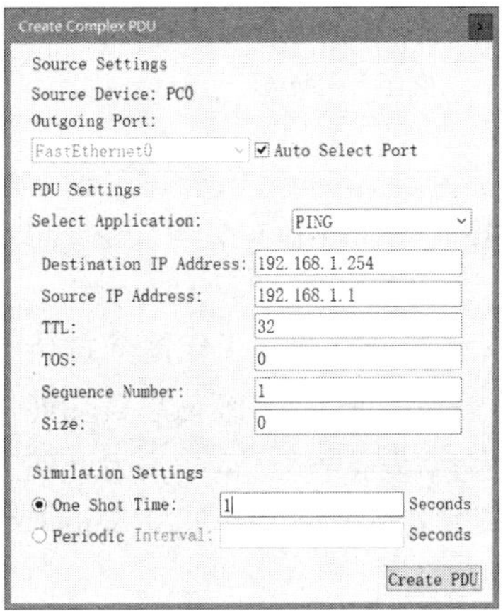

图 1-23　创建复杂 PDU

在实时模式和模拟模式下添加的 PDU 信息均会显示在 PDU List Window（PDU 列表窗口）中，包括该 PDU 的源主机、目标主机、协议类型、当前状态等。

在实时模式下添加 PDU 后，传输过程立即进行，并将依据网络当前连通性情况反馈状态信息为 Successful 或 Failed。双击第一列 Fire 项下的图标可以重新发送该 PDU。

在模拟模式下，添加 PDU 后需要单击 Paly 按钮或者 Forword 按钮才能开始进行数据传输模拟过程。模拟过程结束后，反馈状态信息为 Successful 或 Failed。

如图 1-24 所示，在 PDU List Window 中列出了添加的 PDU 列表。通过单击 Toggle PDU List Window（Ctrl+Shift+O）按钮，可以设置 PDU List Window 在主窗口中的位置；单击 Delete（Ctrl+Shift+E）按钮可以删除当前场景。

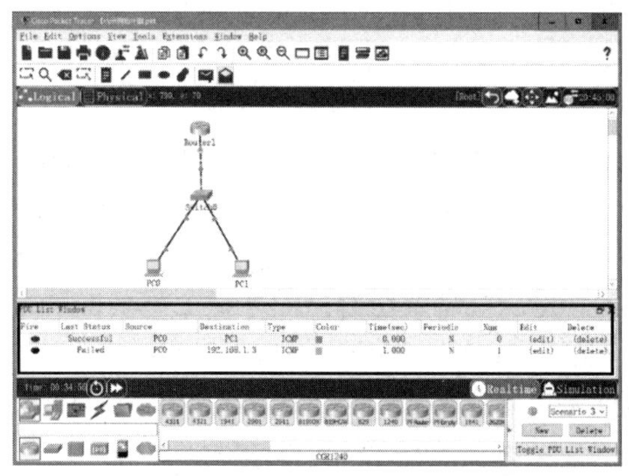

图 1-24　PDU List Window

1.5.3　使用 Packet Tracer 进行协议分析

在模拟模式下，可以通过观察拓扑工作区数据传输过程的动画演示、查看通信过程中捕获到的通信事件的 PDU 详细信息等功能，更形象地学习协议原理、观察数据包的封装格式、网络设备各层协议对 PDU 的详细处理等内容。

下面以本章建立的示例拓扑中的 PC0 向 Router1 发送数据为例，介绍模拟模式下进行协议分析的一般步骤。

✧　**步骤 1：进入模拟模式，设置事件列表过滤器**

单击 Simulation 按钮，进入模拟模式。如果此时事件过滤器为初始设置显示所有协议，则单击 Show All/None 按钮，使其不显示任何协议。单击 Edit Filters 按钮打开过滤器编辑窗口，勾选需要观察的协议类型。如图 1-25 所示，选择显示 ICMP。

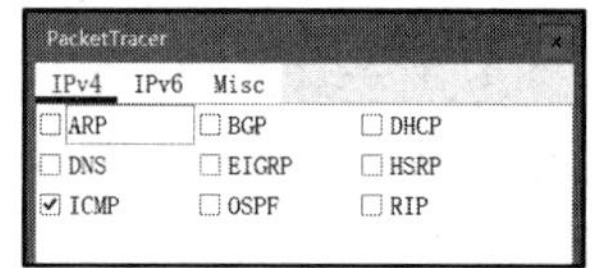

图 1-25　设置事件列表过滤器

✧　**步骤 2：添加 PDU**

单击选中 Add Simple PDU，将鼠标移动至拓扑工作区，单击 PC0，然后移动鼠标至 Router1 并单击它，即可添加 PC0 向 Router1 发送的简单 PDU。如图 1-26 所示，在 PC0 上已经生成 ICMP 的 PDU，在 PDU List Windows 中和 Event List（事件列表）中分别显示该 PDU 信息。

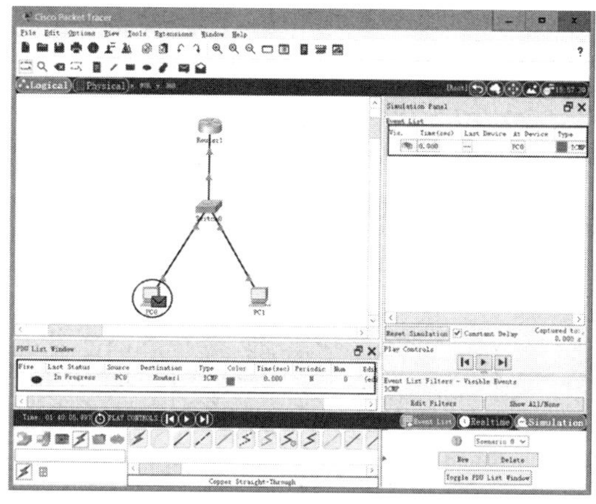

图 1-26　添加 PC0 向 Router1 发送的 PDU

✧　步骤 3：跟踪、捕获通信事件

单击 Play 按钮，PC0 开始发送数据。此时，拓扑图中将以动画演示的方式模拟该数据包传输的过程，用户可以通过观察演示动画跟踪数据传输的具体路径和流程；同时将自动捕获传输过程中产生的通信事件。如图 1-27 所示，数据包经 Switch0 转发到达 Router1 时，可以看到 Router1 上出现了代表其接收到的 PDU 的信封图标，而在 Event List 中显示已捕获到的三个通信事件。

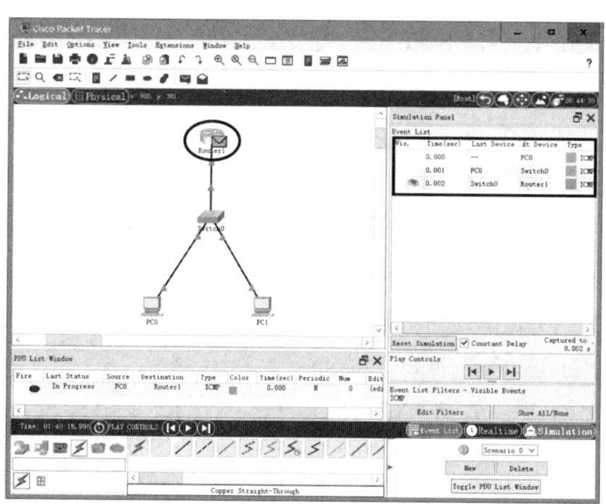

图 1-27　跟踪、捕获通信事件的结果

✧　**步骤 4：协议分析**

在数据传输过程中或传输结束后，均可打开 PDU Information（PDU 信息）窗口进行协议分析。单击 Event List 中的事件或者单击拓扑图中设备上的信封图标均可打开 PDU Information 窗口。此处以 Router1 接收到的 PDU 为例，介绍在 PDU Information 窗口中可以获取到的信息。如图 1-28 所示，打开 Event List 中第三个事件的 PDU Information 窗口，可见该窗口包括三个选项卡：OSI Model、Inbound PDU Details 和 Outbound PDU Details。

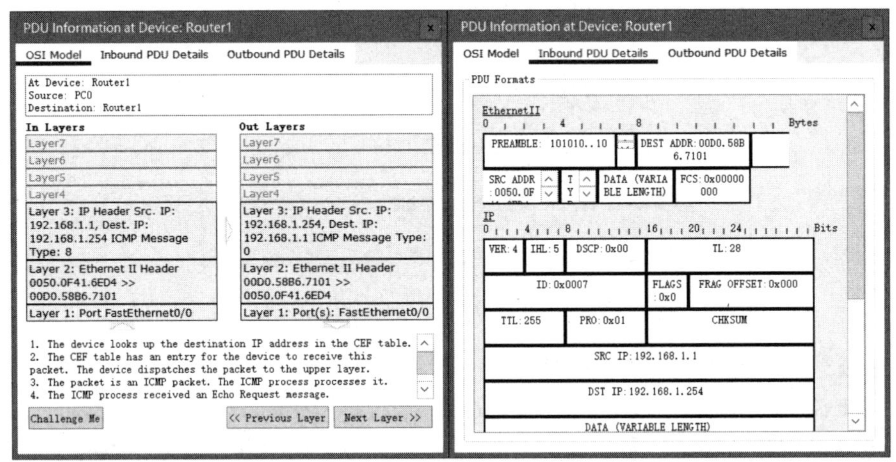

（a）OSI Model 选项卡　　　　（b）Inbound PDU Details 选项卡

图 1-28　PDU Information 窗口

在 OSI Model 选项卡中，In Layers 和 Out Layers 列出了当前设备接收接口接收到数据后逐层向上交付数据，转发接口逐层向下交付数据，以及各层简要封装信息。单击 In Layers 或者 Out Layers 下的某个层次，下方将显示该层协议对数据处理的详细描述信息。单击 Previous Layer/Next Layer 按钮可以切换显示 OSI 模型中各层的描述信息。

在 Inbound PDU Details 选项卡中，可以观察该设备入口 PDU 的各层协议详细封装信息。

Outbound PDU Details 选项卡与 Inbound PDU Details 选项卡类似，显示该设备输出接口各层协议的详细封装信息。

通过查看这些信息，有助于读者学习各协议原理和数据封装格式。

2

第2章 数据链路层实验

2.1 实验一：PPP 分析

2.1.1 背景知识

1. PPP

PPP（Point-to-Point Protocol，点到点协议）是目前点对点链路中最常用的一种数据链路层协议。PPP 具有差错检测、支持多种网络层协议、允许动态协商 IP 地址、允许身份认证等功能。但是，PPP 不提供可靠传输、不提供流量控制、不支持多点链路通信，因此该协议比较简单。

PPP 主要由以下三部分组成：① 封装成帧，PPP 提供一种封装多协议数据报的方法；② LCP（Link Control Protocol，链路控制协议）用来建立、配置、管理和测试数据链路，在建立链路过程中，通信双方可以协商一些参数；③ 一组 NCP（Network Control Protocol，网络控制协议），如 IPCP 和 IPXCP 等，每个 NCP 支持不同的网络层协议。

PPP 帧的封装格式如图 2-1 所示。

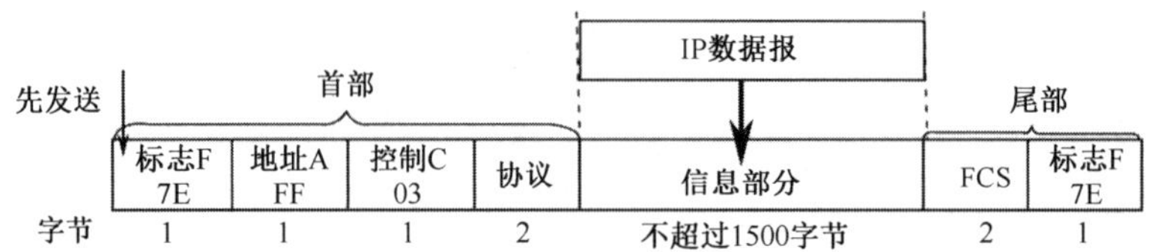

图 2-1　PPP 帧的封装格式

2．PPP 的工作

当 PPP 检测到物理连接建立后，进入链路建立状态。PPP 的工作状态及状态间转换过程如图 2-2 所示。

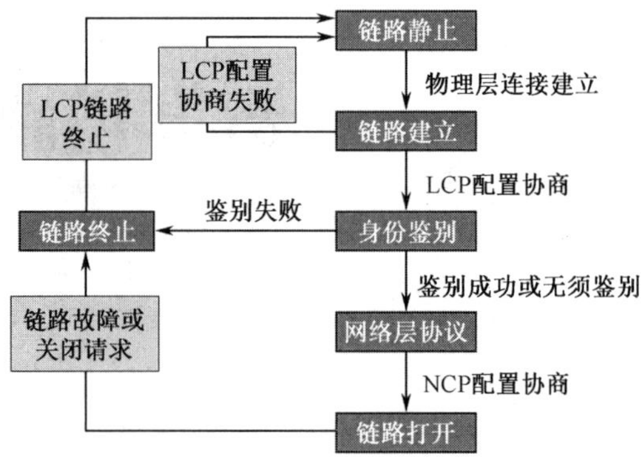

图 2-2　PPP 的工作状态及状态间转换过程

从开始进入链路建立状态到链路打开主要包括如下三个阶段。

1）LCP 配置协商阶段

PPP 使用 LCP 在链路两端协商一些参数，如双方使用的身份鉴别方式、MTU（Maximum Transmission Unit，最大传输单元）值、是否支持压缩等。LCP 通过发送携带协商参数的配置请求帧开始配置协商，若接收方接受所有参数，则发送配置确认帧建立 LCP 链路；若接收方接收到配置请求帧后，无法识别或不接受协商参数，则依据情况发送配置否认帧或配置拒绝帧，需要继续协商。在协商阶段，双方可能需要多次交互 LCP 控制帧完成协商。

2）身份鉴别阶段

PPP 支持两种身份鉴别方式：PAP（Password Authentication Protocol，口令鉴别协议）和 CHAP（Challenge Handshake Authentication Protocol，挑战握手鉴别协议）。

PAP 使用两次握手方法进行身份鉴别，一端可反复向鉴别端发送用户名/口令对，直到鉴别端向其发送确认信息或者拒绝信息。PAP 以明文形式发送用户名和口令，而且没有限制尝试鉴别次数，因此安全性较差。

CHAP 使用三次握手方式周期性地进行身份鉴别。当用户发出拨入请求后，鉴别端向用户端发送“挑战”信息；用户端根据挑战信息和指定算法计算出应答信息，并发送给鉴别端；鉴别端通过鉴别应答信息判定身份鉴别是否成功，向用户端发送确认信息。

PAP 和 CHAP 均可进行双向身份鉴别。

3）NCP 配置协商阶段

在该阶段依据网络层使用的协议交换对应的 NCP 控制信息，进行网络层参数的协商。例如，若网络层使用 IP，则使用 IPCP，可协商 IP 地址等信息。若双方不需要协商 IP 地址等参数，则不需要经过该阶段直接进入链路打开状态。

2.1.2　实验目的

（1）熟悉 PPP 帧的封装格式。

（2）理解 PPP 的工作原理。

（3）理解 PPP 的两种身份鉴别方式。

2.1.3　实验配置说明

本实验对应的实验文件为“2-1 PPP 分析.pka”。

PPP 分析实验拓扑如图 2-3 所示。其中，R1 和 R2 之间的链路使用 PPP，并启用 CHAP 进行身份鉴别；R2 和 R3 之间的链路使用 PPP，并启用 PAP 进行身份鉴别。

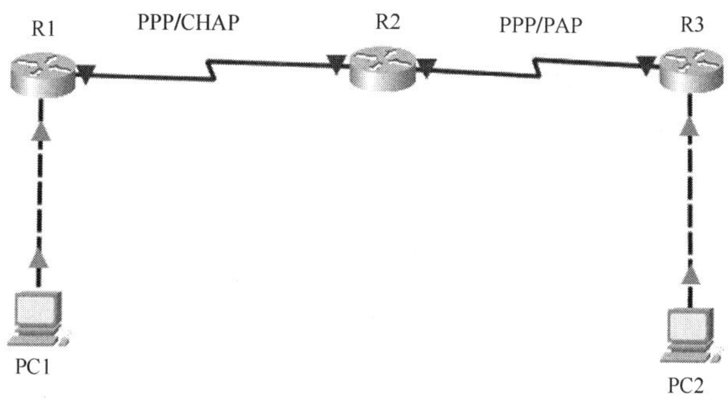

图 2-3　PPP 分析实验拓扑

2.1.4 实验步骤

1．任务一：观察 R1 和 R2 间链路建立过程

✧ **步骤 1：打开物理层连接**

打开实验文件“2-1 PPP 分析.pka”，单击 Simulation（Shift+S）按钮进入模拟模式。单击 R2 打开其配置窗口，选择 Config 选项卡，在 INTERFACE 项下选择 Serial0/0/0 接口，在其配置窗口中勾选 Port Status 对应的“On”复选框，打开该接口，如图 2-4 所示。

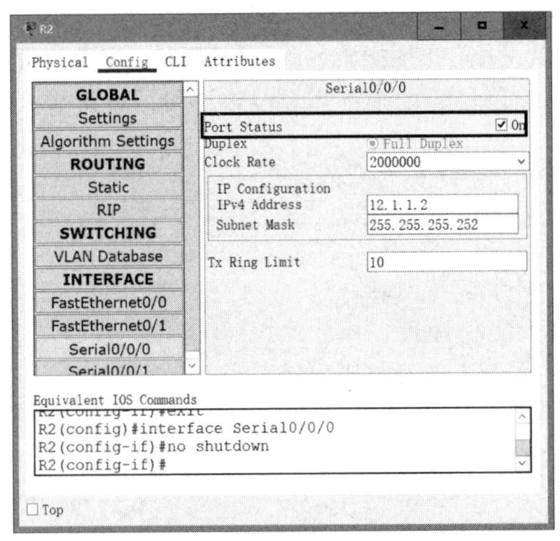

图 2-4 R2 的配置窗口

此时，R1 和 R2 的接口指示灯变为绿色，即该链路物理层已经打开，同时在 Event List（事件列表）中生成了两个 PPP 类型的事件，PPP 进入链路建立状态。

✧ **步骤 2：捕获链路建立过程中产生的通信事件**

单击 Play（Alt+P）按钮，开始捕获数据，注意观察拓扑工作区中 R1 和 R2 为建立链路而交换数据的过程。在这个过程中，数据交换是双向进行的。

当观察到 R1 和 R2 不再双向同时发送数据时，即表示链路建立过程已经结束，再次单击 Play 按钮停止捕获。

如果弹出如图 2-5 所示的 Buffer Full 窗口，则单击 View Previous Events 按钮，保留 Event List 中捕获的事件并关闭该窗口。

✧ **步骤 3：观察 LCP 配置协商阶段的交互**

图 2-6 显示出 R1 和 R2 间协商配置参数、建立 LCP 链路过程中产生的 Event List。在此过程中，双方进行了多次协商，且当接口处已经有数据帧待发送时，

生成的新数据帧需要缓存等待发送，因此产生的事件较多。其中，事件（1）、（3）、（5）和（7）是由 R2 向 R1 发起协商的交互事件；事件（2）、（4）、（6）和（8）是由 R1 向 R2 发起协商的交互事件。特别说明，事件（9）、（10）和（11）是已经生成、尚未发送的 CHAP 身份鉴别信息，属于 CHAP 身份鉴别阶段的事件。

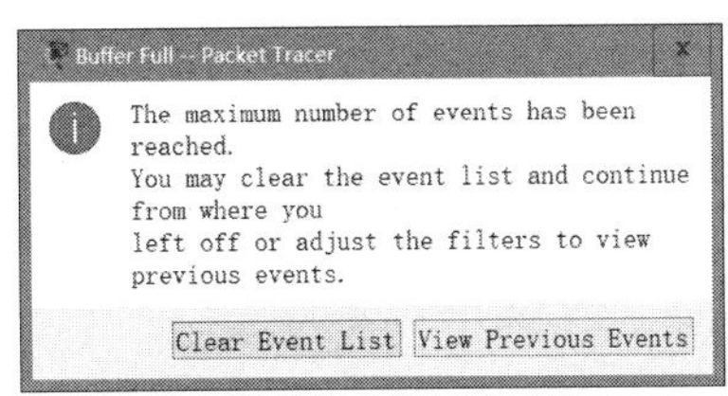

图 2-5　Buffer Full 窗口

Event List

LCP配置协商阶段

Vis.	Time(sec)	Last Device	At Device	Type
	0.000	--	R2	PPP (1)
	0.000	--	R1	PPP (2)
	0.001	R2	R1	PPP (3)
	0.001	--	R1	PPP
	0.001	R1	R2	PPP (4)
	0.001	--	R1	PPP (5)
	0.001	--	R2	PPP
	0.001	--	R2	PPP (6)
	0.002	--	R1	PPP
	0.002	R1	R2	PPP
	0.002	--	R2	PPP
	0.002	R2	R1	PPP
	0.002	--	R2	PPP
	0.002	--	R1	PPP
	0.003	--	R1	PPP
	0.003	R1	R2	PPP (7)
	0.003	--	R2	PPP
	0.003	R2	R1	PPP (8)
	0.003	--	R2	PPP (9)
	0.003	--	R1	PPP (10)
	0.004	--	R1	PPP (11)
	0.004	R1	R2	PPP (12)
	0.004	R2	R1	PPP (13)

图 2-6　LCP 配置协商阶段

下面以 R2 向 R1 发送 Configure-Request 帧的参数协商过程为例，对 LCP 配置协商过程进行分析。

单击打开 Event List 中事件（1）的 PDU Information 窗口，如图 2-7（a）所示。单击 Out Layers 下的 Layer 2，查看其详细处理信息：该设备发送包含选项清单的配置信息，用于改变默认选项值。单击 Outbound PDU Details 选项卡，查看其封装信息，可以发现此时 PPP 数据帧中封装的是 LCP 帧。

事件（3）是 R1 接收到 R2 发送的 Configure-Request 帧，打开其 PDU Information 窗口，如图 2-7（b）所示，其数据链路层 PPP 的详细处理信息显示：

该设备接收到 Configure-Request 帧。

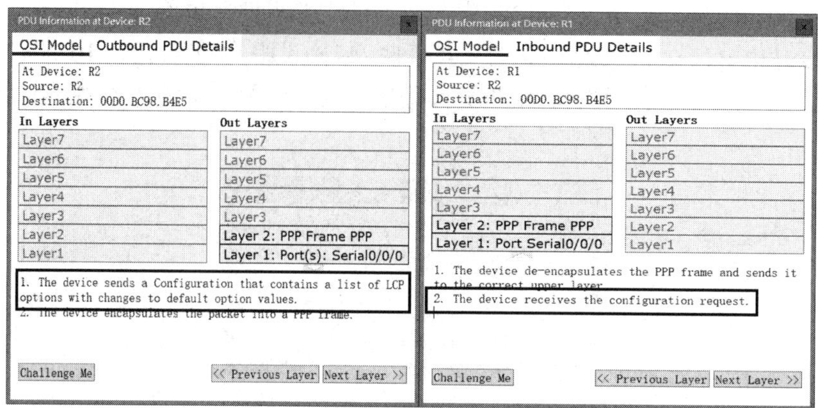

（a）R2 发送 Configure-Request 帧　　（b）R1 接收到 Configure-Request 帧

图 2-7　Configure-Request 帧

事件（5）是 R1 生成 Configure-Ack 帧，查看其详细处理信息，如图 2-8（a）所示。R1 接收到的 Configure-Request 帧中所有的 LCP 选项均可识别、可接受，因此发送 Configure-Ack 帧。

事件（7）是 R2 接收到 R1 发送的 Configure-Ack 帧，如图 2-8（b）所示，查看其详细处理信息：该设备接收到 Configure-Ack 帧。

至此，R2 向 R1 发送 Configure-Request 帧进行参数协商，R1 接受协商参数并向 R2 发送 Configure-Ack 帧的一次 LCP 配置协商过程结束。

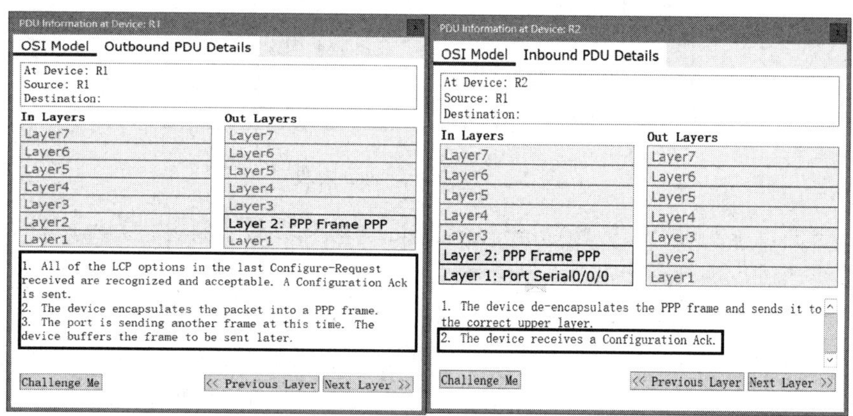

（a）R1 生成的 Configure-Ack 帧　　（b）R2 接收到的 Configure-Ack 帧

图 2-8　Configure-Ack 帧

在 LCP 配置协商过程中，因为参数协商是双向进行的且可能进行多次协商，所以在 Event List 中除事件（9）、（10）和（11）是已经生成、尚未发送的 CHAP 身份鉴别信息外，均为 LCP 配置协商事件。事件（12）和（13）是在 LCP 配置协商阶段中，R1、R2 接收到最后一个 Configure-Ack 帧，LCP 配置协商阶段结束，进入身份鉴别阶段。

◉ **观察：**参照上述操作步骤，观察 R1 发起的一次 LCP 配置协商过程，包含图 2-6 中的事件（2）、（4）、（6）和（8），观察此过程中各事件及详细信息，并将观察结果记录到实验报告中。

✧ 步骤 4：观察 CHAP 身份鉴别阶段的交互

图 2-9 显示出 R1 和 R2 间双向 CHAP 身份鉴别过程中产生的 Event List。特别说明，图 2-6 中的事件（9）、（10）和（11）也属于 CHAP 身份鉴别阶段。

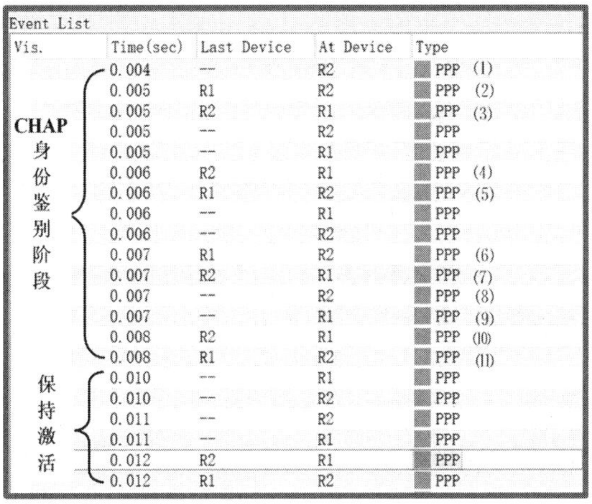

Event List

Vis.	Time(sec)	Last Device	At Device	Type
CHAP身份鉴别阶段	0.004	--	R2	PPP (1)
	0.005	R1	R2	PPP (2)
	0.005	R2	R1	PPP (3)
	0.005	--	R2	PPP
	0.005	--	R1	PPP
	0.006	R2	R1	PPP (4)
	0.006	R1	R2	PPP (5)
	0.006	--	R1	PPP
	0.006	--	R2	PPP
	0.007	R1	R2	PPP (6)
	0.007	R2	R1	PPP (7)
	0.007	--	R2	PPP (8)
	0.007	--	R1	PPP (9)
	0.008	R2	R1	PPP (10)
	0.008	R1	R2	PPP (11)
保持激活	0.010	--	R1	PPP
	0.010	--	R2	PPP
	0.011	--	R2	PPP
	0.011	--	R1	PPP
	0.012	R2	R1	PPP
	0.012	R1	R2	PPP

图 2-9　CHAP 身份鉴别阶段

下面以 R2 发起身份鉴别请求、R1 对其进行身份鉴别为例，观察 CHAP 身份鉴别过程。

图 2-6 中的事件（9）是 R2 生成身份鉴别请求帧。打开其 PDU Information 窗口观察 Layer 2 详细处理信息，如图 2-10（a）所示：CHAP 进程发起身份鉴别请求；并将该请求包封装到 PPP 帧中；因接口正在发送另一个数据帧，故该数据帧暂时缓存。该身份鉴别请求帧实际发送的事件是图 2-9 中的事件（1）。

事件（3）是 R1 接收到 R2 发送的身份鉴别请求帧。查看其详细处理信息，如图 2-10（b）所示：CHAP 进程接收到一个拨入请求；发送一个携带随机数的 CHAP 挑战。单击 Outbound PDU Details 选项卡，查看其封装信息，可以发现此时 PPP 数据帧中封装的是 PPP CHAP 帧。

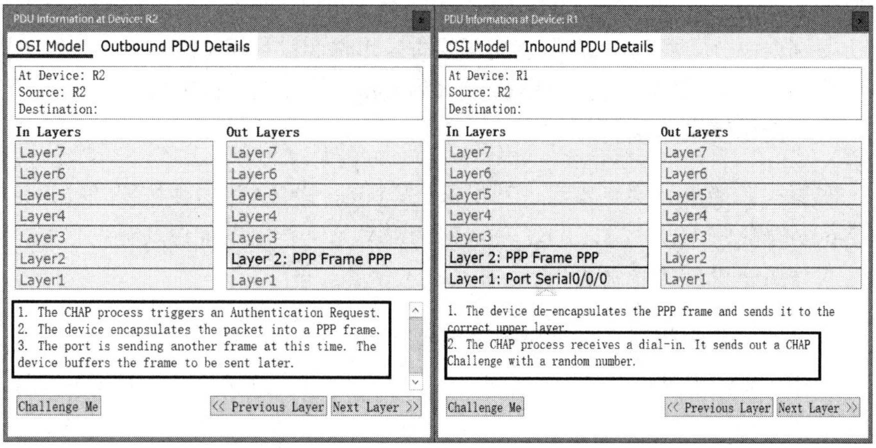

（a）R2 发送的身份鉴别请求　　（b）R1 接收到的身份鉴别请求

图 2-10　CHAP 身份鉴别请求

事件（5）是 R2 接收到 R1 发送的 CHAP 挑战信息。查看其 PDU 中 PPP 协议的详细信息，如图 2-11 所示：CHAP 进程接收到 CHAP 挑战；用户名在用户数据库中存在，使用相应的密码加密该 CHAP 挑战信息，并发回响应包。

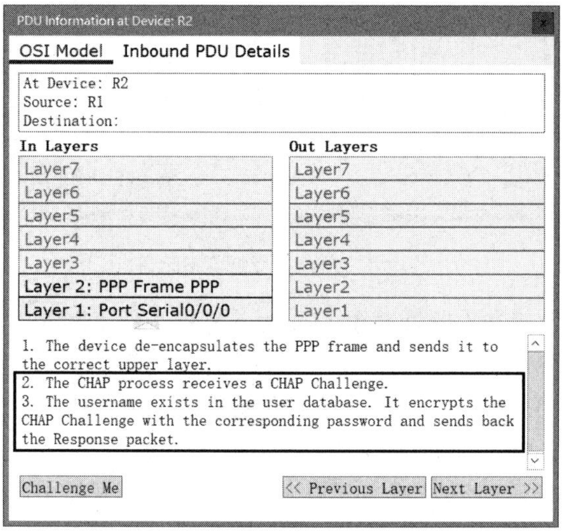

图 2-11　R2 接收到 R1 发送的 CHAP 挑战信息

事件（7）是 R1 接收到 R2 对 CHAP 挑战的响应信息。查看其 PDU 详细处理信息，如图 2-12 所示：这是一个响应包，CHAP 进程加密挑战信息并与响应包中的加密字符串进行匹配。

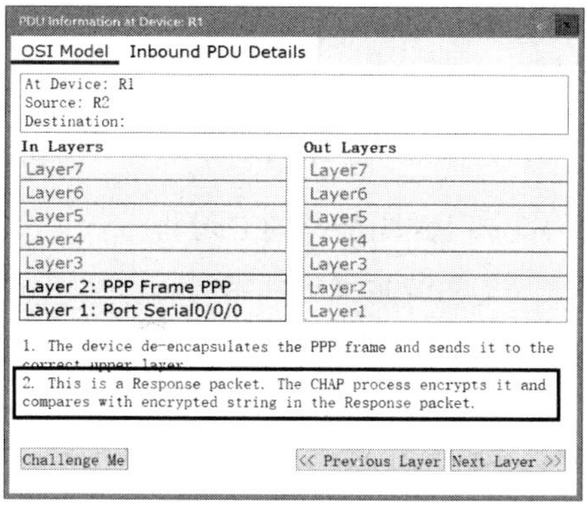

图 2-12　R1 接收到 R2 对 CHAP 挑战的响应信息

打开事件（9）的 PDU Information 窗口，如图 2-13（a）所示：R1 接收到 R2 的响应信息后匹配哈希值成功，即身份鉴别成功；CHAP 进程发送 CHAP 身份鉴别成功信息。

事件（11）是 R2 接收到 R1 发送的 CHAP 身份鉴别成功信息。查看其 PDU 详细信息，如图 2-13（b）所示：这是一个 CHAP 成功信息包，CHAP 进程取消以前的时钟，启动一个新的身份鉴别时钟。

因为 CHAP 在链路打开状态下周期性地进行身份鉴别，所以此时 R2 在接收到身份鉴别成功信息后，启动了一个新的身份鉴别时钟。当该时钟到期时，触发下一次身份鉴别。

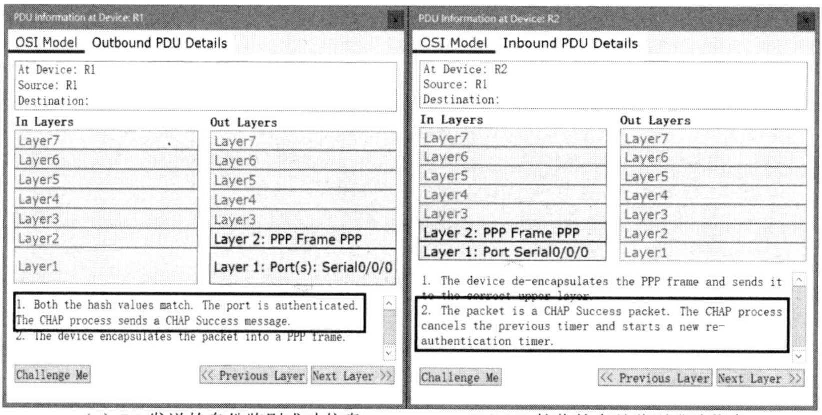

（a）R1 发送的身份鉴别成功信息　　（b）R2 接收的身份鉴别成功信息

图 2-13　身份鉴别成功信息

后续事件是双方在链路打开状态下周期性地向对方发送保持激活信息。在实验过程中，此处事件的 Time 值可能与图 2-9 中的值有所不同。

👁 **观察**：图 2-6 中的事件（10）、（11）和图 2-9 中的事件（2）、（4）、（6）、（8）、（10）、（12）是 R1 发起 CHAP 身份鉴别请求的过程。请读者参照上述操作步骤，观察此过程中各事件及详细信息，并将结果记录到实验报告中。

2．任务二：观察 R2 和 R3 间链路建立过程

✧ **步骤 1：打开 R2 和 R3 间的物理层连接**

单击 R2 打开其配置窗口，选择 Config 选项卡，在 INTERFACE 项下关闭 Serial0/0/0 接口，打开 Serial0/0/1 接口。

✧ **步骤 2：捕获链路建立过程中产生的通信事件**

单击 Play 按钮，开始捕获数据，并观察拓扑工作区的动画演示。当观察到 R2 和 R3 不再双向同时发送数据时，再次单击 Play 按钮停止捕获。

R2 和 R3 间进行 LCP 配置协商的过程与 R1 和 R2 进行 LCP 配置协商的过程相同，在此不再重复。

✧ **步骤 3：观察 PAP 身份鉴别阶段的交互**

图 2-14 对 R2 和 R3 间双向 PAP 身份鉴别的主要事件进行了编号。其中，事件（2）、（3）、（5）、（7）是 R3 发起身份鉴别请求的交互过程，事件（1）、（4）、（6）、（8）是 R2 发起身份鉴别请求的交互过程。

Event List

Vis.	Time(sec)	Last Dev	At Devi	Type	
	0.003	R3	R2	PPP	
	0.003	--	R2	PPP	
	0.003	R2	R3	PPP	
	0.003	--	R2	PPP	(1)
	0.003	--	R3	PPP	(2)
	0.004	--	R3	PPP	
	0.004	R3	R2	PPP	
	0.004	R2	R3	PPP	
	0.004	--	R2	PPP	
	0.005	R3	R2	PPP	(3)
	0.005	R2	R3	PPP	(4)
	0.005	--	R2	PPP	(5)
	0.005	--	R3	PPP	(6)
	0.006	R2	R3	PPP	(7)
	0.006	R3	R2	PPP	(8)
	0.009	--	R3	PPP	

图 2-14　R2 和 R3 间 PAP 身份鉴别事件列表

以 R3 发起身份鉴别请求、R2 对其进行身份鉴别为例，观察 PAP 身份鉴别过程。

打开事件（2）的 PDU Information 窗口查看 Out Layers 下的 Layer 2 的详细处理信息，如图 2-15（a）所示：PAP 进程发起身份鉴别请求，并将该请求包

封装到 PPP 帧中。

事件（3）是 R2 接收到 R3 的 PAP 身份鉴别请求，查看其 PDU 详细处理信息，如图 2-15（b）所示：PAP 进程接收到拨入请求，检查一起发送过来的用户名和密码。

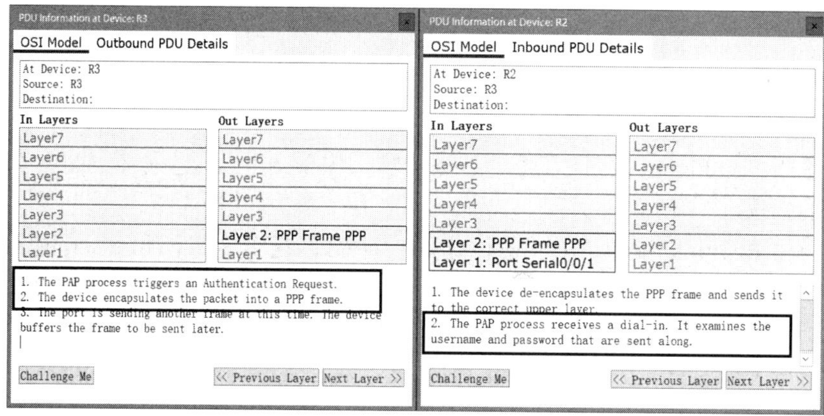

（a）R3 发起 PAP 身份鉴别请求　　　　（b）R2 接收到 PAP 身份鉴别请求

图 2-15　身份鉴别请求信息

查看事件（5）的详细处理信息，如图 2-16（a）所示：R2 的 PAP 进程检查 R3 发送的用户名和密码与本地用户数据库中的信息匹配后，生成并发送身份鉴别确认信息。

事件（7）是 R3 接收到 R2 发送的 PAP 身份鉴别确认。至此，R3 发起身份鉴别请求、R2 对其进行 PAP 身份鉴别的流程结束。

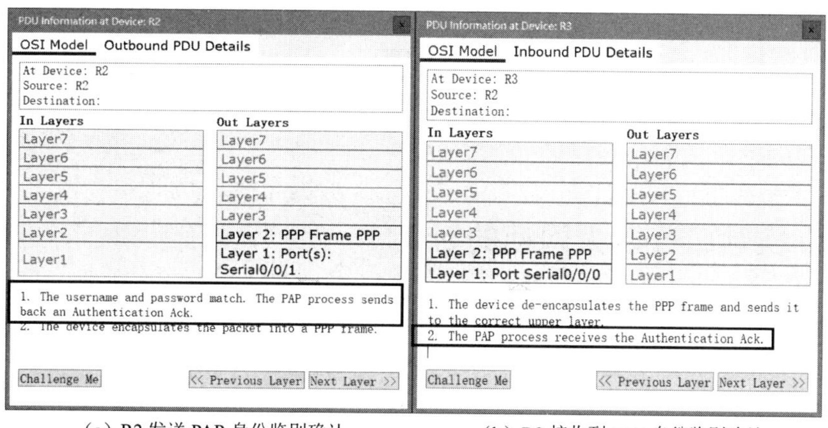

（a）R2 发送 PAP 身份鉴别确认　　　　（b）R3 接收到 PAP 身份鉴别确认

图 2-16　身份鉴别确认信息

👁 **观察**：参照上述操作步骤观察 R2 发起 PAP 身份鉴别请求的过程，包含事件（1）、（4）、（6）和（8），观察此过程中各事件及详细信息，并将观察结果记录到实验报告中。

? **思考**：通过对上述实验的观察，总结 CHAP 和 PAP 身份鉴别的区别，将答案记录到实验报告中。

3．任务三：观察 PPP 帧封装格式

✧ **步骤 1：初始化拓扑图**

单击 Edit Filters 按钮，在编辑过滤器窗口中单击 Misc 选项卡，去掉“PPP”协议的勾选。

单击 Realtime 按钮进入实时模式，打开 R2 的配置窗口，开启 Serial0/0/0 接口。单击 Add Simple PDU 按钮，在拓扑图上单击 PC1，移动鼠标至 PC2，单击 PC2，添加 PC1 向 PC2 发送的数据帧。双击 PDU List Window 中 Fire 下的图标，直到 Last Status 为 Successful 为止。

单击 Simulation 按钮进入模拟模式。

✧ **步骤 2：捕获 PPP 数据帧并观察其封装格式**

单击 Play 按钮，当 PC1 发送的数据帧到达 PC2、PC2 发送的应答帧返回 PC1 时，再次单击 Play 按钮停止捕获。

单击 Event List 中第二个事件打开其 PDU Information 窗口，可以观察到其 Out Layers 第二层使用 PPP 封装。单击 Outbound PDU Detail 选项卡，查看 PPP 帧的封装格式。

👁 **观察**：观察 PPP 帧开始和结束标志字段、地址字段及协议类型字段的取值，并将观察结果及截图记录到实验报告中。

? **思考**：在 Event List 中，还有哪些事件的 PDU 第二层使用 PPP 封装？通过查看 Event List 中各事件的 PDU 信息给出结论，并将其记录到实验报告中。

2.2 实验二：以太网帧的封装

2.2.1 背景知识

1．以太网

以太网（Ethernet）是目前广泛使用的局域网技术。最初的以太网以无源电缆作为传输媒体来传输数据，是一种广播式基带总线局域网。DEC、Intel、Xerox

三家公司组成的以太网联盟先后于 1980 年和 1982 年制定了以太网规范 DIX Ethernet V1 和 DIX Ethernet V2 版本。目前所说的以太网严格意义上指 DIX Ethernet V2 版本的局域网。

因为传统以太网使用基于共享总线的广播信道，所以当网络中有两个或两个以上站点同时发送数据时将引起冲突，因此以太网使用 CSMA/CD（Carrier Sense Multiple Access with Collision Detection，带冲突检测的载波监听多路访问）协议作为媒体控制协议解决冲突问题。

2．以太网的 MAC 地址

以太网使用可以实现一对多通信的广播信道，因此唯一地标识一个站点尤为重要。

MAC 地址长度为 48 位，固化在适配器的 ROM 中，在以太网中唯一地标识一个站点。以太网帧中的源 MAC 地址和目标 MAC 地址分别标识该数据帧的发送方与接收方。一个站点接收到数据帧后，对数据帧中的目标 MAC 地址进行检查，如果该帧是发往本站的则接收并处理数据帧，如果该帧不是发往本站的则丢弃此帧。当数据帧的目标 MAC 地址与本站 MAC 地址匹配，或与本站加入的多播组的组地址匹配，或是广播地址时，表示该数据帧是发往本站的数据帧。由此可见，以太网中的目标 MAC 地址分为三种类型。

（1）单播地址：实现一对一通信，使用单播地址的数据帧称为单播帧。

（2）多播地址：实现一对多通信，使用多播地址的数据帧称为多播帧。

（3）广播地址：实现广播通信，使用广播地址的数据帧称为广播帧。

3．以太网帧的格式

DIX Ethernet V2 标准的以太网帧格式如图 2-17 所示。

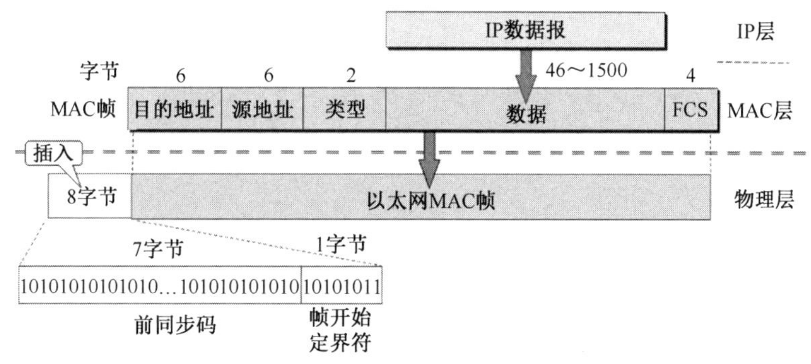

图 2-17　DIX Ethernet V2 标准的以太网帧格式

各字段含义和作用如下。

- **目的地址**：接收方的 MAC 地址，可以是标识某个站点的单播地址、标识一组站点的多播地址或广播地址。
- **源地址**：发送方的 MAC 地址。
- **类型字段**：标识数据部分封装的是哪个上层协议的 PDU，接收方根据该字段取值确定向哪个上层协议交付数据；例如，0x0800 表示 IP，0x0806 表示 ARP 等。
- **数据字段**：以太网帧数据部分最多可封装 1500 字节数据，受最短帧长的限制，数据部分最小长度为 46 字节，当上层协议交付的 PDU 小于 46 字节时需要进行填充。
- **FCS 字段**：帧校验序列，用于数据帧的差错检测。
- **前同步码**：7 字节 1 和 0 交替，用于接收方提取同步信号，迅速调整其时钟频率，达到与发送方的时钟同步。
- **帧开始定界符**：前 6 位 1 和 0 交替，最后 2 位连续 2 个 1bit，标志数据帧开始。

2.2.2 实验目的

（1）熟悉以太网帧的封装格式，理解类型字段的作用。

（2）理解以太网广播信道通信方式。

（3）理解 MAC 地址的分类及其作用。

2.2.3 实验配置说明

本实验对应的实验文件为“2-2 以太网帧的封装.pka”。

以太网帧的封装实验拓扑如图 2-18 所示，4 台 PC 通过一台交换机组成一个简单的以太网。

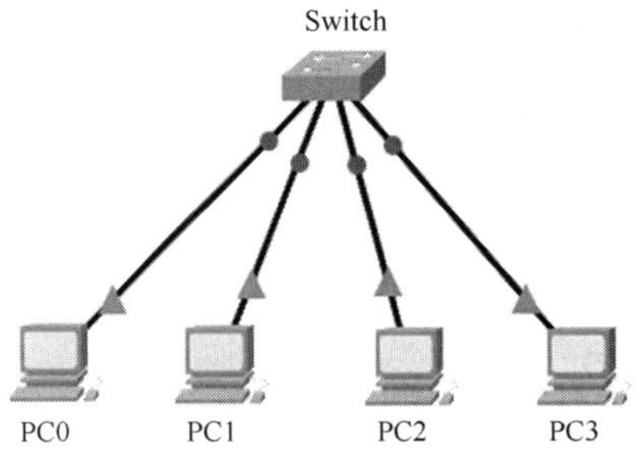

图 2-18　以太网帧的封装实验拓扑

2.2.4　实验步骤

1．任务一：观察以太网中单播帧的传输过程及封装

✧　**步骤 1：初始化拓扑图**

打开实验文件“2-2 以太网帧的封装.pka”，单击 Realtime 和 Simulation 模式切换按钮数次，直至交换机指示灯变为绿色。检查 PDU List Window 中预设的 PDU 列表的 Last Status 是否为 Successful，若不是，则双击 Fire 项下的图标，直到变为 Successful 为止，如图 2-19 所示。

PDU List Window

Fire	Last Status	Source	Destination	Type	Co	Time(se	Per	Num	Edi	Delete
●	Successful	PC0	PC1	ICMP	■	0.000	N	0	(···	(dele···
●	Successful	PC0	PC2	ICMP	■	0.000	N	1	(···	(dele···
●	Successful	PC0	PC3	ICMP	■	0.000	N	2	(···	(dele···

图 2-19　PDU List Window

上述初始化操作完成后，单击 Delete（Ctrl+Shift+E）按钮删除预设场景。

✧　**步骤 2：添加通信事件**

单击 Simulation 按钮进入 Simulation 模式。单击 Add Simple PDU 按钮，在拓扑图中依次单击 PC0 和 PC2，添加 PC0 向 PC2 发送的数据帧。

✧　**步骤 3：观察单播以太网帧的传输过程**

单击 Play 按钮，开始捕获数据帧。当 PC2 发送的响应帧返回 PC0 时，通信结束，再次单击 Play 按钮，停止数据帧的捕获。

如果弹出如图 2-20 所示的 Buffer Full 窗口，则单击 View Previous Events 按钮，保留 Event List 中捕获的事件并关闭该窗口。

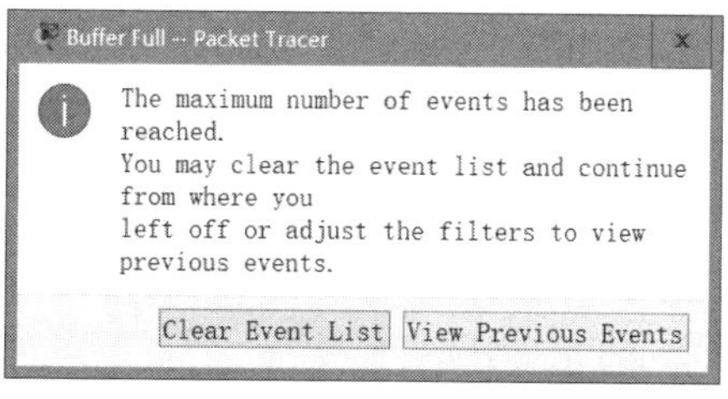

图 2-20　Buffer Full 窗口

👁　**观察：**在捕获数据帧过程中，注意观察数据帧传输过程，重点观察 PC0 发送的数据帧到达 Switch 后，Switch 如何转发该数据帧，哪些 PC 接收到了该数据帧，并将观察结果记录到实验报告中。

✧ **步骤 4：观察以太网帧的封装格式及信息**

选择 Event List 中的第二个事件（At Device：Switch），单击打开其 PDU Information 窗口。选择 Inbound PDU Details 选项卡，观察 Ethernet II 封装中的各字段信息，可以通过调整窗口大小观察各字段完整信息。

◉ **观察：**重点观察第一个字段 PREAMBLE 的组成，DEST ADDR 和 SRC ADDR 的取值，并将实验过程截图及观察到的信息以表 2-1 的形式记录到实验报告中。

表 2-1　以太网帧封装信息记录表

PREAMBLE	DEST ADDR	SRC ADDR

✧ **步骤 5：观察交换机是否修改以太网帧各字段取值**

选择 Event List 中的第三个事件（At Device：PC2），打开其 PDU Information 窗口。选择 Inbound PDU Details 选项卡，观察 Ethernet II 封装中的各字段信息。

◉ **观察：**重点观察 PREAMBLE 的组成，DEST ADDR 和 SRC ADDR 的取值，并将实验过程截图及观察到的信息以表 2-1 的形式记录到实验报告中。

? **思考：**（1）以太网帧中前导码的作用是什么？

（2）对比步骤 4 和步骤 5 的观察结果，判断在数据帧经过交换机转发后，源 MAC 地址和目标 MAC 地址是否发生了变化。结合所学知识思考并简要说明这一现象，将思考答案记录到实验报告中。

2. 任务二：观察广播帧的传输过程及封装

✧ **步骤 1：添加通信事件**

单击 Delete 按钮，删除任务一产生的场景。

单击 Add Complex PDU（C）按钮，在拓扑图中单击 PC0，在 Create Complex PDU 窗口中设置参数，其中将 Destination IP Address 设置为 255.255.255.255，Source IP Address 设置为 192.168.1.1，其他参数的设置参考图 2-21。单击 Create PDU 按钮，生成 PC0 发送的广播帧。

✧ **步骤 2：观察该广播帧的传输过程**

单击 Play 按钮，开始捕获数据。当不再产生新的数据时，表示通信结束，再次单击 Play 按钮停止捕获。

◉ **观察：**在开始捕获数据后，注意观察数据传输过程，该广播帧被交换机转发给哪些 PC，哪些 PC 接收该广播帧。将观察结果记录到实验报告中。

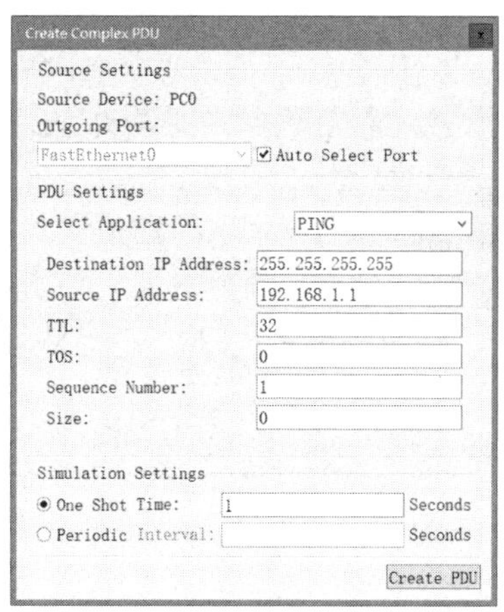

图 2-21　PC0 的复杂 PDU 参数

提示：设备上出现信封图标“ ”表示数据到达该设备，信封上闪烁“×”图标“ ”表示设备丢弃数据（接收到但不处理该数据），信封上闪烁“√”图标“ ”表示此次通信成功完成。

✧ **步骤 3：观察该广播帧的封装信息**

打开 Event List 中的第二个事件（At Device：Switch），选择 Inbound PDU Details 选项卡，观察其 Ethernet II 的封装信息。

观察：重点观察 DEST ADDR 的取值，并将实验过程截图及 DEST ADDR 信息记录到实验报告中。

？ 思考：（1）结合观察结果和所学知识中 MAC 地址的类型，思考此处 DEST ADDR 是哪一类。

（2）结合步骤 2 观察结果思考该实验中哪些 PC 属于同一个广播域。将思考答案记录到实验报告中。

3．任务三：理解类型字段的作用

✧ **步骤 1：初始化拓扑图**

删除任务二产生的场景。单击 PC0 打开其配置窗口，在 Desktop 选项卡中单击 Command Prompt，按如图 2-22 所示的操作命令（arp -a）查看 ARP 缓存表，若缓存表不为空，则执行操作命令（arp -d）删除。再次查看，结果显示为“No ARP Entries Found”即可。

进入 Simulation 模式，单击 Edit Filters 按钮打开编辑过滤器窗口，在该窗口中勾选“ARP”和“ICMP”，设置捕获数据时，ARP 和 ICMP 可见。

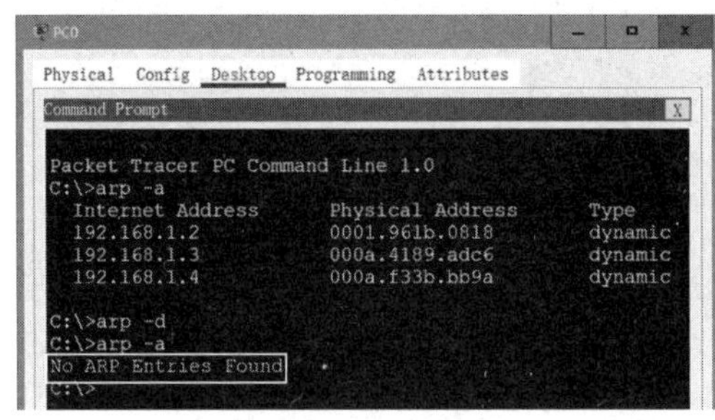

图 2-22　删除 ARP 缓存表

✧　**步骤 2：添加通信事件**

在拓扑图中添加 PC0 向 PC2 发送的数据。此时，可以观察到在 PC0 上同时产生了两个不同颜色的信封，其分别对应 Event List 中协议类型为 ICMP 和 ARP 的两个通信事件，如图 2-23 所示。

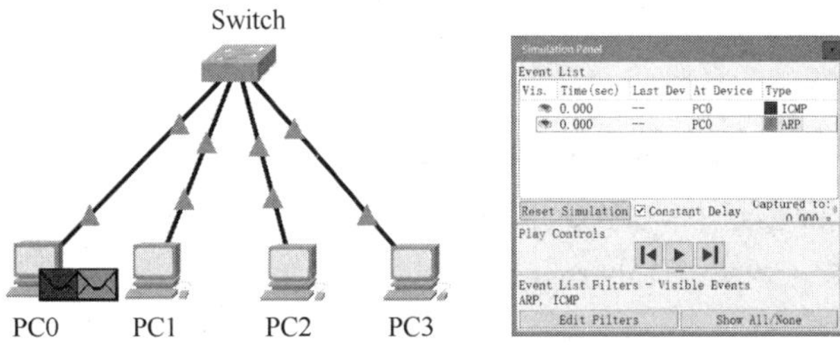

图 2-23　生成 ICMP 和 ARP 类型 PDU

提示：ICMP、ARP 及该实验任务后续会观察到的 IP 为网络层的协议，在此只为辅助理解以太网帧首部类型字段的作用，暂不详细介绍。

✧　**步骤 3：观察并理解类型字段的作用**

单击 Play 按钮开始捕获数据，注意观察数据传输过程。其中，PC0 发送的 ARP 类型请求包经交换机转发至 PC1、PC2 和 PC3，PC1 和 PC3 丢弃该请求包，PC2 接收并向 PC0 发送 ARP 类型的应答包；PC0 接收到 ARP 类型的应答包后，发送 ICMP 类型的请求包经交换机转发至 PC2，当 PC2 发送的 ICMP 类型应答包返回 PC0 时，数据传输结束，停止捕获数据。

打开 Event List 中的第四个 Type 为 ARP 的事件（At Device：PC2）的 PDU Information 窗口，选择 Inbound PDU Details 或 Outbound PDU Details 选项卡，观察以太网帧首部 TYPE 字段取值及其上层封装的协议。

如图 2-24 所示，其以太网首部 TYPE 字段取值为 0x0806，而其上层协议是 ARP。

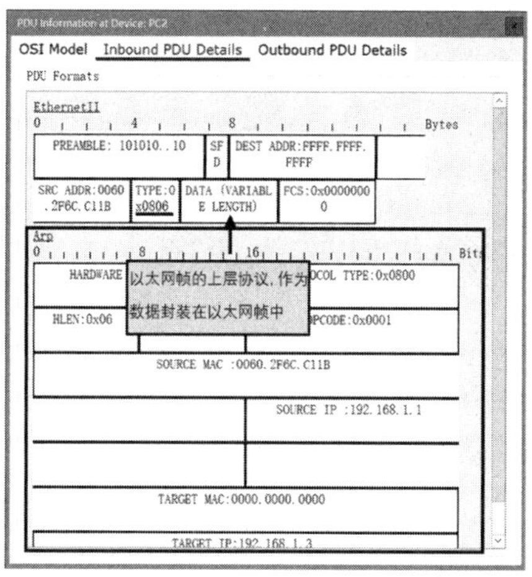

图 2-24　ARP 类型 PDU 在以太网帧中的封装

选择 OSI Model 选项卡，单击 In Layers 下的 Layer 2 查看详细信息，如图 2-25 所示。其中，“3. The frame is an ARP frame. The ARP process processes it.”意为“这是一个 ARP 帧。ARP 进程处理该帧。”4～6 描述了 ARP 进程对该以太网帧的处理过程，在此不详细介绍。由上述信息可知，PC2 的数据链路层接收以太网帧后，通过 TYPE 字段的值确定其封装的是 ARP 的数据，因此解封后将其交付 ARP 进程处理。

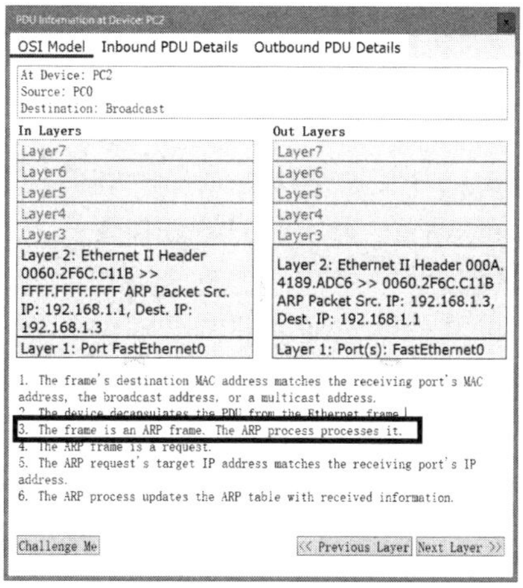

PDU Information at Device: PC2

OSI Model　Inbound PDU Details　Outbound PDU Details

At Device: PC2
Source: PC0
Destination: Broadcast

In Layers	Out Layers
Layer7	Layer7
Layer6	Layer6
Layer5	Layer5
Layer4	Layer4
Layer3	Layer3
Layer 2: Ethernet II Header 0060.2F6C.C11B >> FFFF.FFFF.FFFF ARP Packet Src. IP: 192.168.1.1, Dest. IP: 192.168.1.3	Layer 2: Ethernet II Header 000A.4189.ADC6 >> 0060.2F6C.C11B ARP Packet Src. IP: 192.168.1.3, Dest. IP: 192.168.1.1
Layer 1: Port FastEthernet0	Layer 1: Port(s): FastEthernet0

1. The frame's destination MAC address matches the receiving port's MAC address, the broadcast address, or a multicast address.
2. The device decapsulates the PDU from the Ethernet frame.
3. The frame is an ARP frame. The ARP process processes it.
4. The ARP frame is a request.
5. The ARP request's target IP address matches the receiving port's IP address.
6. The ARP process updates the ARP table with received information.

Challenge Me　<< Previous Layer　Next Layer >>

图 2-25　PC2 In Layer2 的详细信息

👁 **观察**：参照上述步骤，打开第三个 Type 为 ICMP 的事件（At Device：PC2），观察其以太网帧中 TYPE 字段的取值及其封装的上层协议，将实验截图及观察到的结果记录到实验报告中。

? 思考：结合实验和所学知识，简要叙述以太网帧首部中 TYPE 字段的作用，将其记录到实验报告中。

2.3 实验三：CSMA/CD 工作原理

2.3.1 背景知识

1．总线形以太网

以太网可以采用同轴电缆、双绞线和光纤作为传输媒体，其拓扑结构主要采用总线形或星形拓扑。传统以太网使用同轴电缆作为传输媒体，使用总线形拓扑结构将多个站点接入一根共享总线，当网络中有两个或两个以上站点同时发送数据时将引起冲突。在双绞线逐步替代同轴电缆后，以太网演进为以集线器为中心的星形以太网。但因为集线器是工作在物理层的设备，其仅在物理层对接收到的信号进行整形放大后通过所有端口转发出去，因此从逻辑拓扑上仍然属于共享信道的总线形拓扑。当以集线器为中心的星形以太网中有多个站点同时发送数据时，仍会引起冲突。

2．CSMA/CD

CSMA/CD 的基本原理是，任何站点在发送数据前先监听信道，若信道空闲则发送数据，若信道已经被占用即有其他站点正在发送数据，则该站点持续监听信道，直至信道空闲时发送数据；在发送数据前对信道的监听并不能完全避免冲突，例如由于传播时延，站点 A 已经在发送数据，但是其发送的信号尚未达到站点 B，此时若站点 B 监听信道，则监听到的是空闲状态，站点 B 发送数据将会引起冲突；因此正在发送数据的站点需要在发送数据时对信道进行冲突检测，如果监听到冲突信号则立即停止发送数据；同时发送强化冲突信号，使网络中正在发送数据的其他站点能够监听到冲突而停止发送已经冲突的数据，以减少对信道资源的浪费。

2.3.2 实验目的

（1）理解共享总线的以太网数据传输方式。

（2）理解发生冲突的原因及冲突带来的问题。

（3）理解 CSMA/CD 工作原理。

2.3.3　实验配置说明

本实验对应的实验文件为“2-3 CSMA/CD 工作原理.pka”。

CSMA/CD 工作原理实验拓扑如图 2-26 所示，4 台 PC 通过一台集线器组成一个简单的以太网，其物理拓扑是星形拓扑，而其逻辑拓扑是共享总线形拓扑。

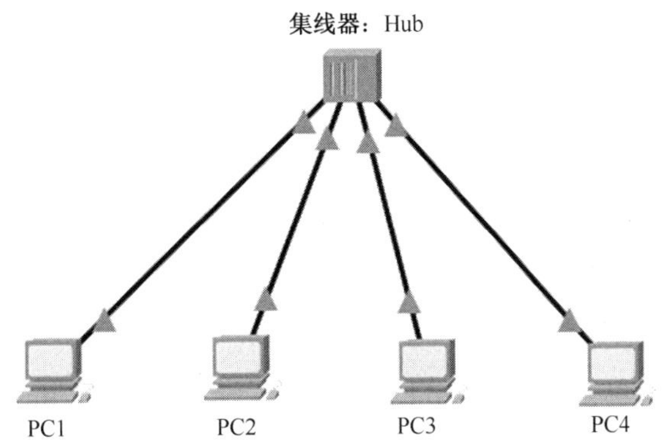

图 2-26　CSMA/CD 工作原理实验拓扑

2.3.4　实验步骤

1．任务一：观察无冲突时传统以太网中数据帧的传输过程

✧　**步骤 1：初始化拓扑图**

打开实验文件“2-3 CSMA-CD 工作原理.pka”，单击 Realtime 和 Simulation 模式切换按钮数次，或双击预设的 PDU 列表的 Fire 项下的图标，直至 Last Status 均转换为 Successful。

初始化操作完成后，删除预设场景。

✧　**步骤 2：添加通信事件**

进入 Simulation 模式，先单击 Add Complex PDU 按钮，然后在拓扑图上单击 PC1，按如图 2-27 所示参数添加 PC1 向 PC2 发送的数据帧。其中，192.168.1.2 是 PC2 的 IP 地址，192.168.1.1 是 PC1 的 IP 地址；Size 设置为 2000，使 PC1 连续发送两个以太网帧。单击 Create PDU 按钮，创建复杂 PDU，

并单击 Select（Esc）按钮释放鼠标。

Create Complex PDU
Source Settings
Source Device: PC1
Outgoing Port:
FastEthernet0 ☑ Auto Select Port
PDU Settings
Select Application: PING
Destination IP Address: 192.168.1.2
Source IP Address: 192.168.1.1
TTL: 32
TOS: 0
Sequence Number: 1
Size: 2000
Simulation Settings
◉ One Shot Time: 1 Seconds
○ Periodic Interval: Seconds
Create PDU

图 2-27　在 PC1 创建复杂 PDU 的参数

✧　**步骤 3：观察 PC1 向 PC2 发送数据帧的过程**

单击 Forward 按钮，此时可以观察到 PC1 上生成了两个数据帧，其中一个信封图标上有滚动光标，如图 2-28 所示。单击打开该数据帧的 PDU Information 窗口，如图 2-29 所示。单击 Out Layers 下的 Layer 1，其详细信息显示：当前接口正在发送另一个数据帧，该数据帧被暂时缓存等待发送。

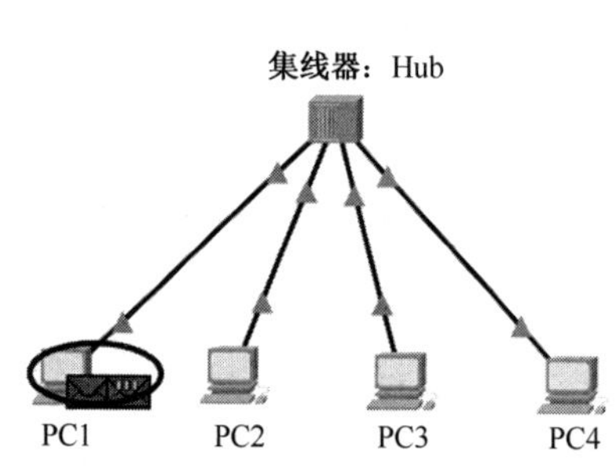

图 2-28　PC1 上生成的两个数据帧

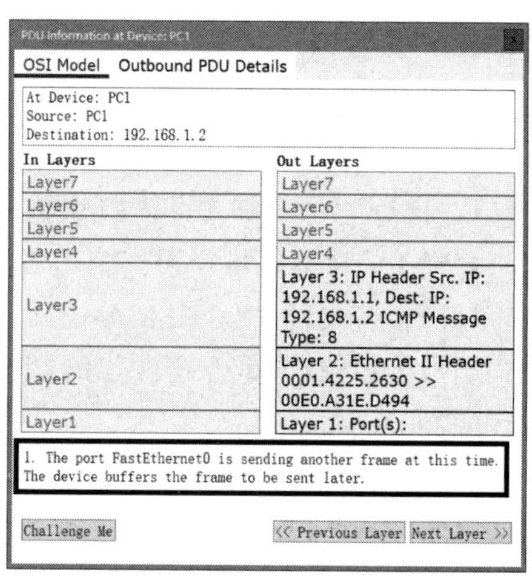

图 2-29　PC1 缓存数据帧的信息

单击 Play 按钮继续捕获数据，观察到 PC1 连续发送两个数据帧，当第二个数据帧经 Hub 转发至其他 PC 时，再次单击 Play 按钮暂停捕获数据。

◇　**步骤 4：观察、分析 PC2、PC3、PC4 对数据帧的处理**

此时，可见在 PC2 上生成了两个数据帧，而 PC3 和 PC4 均丢弃了其接收到的数据帧，如图 2-30 所示。

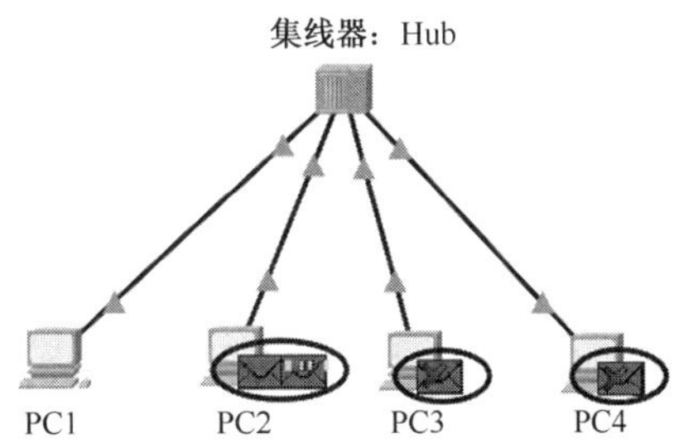

图 2-30　其他 PC 的 PC1 发送的数据帧的处理

单击 PC2 上的任意一个数据帧，打开其 PDU Information 窗口，如图 2-31 所示。单击 In Layers 下的 Layer 2，其详细信息为：PC2 检测到目标 MAC 地址与接收接口的 MAC 地址匹配，对数据帧进行解封，将 PDU 交付上层协议处理。同时，观察 Out layers 可见，上层协议已经向数据链路层交付其 PDU，而数据链路层的以太网协议已经封装了反向数据帧（PC2 发送给 PC1 的应答数据帧）。

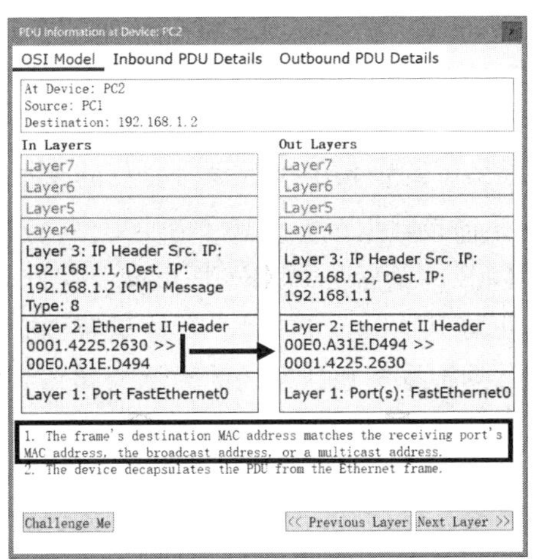

图 2-31　PC2 接收数据帧并发送应答数据帧

◉　**观察：** 参照上述步骤，打开 PC3 和 PC4 上的 PDU Information 窗口，观察其对接收到的数据帧如何处理，是否生成反向数据帧，并将观察结果记录到实验报告中。

✧ **步骤 5：观察 PC2 向 PC1 发送应答数据的过程**

单击 Play 按钮继续捕获数据，参照上述操作步骤，观察 PC2 向 PC1 发送应答数据的过程。当 PC2 发送的两个数据帧到达 PC1 后，此数据传输结束，停止捕获数据。

2．任务二：观察 CSMA/CD 工作原理

在这个实验中，我们通过在 PC1 发送数据时，让其他 PC 同时发送数据，来观察 CSMA/CD 工作原理，包括通过载波监听避免冲突；发送数据时检测冲突；检测到冲突后延迟一个随机时间后重发数据帧。由于模拟器的限制及在实验过程中添加其他 PC 的数据帧的时机不同，实验结果可能会有所不同。本书给出的实验顺序供读者参考，读者在实验过程中可以参照操作步骤认真观察演示动画及各 PC 的 PDU 详细信息，帮助理解 CSMA/CD 工作原理。需要特别注意：在实际以太网中，约定最短以太网帧长为 64 字节，保证了在发送数据帧过程中持续检测冲突，进而在检测到冲突后重传该数据帧；而因模拟器以数据帧为单位发送数据，故当一个站点无其他待发送数据帧时不再检测冲突，即便其发送出去的数据帧发生冲突也不会重传；本实验通过 PC1 连续发送多个数据帧来观察检测冲突并重传。

✧ **步骤 1：添加通信事件**

单击 Reset Simulation 按钮，再单击 Forward 按钮，重置 PC1 向 PC2 发送复杂 PDU 的模拟过程。

先单击 Add Simple PDU 按钮，然后单击 PC3，暂不单击目标 PC。

✧ **步骤 2：观察 PC3 监听到信道中有数据传输时的处理**

单击 Play 按钮开始捕获数据，注意观察拓扑工作区的动画演示，当 PC1 发送的第一个数据帧经 Hub 转发后，立即单击 PC4，添加 PC3 向 PC4 发送的数据。当 PC1 发送的数据帧到达其他 PC 时，暂停捕获数据。

若 PC3 向 PC4 发送的数据在 PC1 发送的数据帧即将到达 PC3 时添加成功，则可以看到如图 2-32 所示的结果：PC3 向 PC4 发送的数据帧处于缓存状态。单击该数据帧打开其 PDU Information 窗口，查看其 Out Layers 下 Layer 1 信息，如图 2-33 所示：CSMA/CD 监听到有其他数据帧正在发送，缓存该数据帧等待发送。

继续捕获数据，直到 PC1 发送的第二个数据帧到达其他 PC 时，暂停捕获数据。

？ 思考：通过实验观察，在 PC1 发送第二个数据帧的过程中，PC3 向 PC4 发送的数据帧是否向外发送，并思考原因。

集线器：Hub
PC1
PC2
PC3
PC4

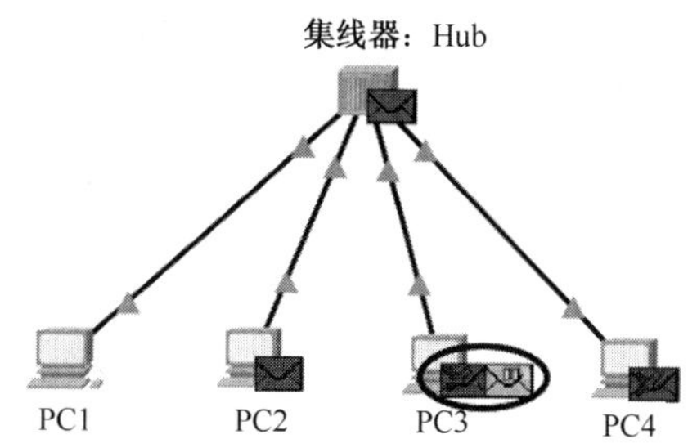

图 2-32　PC3 检测到信道忙，暂不发送数据

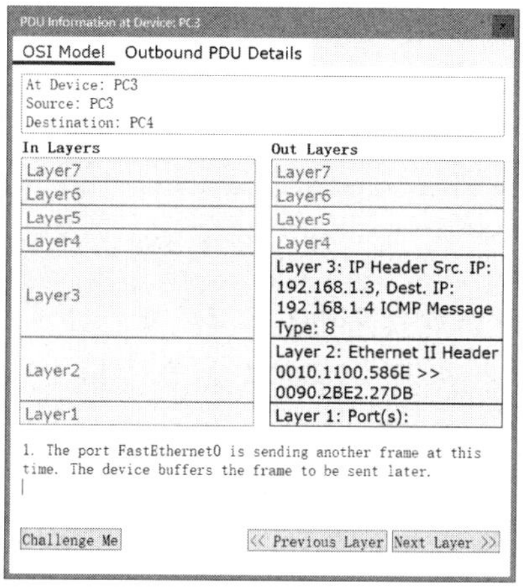

PDU Information at Device: PC3
OSI Model
Outbound PDU Details
At Device: PC3
Source: PC3
Destination: PC4
In Layers
Layer7
Layer6
Layer5
Layer4
Layer3
Layer2
Layer1
Out Layers
Layer7
Layer6
Layer5
Layer4
Layer 3: IP Header Src. IP: 192.168.1.3, Dest. IP: 192.168.1.4 ICMP Message Type: 8
Layer 2: Ethernet II Header 0010.1100.586E >> 0090.2BE2.27DB
Layer 1: Port(s):
1. The port FastEthernet0 is sending another frame at this time. The device buffers the frame to be sent later.
Challenge Me
<< Previous Layer
Next Layer >>

图 2-33　PC3 的详细处理信息

✧　**步骤 3：观察冲突发生时，PC 对数据帧的处理**

在步骤 2 暂停捕获数据时，PC2 上已经生成两个准备向 PC1 发送的应答数据帧，PC3 上有一个因检测到冲突而缓存的准备向 PC4 发送的数据帧，而此时信道处于空闲状态，PC2 和 PC3 同时准备发送数据，如图 2-34 所示。

集线器：Hub
PC1
PC2
PC3
PC4

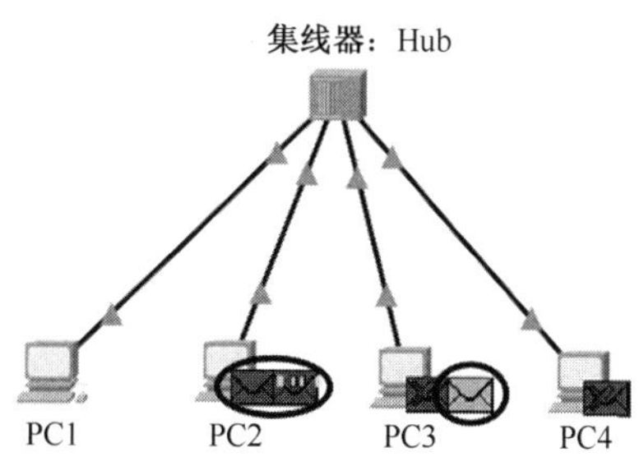

图 2-34　PC2 和 PC3 同时准备发送数据

查看 PC3 上的 PDU 信息，如图 2-35 所示：PC3 已从缓冲区中取出数据帧准备发送。

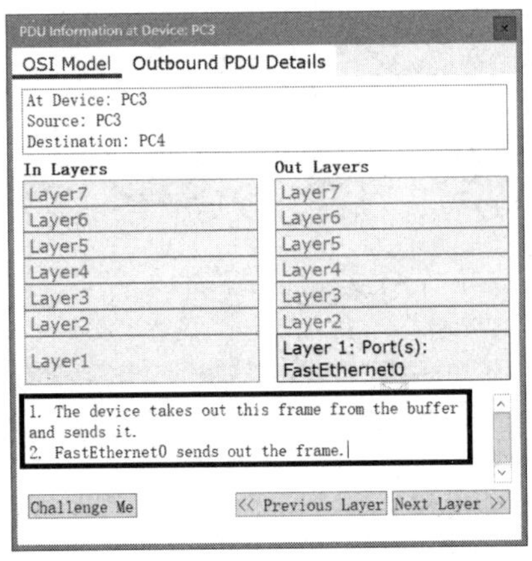

图 2-35　PC3 取出缓存数据帧准备发送

继续捕获数据，并注意观察拓扑工作区的演示动画。此时，由于 PC2 和 PC3 同时发送数据，而引起冲突。当冲突的数据到达 PC 后，暂停捕获数据。

单击打开任意 PC 上的 PDU Information 窗口，查看详细处理信息，如图 2-36 所示：PC 在接收到冲突的数据帧（简称为冲突帧）后，检测出冲突并将其丢弃。

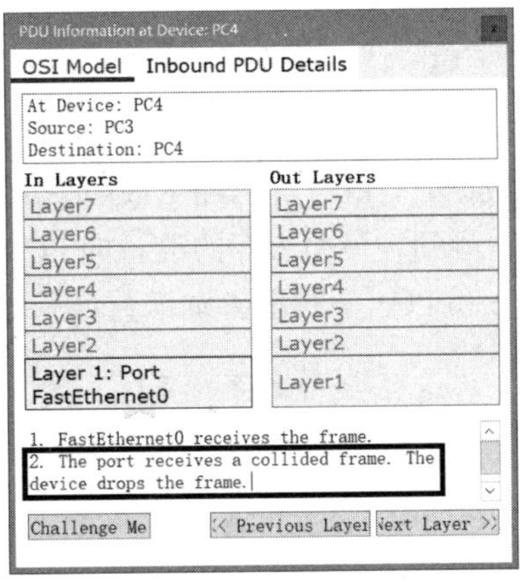

图 2-36　PC 对冲突帧的详细处理信息

?　思考：通过实验观察，PC2 和 PC3 发送的数据帧是否发生了冲突，如发生了冲突，则思考 CSMA/CD 为什么不能避免这种冲突的发生。

✧　**步骤 4：观察发送方检测到冲突后重传数据帧**

单击打开 PC2 上的 PDU Information 窗口查看详细信息，如图 2-37 所示：PC2 在发送数据过程中检测到冲突后，设置退避一个随机时间后重传数据帧。

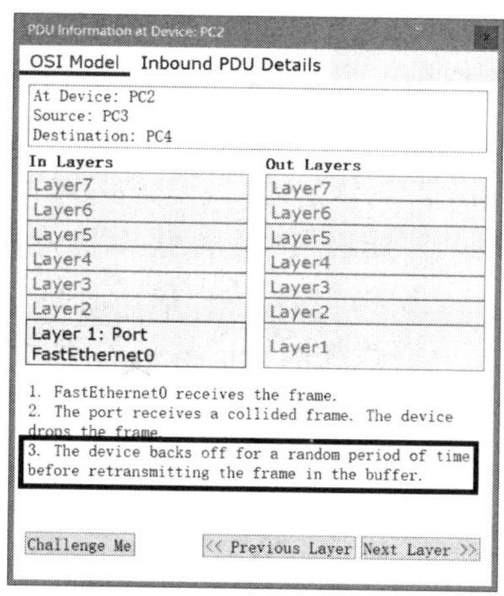

图 2-37　数据帧退避重传的信息

继续捕获数据，可以观察到所有 PC 丢弃冲突帧后，PC2 等待一个随机时间后重传数据帧。

由于模拟器的限制及上层协议的影响，重传数据帧到达目标主机 PC1 后也被丢弃。

?　思考： 假设数据发送过程发生在传统十兆以太网中，根据 CSMA/CD 工作原理及退避算法，思考 PC2 在检测到冲突后选择的随机等待时间可能是多长。

2.4　实验四：共享式以太网与交换式以太网的对比

2.4.1　背景知识

1．以太网的扩展

信号在双绞线中传播时，会随着传播距离的增加逐渐衰减。当传播距离超过 100 m 时，信号将衰减到无法被接收方正确接收。因此，使用双绞线的以太网的最大网段长度为 100 m，其覆盖范围受到限制。

当需要扩大以太网覆盖范围或者增加站点数量时，可以使用工作在以太网物理层的集线器或者工作在数据链路层的交换机连接不同的网段。多台集线器或者多台交换机的级联，可以使以太网扩展到更大的覆盖范围。

2．冲突域与广播域

（1）冲突域：在共享信道的以太网中，如果两个或两个以上站点同时发送数据，则引起冲突。虽然以太网在 MAC 层采用 CSMA/CD 有效地降低了冲突的概率，但由于存在传播时延及多个站点同时监听到信道空闲而同时发送数据的情况，所以冲突仍会发生。如果以太网中两个站点同时发送数据会引起冲突，那么这两个站点处在同一个冲突域内。

（2）广播域：以太网是广播式网络，能够实现一对多通信。在以太网中，一个站点向所有站点发送数据的过程称为广播，而向所有站点发送的数据帧称为广播帧。在以太网中，能够接收同一广播帧的所有站点的集合称为一个广播域。

3．使用集线器的共享式以太网和使用交换机的交换式以太网

集线器和交换机都是为了扩大以太网而使用的连接设备，但二者的工作原理却存在很大差异。

集线器是早期以太网中的主要连接设备，它工作在物理层。集线器的主要功能是对接收到的信号进行放大、转发，从而延长信号的传播距离。由于物理层处理的比特流是无结构的，因此集线器无法识别接收方，只能将从一个端口接收到的信号复制到所有其他端口，即向与该集线器连接的所有站点转发。虽然采用集线器作为连接设备的以太网物理拓扑是星形拓扑，但其逻辑拓扑仍然是共享信道的总线形拓扑。使用集线器的以太网本质上仍然是共享式以太网，集线器连接的所有站点共享网络带宽，属于同一个冲突域和广播域，只能工作在半双工模式下。

交换机是目前以太网中使用最为广泛的连接设备，它工作在数据链路层。交换机使用以太网帧中的 MAC 地址转发和过滤数据帧。交换机内部使用专用集成电路，可以把任意两个端口连接起来，形成专用数据传输通道；可以在多个端口对之间同时建立多条并发连接，使得与不同端口连接的站点同时发送数据不会引起冲突。交换机在接收到数据帧时读取帧中源 MAC 地址和目标 MAC 地址，并在其对应的端口间建立一条专用的数据传输通道转发数据，而不是向所有端口转发数据。

使用交换机作为连接设备的以太网称为交换式以太网，它可以有效地根据 MAC 地址过滤数据帧、隔离冲突域。交换机的每个端口是一个独立的冲突域，但交换机不能隔离广播域，与交换机连接的所有站点仍属于同一个广播域。因为交换式以太网从根本上解决了冲突问题，因此可以工作在全双工模式下。

2.4.2　实验目的

（1）理解集线器和交换机转发数据的方式。
（2）理解冲突域和广播域的概念。
（3）理解共享式以太网和交换式以太网的区别。
（4）理解共享式以太网和交换式以太网的双工模式。

2.4.3　实验配置说明

本实验对应的实验文件为“2-4 共享式以太网与交换式以太网的对比.pka”。

共享式以太网与交换式以太网的对比实验拓扑如图 2-38 所示。本实验用到两个拓扑图：一是以集线器为中心的共享式以太网；二是以交换机为中心的交换式以太网。

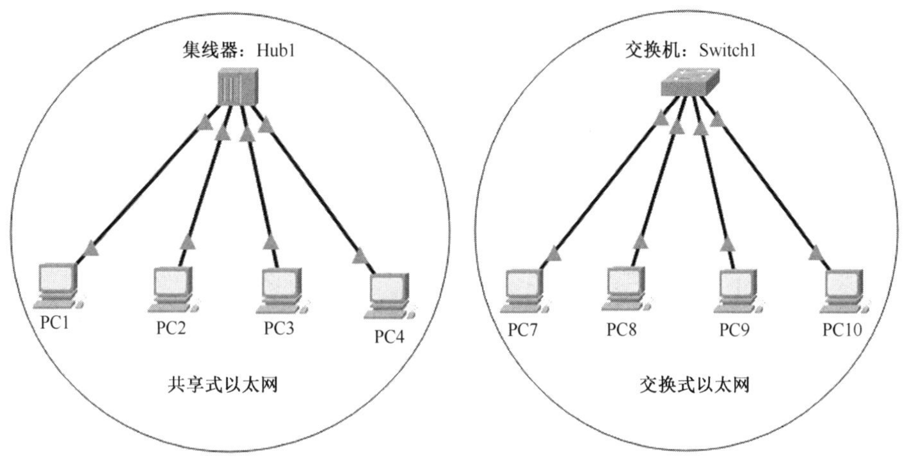

图 2-38　共享式以太网与交换式以太网的对比实验拓扑

2.4.4　实验步骤

1．任务一：比较共享式以太网和交换式以太网对单播包的传输

✧　**步骤 1：初始化拓扑图**

打开实验文件“2-4 共享式以太网与交换式以太网的对比.pka”。若此时交换机端口指示灯为橙色，则单击 Realtime 和 Simulation 模式切换按钮数次，直

至交换机指示灯变成绿色为止。

✧ **步骤 2：观察共享式以太网和交换式以太网中单播帧的传输**

进入 Simulation 模式，分别添加 PC1 向 PC3 发送的简单 PDU、PC7 向 PC9 发送的简单 PDU。

单击 Play 按钮开始捕获数据，观察拓扑工作区中的演示动画，比较共享式以太网和交换式以太网中单播帧的传输过程。当应答数据帧分别返回 PC1 和 PC7 时，再次单击 Paly 按钮停止捕获数据。

观察：重点观察共享式以太网中的集线器如何转发数据帧，交换式以太网中的交换机如何转发数据帧。将观察结果记录到实验报告中。

✧ **步骤 3：分析集线器和交换机对单播帧的转发**

单击 Reset Simulation 按钮，重置模拟过程。单击 Forward 按钮，数据分别到达 Hub1 和 Switch1。

单击 Hub1 上的 PDU 图标打开其信息窗口，如图 2-39 所示。由数据处理流程指示箭头可见，在集线器接收到数据后，在物理层对数据进行处理和转发，而转发端口是除接收端口 FastEthernet0 外的所有端口。

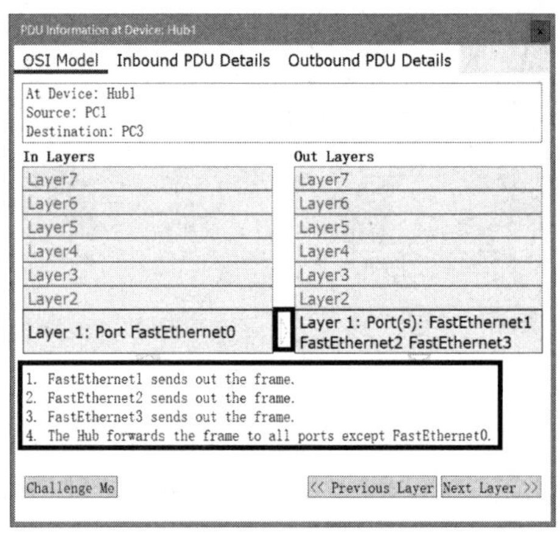

图 2-39 Hub1 对数据的处理

单击 Switch1 的 PDU 图标打开其信息窗口，如图 2-40 所示。由数据处理流程指示箭头可见，交换机物理层将数据交付数据链路层进行处理。而数据链路层根据目标 MAC 地址查找 MAC 转发表确定转发端口进行转发。

单击 Play 按钮继续捕获数据，再次观察数据帧的传输过程。当应答帧分别到达 PC1 和 PC7 时，停止捕获数据。

👁 **观察**：在共享式以太网和交换式以太网中，添加任意两台 PC 间的通信事件，按照步骤 2 和步骤 3 的操作方法重复实验，观察并分析其传输过程是否与上述结果相同，并将相应截图及结果记录到实验报告中。

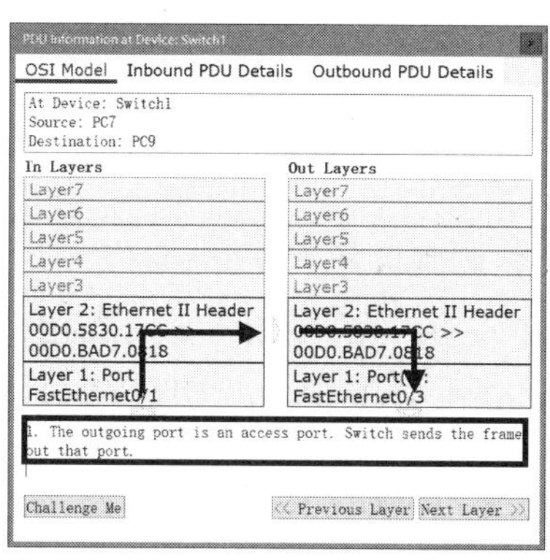

图 2-40　Switch1 对数据的处理

2．任务二：比较共享式以太网和交换式以太网对广播帧的传输

✧ **步骤 1：添加广播帧**

删除任务一产生的场景。

单击 Add Complex PDU 按钮，单击 PC1 添加 PC1 发送的广播帧，Destination IP Address 设置为 255.255.255.255，其他参数如图 2-41 所示。单击 Create PDU 按钮完成创建后，单击 Select 按钮释放鼠标。

同样地，添加 PC7 发送的广播帧，参数设置与图 2-41 相同。创建完成后单击 Select 按钮释放鼠标。

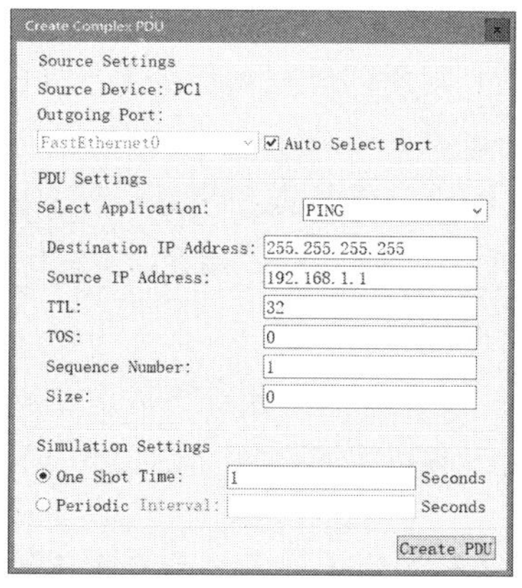

图 2-41　创建复杂 PDU

✧ **步骤 2：观察共享式以太网和交换式以太网中广播帧的传输**

单击 Play 按钮开始捕获数据，观察拓扑工作区中的演示动画，比较共享式以太网和交换式以太网中广播帧的传输过程。当 PC1 和 PC7 发送的广播帧分别经 Hub1、Switch1 转发至其他 PC 时，暂停捕获数据。

观察：重点观察集线器和交换机如何转发数据帧，将观察结果记录到实验报告中。

✧ **步骤 3：分析集线器和交换机对广播帧的转发**

单击 Reset Simulation 按钮，重置模拟过程。单击 Forward 按钮，数据帧分别到达 Hub1 和 Switch1。单击 Hub1 上的 PDU 图标，查看其信息窗口。

观察：结合其 In Layers 和 Out Layers 相关信息，说明 Hub1 如何处理广播帧。将截图及说明信息记录到实验报告中。

单击 Switch1 上的 PDU 图标，查看其信息窗口。

观察：重点查看 Switch1 通过哪些端口转发广播帧，如此转发的依据是什么。将相应截图及说明信息记录到实验报告中。

单击 Forward 按钮，继续跟踪、观察 Hub1 和 Switch1 对广播帧的转发。当 PC1 和 PC7 发送的广播帧分别转发至其他 PC 时，该步骤结束。

提示：此处不删除已产生场景，接续任务三。

3．任务三：比较多站点同时发送数据的情况

✧ **步骤 1：观察应答数据帧的生成情况**

在任务二结束时，PC1 发送的广播帧已经到达 PC2～PC4，PC7 发送的广播帧已经到达 PC8～PC10。

单击 PC2 上的 PDU 图标查看其详细信息，PC2 在接收该广播帧并解封后交付上层协议。经上层协议处理后，生成向 PC1 发送的应答帧，如图 2-42 所示。

观察：查看其他 PC 对接收到的广播帧的处理（仅关注数据链路层），将观察结果及相应截图记录到实验报告中。

✧ **步骤 2：观察共享式以太网和交换式以太网中多站点同时发送数据的情况**

由步骤 1 的观察结果可见，PC2、PC3 和 PC4 已经同时生成了向 PC1 发送

的应答帧，PC8、PC9 和 PC10 已经同时生成向 PC7 发送的应答帧。

PDU Information at Device: PC2

OSI Model　Inbound PDU Details　Outbound PDU Details

At Device: PC2
Source: PC1
Destination: 255.255.255.255

In Layers	Out Layers
Layer7	Layer7
Layer6	Layer6
Layer5	Layer5
Layer4	Layer4
Layer 3: IP Header Src. IP: 192.168.1.1, Dest. IP: 255.255.255.255 ICMP Message Type: 8	Layer 3: IP Header Src. IP: 192.168.1.2, Dest. IP: 192.168.1.1 ICMP Message Type: 0
Layer 2: Ethernet II Header 0001.4225.2630 >> FFFF.FFFF.FFFF	Layer 2: Ethernet II Header 00E0.A31E.D494 >> 0001.4225.2630
Layer 1: Port FastEthernet0	Layer 1: Port(s): FastEthernet0

1. The frame's destination MAC address matches the receiving port's MAC address, the broadcast address, or a multicast address.
2. The device decapsulates the PDU from the Ethernet frame.

Challenge Me　<< Previous Layer　Next Layer >>

图 2-42　接收到广播帧的 PC 生成应答帧

单击 Play 按钮开始捕获数据，观察拓扑工作区的演示动画。

👁 **观察：** 观察在共享式以太网中，PC2～PC4 同时向 PC1 发送应答帧时出现了什么情况，PC1 是否正确接收到应答帧；在交换式以太网中，PC8～PC10 同时向 PC7 发送应答帧时，Switch1 是如何转发的，PC7 是否正确接收到应答帧。将观察结果记录到实验报告中。

✧　**步骤 3：分析多站点同时发送数据时，集线器和交换机的处理方式**

单击 Reset Simulation 按钮，重置模拟过程。单击 Play 按钮，当 PC2～PC4 的应答帧到达 Hub1、PC8～PC10 的应答帧到达 Switch1 时，再次单击 Play 按钮暂停捕获数据。在拓扑图中可看到如图 2-43 所示的现象。

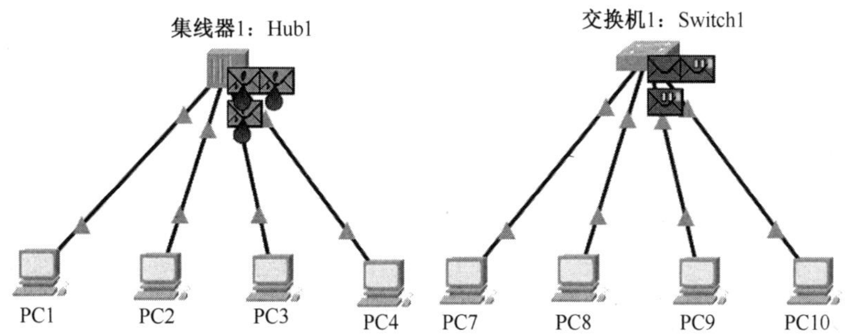

图 2-43　多站点同时发送数据

在共享式以太网中，因所有站点共享信道，当 PC2～PC4 发送的数据同时到达 Hub1 时发生了冲突；在交换式以太网中，可以看到两个 PDU 图标显示为缓存等待状态。在交换机接收到 PC8～PC10 同时发送的数据帧时，因三个数据帧均需通过 FastEthernet0/1 端口转发给 PC7，其中一个数据帧进入转发状态，另外两个数据帧为缓存等待状态。

✧ **步骤 4：分析数据传输结果**

再次单击 Play 按钮继续捕获数据，可以观察到共享式以太网中冲突后的数据帧到达 PC1 后被丢弃，而 Switch1 依次转发的数据帧分别到达 PC7 后均被正确接收。停止捕获数据。

◉ **观察：** 查看 PDU List Window 中两个通信事件的最终状态分别是什么。将观察结果和截图记录到实验报告中。

◉ **观察并思考：** 如果多个站点同时向不同的目标主机发送数据，在共享式以太网中是否会发生冲突？在交换式以太网中，Switch1 如何转发数据？通过实验进行验证（例如，同时添加 PC1 向 PC2 发送的数据和 PC3 向 PC4 发送的数据；同时添加 PC7 向 PC8 发送的数据和 PC8 向 PC10 发送的数据），将实验验证结果及相应截图记录到实验报告中。

? **思考：** 结合上述实验，思考本实验拓扑图中共享式以太网及交换式以太网中冲突域和广播域的范围分别是什么。将结果记录到实验报告中。

4．任务四：比较共享式以太网和交换式以太网的双工模式

✧ **步骤 1：观察共享式以太网和交换式以太网中双向交替通信的情况**

删除当前场景。分别添加 PC1 向 PC2 发送的数据、PC7 向 PC8 发送的数据。开始捕获数据，观察拓扑工作区的动画演示。

◉ **观察：** 在共享式以太网中，PC1 和 PC2 之间的双向交替通信是否成功？在交换式以太网中，PC7 和 PC8 之间的双向交替通信是否成功？将观察结果记录到实验报告中。

? **思考：** 根据观察结果，思考共享式以太网和交换式以太网是否支持半双工通信。将答案记录到实验报告中。

✧ **步骤 2：观察共享式以太网和交换式以太网中双向同时通信的情况**

删除步骤 1 产生的场景。添加 PC1 向 PC2 发送的数据，同时添加 PC2 向 PC1 发送的数据；添加 PC7 向 PC8 发送的数据，同时添加 PC8 向 PC7 发送的数据。开始捕获数据，观察拓扑工作区的动画演示。

👁 **观察**：在共享式以太网中，PC1 和 PC2 双向同时通信是否成功？在交换式以太网中，PC7 和 PC8 双向同时通信是否成功？将观察结果记录到实验报告中。

？ 思考：根据观察结果，思考共享式以太网和交换式以太网是否支持全双工通信。将答案记录到实验报告中。

2.5　实验五：交换机工作原理

2.5.1　背景知识

以太网交换机是工作在数据链路层的设备，作为以太网的连接设备，可以扩大以太网的覆盖范围。它使用以太网帧中的目标 MAC 地址对数据帧进行转发和过滤。当交换机接收到一个数据帧时，根据数据帧中的目标 MAC 地址和地址转发表确定转发端口或者将数据帧丢弃。

地址转发表是交换机转发数据帧的依据，其主要信息是网络中各站点的 MAC 地址与其接入该交换机的端口之间的映射关系。

交换机是即插即用设备，即只要将交换机接入以太网就可以工作，不需要人工配置转发表。一台新的交换机刚刚接入以太网时，其地址转发表为空，为了有效地过滤和转发数据帧，它需要使用逆向自学习算法（Reverse Selflearning Algorithm，RSA）建立转发表。

逆向自学习算法的基本思想是，如果交换机通过端口 N 接收到站点 A 发送的数据帧，那么相反地，交换机也可以通过端口 N 把目标地址为 A 的数据帧转发给站点 A。因此，交换机建立转发表的过程是根据其接收到的数据帧中的源 MAC 地址与接收端口之间的映射关系建立起来的。当交换机接收到某站点发送的数据帧时，若其源 MAC 地址在地址转发表中不存在，则将源 MAC 地址与接收端口的映射写入地址转发表；若源 MAC 地址已经存在于地址转发表中，则进行更新。

交换机转发数据帧时，查找转发表中是否存在与目标 MAC 地址匹配的表项。根据转发表中对该 MAC 地址的记录情况处理该数据帧。交换机转发数据帧的规则如下。

（1）若转发表中无目标 MAC 地址，则交换机采用洪泛转发，即向除接收端口外的所有端口转发该数据帧。

（2）若转发表中有目标 MAC 地址且转发端口与接收端口相同，则丢弃该数据帧。

（3）若转发表中有目标 MAC 地址且转发端口与接收端口不同，则向转发端口转发该数据帧。

2.5.2 实验目的

（1）理解交换机逆向自学习算法建立地址转发表的过程。

（2）理解交换机转发数据帧的规则。

（3）理解交换机工作原理。

2.5.3 实验配置说明

本实验对应的实验文件为“2-5 交换机工作原理.pka”。

交换机工作原理实验拓扑如图 2-44 所示。本实验在数据帧的发送过程中，观察交换机地址转发表的建立过程，以及根据地址转发表转发数据帧的过程，从而理解交换机通过逆向自学习算法建立地址转发表及其对数据帧的转发规则。

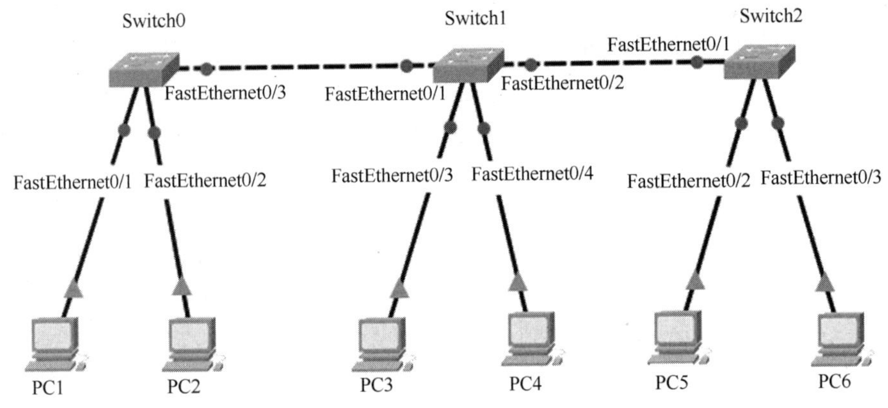

注：FastEthernet 简称为 F。

图 2-44 交换机工作原理实验拓扑

2.5.4 实验步骤

在本实验中，需要分别观察 PC1 向 PC5 发送数据，PC3 向 PC1 发送数据，删除 Switch1 的地址转发表后，PC3 向 PC1 发送数据的过程。观察在每个数据发送过程中，每台交换机在接收到数据前/后，地址转发表的变化情况，理解交换机通过逆向自学习算法建立地址转发表的过程；观察在现有地址转发表的情况下交换机如何处理数据（转发？洪泛转发？丢弃？），理解交换机转发数据的规则。

在实验过程中需要删除交换机上的地址转发表，其操作方法如下。

单击需要删除地址转发表的交换机，在其配置窗口中选择 CLI 选项卡，将鼠标焦点置于其工作区内后按 Enter 键，在其命令提示符下输入如下命令删除地址转发表：

```
Switch>enable                        //进入特权操作模式
Switch#clear mac-address-table       //清空地址转发表
```

1．任务一：观察 PC1 向 PC5 发送数据的过程

✧　**步骤 1：初始化拓扑图**

打开实验文件“2-5 交换机工作原理.pka”，单击 Realtime 和 Simulation 模式切换按钮数次，或双击预设的 PDU List 的 Fire 项下的图标，直至 Last Status 均转换为 Successful。

初始化操作完成后，删除预设场景。进入模拟模式，分别删除三台交换机上的地址转发表，将其重置为 MAC 地址转发表为空的状态。

✧　**步骤 2：查看并记录源、目标主机的 MAC 地址**

选择 Inspect（I）工具，单击源主机 PC1，选择 Port Status Summary Table 菜单项，查看并记录 PC1 的 MAC 地址。同样地，查看并记录目标主机 PC5 的 MAC 地址。

观察：查看 PC1 和 PC5 的 MAC 地址，将其记录到实验报告中。

✧　**步骤 3：观察 Switch0 当前的 MAC 地址转发表**

在拓扑图中添加 PC1 向 PC5 发送的数据。选择 Inspect 工具，单击 Switch0，选择 MAC Table 菜单项，查看 Switch0 当前的地址转发表。

观察：查看 Switch0 在接收到 PC1 发送的数据之前的地址转发表，特别需要注意源主机 PC1 和目标主机 PC5 的 MAC 地址是否存在于地址转发表中。将观察结果记录到实验报告中。

✧　**步骤 4：观察交换机逆向自学习算法建立转发表和转发数据的过程**

单击 Forward 按钮，数据到达 Switch0，再次查看 Switch0 的地址转发表。

观察：查看 Switch0 在接收到 PC1 发送的数据后的地址转发表的变化，特别需要注意源主机 PC1 和目标主机 PC5 的 MAC 地址是否添加到地址转发表中。查看结果并与步骤 3 的查看结果进行对比，记录到实验报告中。

单击打开 Switch0 上 PDU Information 窗口，查看 In Layers 下的 Layer 2 的详细处理信息，如图 2-45 所示：Switch0 检测到该数据帧的源 MAC 地址不在地址转发表中，向地址转发表添加一条新的 MAC 入口项。结合上述查看地址转发表的结果，理解此处交换机建立地址转发表的过程。

单击 Out Layers 下的 Layer 2 查看交换机转发数据帧的详细信息，如图 2-46 所示：交换机在地址转发表中未查找到目标 MAC 地址，因此向除接收端口外的所有其他端口洪泛转发该数据帧。

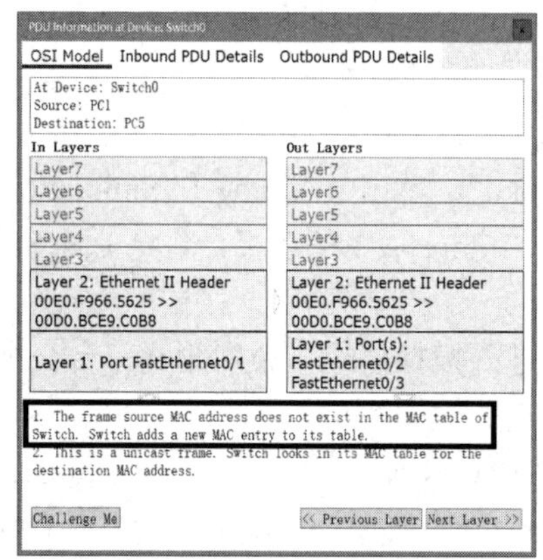

图 2-45　Switch0 添加 MAC 地址转发项的信息

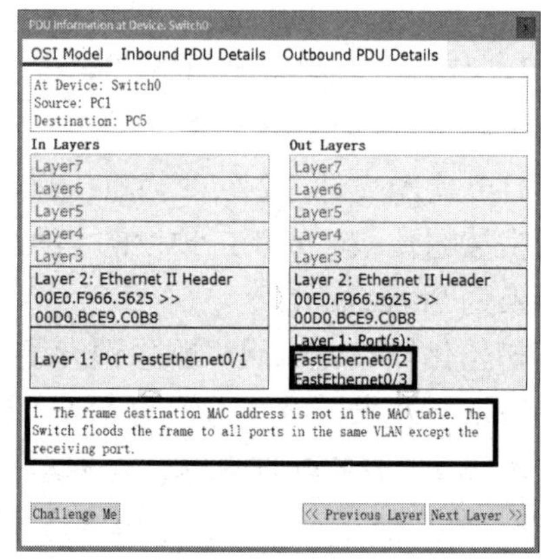

图 2-46　Switch0 洪泛转发数据

查看并记录 Switch1 当前的地址转发表。单击 Forward 按钮，观察 Switch0 向哪些端口转发数据帧。

?　思考：（1）Switch0 的地址转发表中是否添加了 PC1 和 PC5 的 MAC 地址入口项？结合所学知识及上述实验结果，阐述原因。

（2）Switch0 通过哪些端口转发了该数据帧？遵循的是交换机的哪一条转发规则？将答案记录到实验报告中。

👁　观察：继续使用 Forward 按钮控制数据传输流程，参照上述操作步骤观察 Switch1 和 Switch2 的地址转发表建立过程及对数据帧的转发情况，当数据到达 PC5 和 PC6 时停止。将观察结果截图、分析信息及对应思考点的答案按照实验顺序记录到实验报告中。

2. 任务二：观察 PC3 向 PC1 发送数据帧的过程

✧　**步骤 1：添加 PC3 向 PC1 发送的数据帧**

删除任务一产生的场景，并添加 PC3 向 PC1 发送的数据帧。

为避免重复，该任务不再详细分析各交换机建立地址转发表的过程，重点关注数据帧的转发情况。

✧　**步骤 2：观察 Switch1 对数据帧的转发**

查看 Switch1 当前的地址转发表，如图 2-47 所示，目标主机 PC1 的 MAC 地址已经在 Switch1 的地址转发表中，并且对应端口为 FastEthernet0/1。

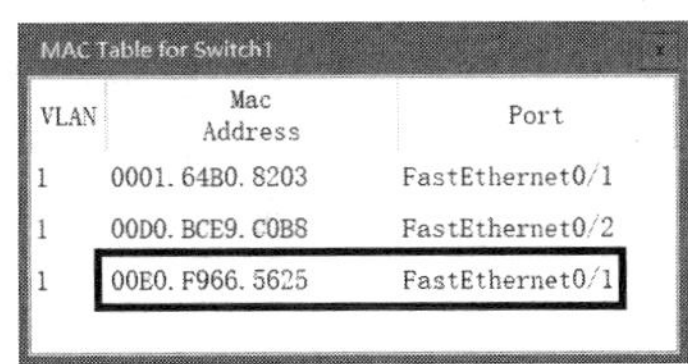

MAC Table for Switch1

VLAN	Mac Address	Port
1	0001.64B0.8203	FastEthernet0/1
1	00D0.BCE9.C0B8	FastEthernet0/2
1	00E0.F966.5625	FastEthernet0/1

图 2-47　Switch1 当前的地址转发表

提示：交换机地址转发表中的项目超过预设时间未得到更新，将被删除。如果任务一和任务二间隔较长时间，PC1 的入口项可能会被删除。此时，需要进入实时模式重新添加 PC1 到 PC5 的数据，发送成功后重新回到该任务的步骤 1 进行实验。

单击 Forward 按钮，数据到达 Switch1 时单击打开其 PDU Information 窗口，查看 Out Layers 下 Layer 2 的详细处理信息及物理层转发端口信息。再次单击 Forward 按钮，观察 Switch1 转发该数据的过程。

观察：将上述操作截图及观察结果记录到实验报告中。

？　思考：此处 Switch1 遵循的是哪条转发规则？将答案记录到实验报告中。

继续使用 Forward 按钮控制数据传输流程，完成后续实验，当数据到达目标主机 PC1 时停止。

观察并思考：（1）在实验过程中，Switch2 是否接收到了该数据帧？为什么？

（2）Switch0 如何转发该数据帧？将实验截图、分析、观察结果及思考题答案记录到实验报告中。

3．任务三：删除 Switch1 的地址转发表后，再次观察 PC3 向 PC1 发送数据的过程

✧　**步骤 1：设置并查看本任务实验环境**

删除任务二产生的场景，删除 Switch1 上的地址转发表。查看三台交换机上的地址转发表，Switch1 执行删除操作后，地址转发表应为空，而 Switch0 和

Switch2 仍保留已经建立的地址转发表，如图 2-48 所示。

添加 PC3 向 PC1 发送的数据。

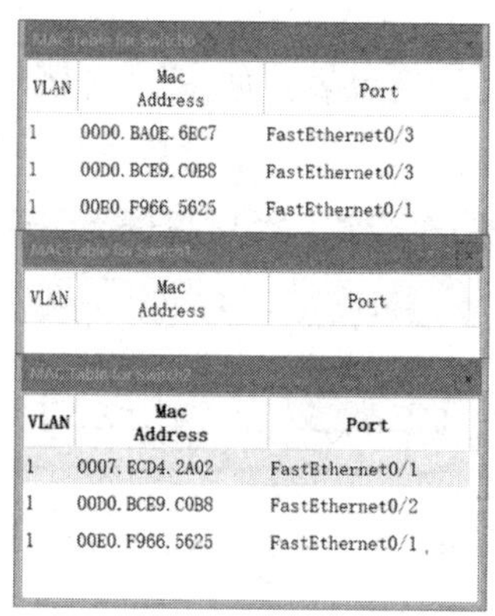

VLAN	Mac Address	Port
1	00D0.BA0E.6EC7	FastEthernet0/3
1	00D0.BCE9.C0B8	FastEthernet0/3
1	00E0.F966.5625	FastEthernet0/1

VLAN	Mac Address	Port

VLAN	Mac Address	Port
1	0007.ECD4.2A02	FastEthernet0/1
1	00D0.BCE9.C0B8	FastEthernet0/2
1	00E0.F966.5625	FastEthernet0/1

图 2-48　三台交换机当前的地址转发表

提示： 此处查看结果可能与图 2-48 不完全相同，但 Switch1 的地址转发表必须为空，Switch0 和 Switch2 上必须有 PC1 的入口项。如果任务二和任务三间隔较长时间，Switch0 和 Switch2 上 PC1 的入口项已被删除，则重新添加 PC1 到 PC5 的数据，发送成功后重新回到该任务的步骤 1 进行实验。

✧　**步骤 2：观察 Switch1 对数据帧的转发**

单击 Forward 按钮跟踪数据传输过程，当数据到达 Switch1 时单击打开其 PDU Information 窗口，查看 Out Layers 下 Layer 2 的详细处理信息。再次单击 Forward 按钮继续跟踪，观察 Switch1 如何转发该数据帧。

?　思考： 通过观察 PDU 详细信息及演示动画，记录此时 Switch1 对该数据帧的处理与任务二中 Switch1 对数据帧的处理的不同之处。结合实验操作步骤及观察结果分析原因，并将其记录到实验报告中。

✧　**步骤 3：观察 Switch2 对数据帧的处理**

此时观察到 Switch1 向 Switch2 转发数据帧，但 Switch2 丢弃了该数据帧，如图 2-49 所示。

单击打开 Switch2 上的 PDU Information 窗口，查看 Out Layers 下 Layer 2 的详细处理信息，如图 2-50 所示：Switch2 检测到该数据帧的目标 MAC 地址在地址转发表中对应的转发端口与接收端口相同，因此丢弃了该数据帧。

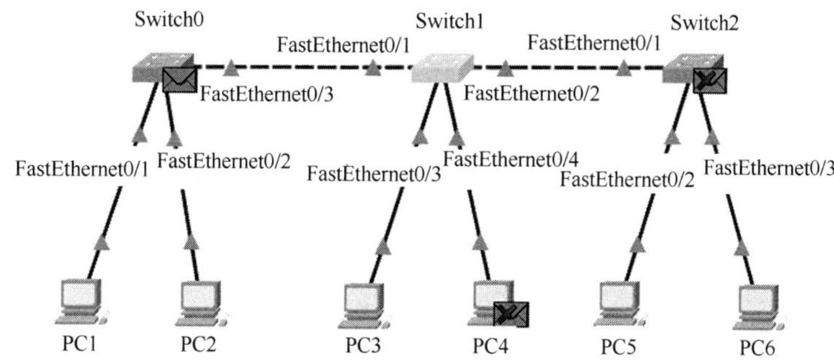

图 2-49　Switch2 丢弃数据帧

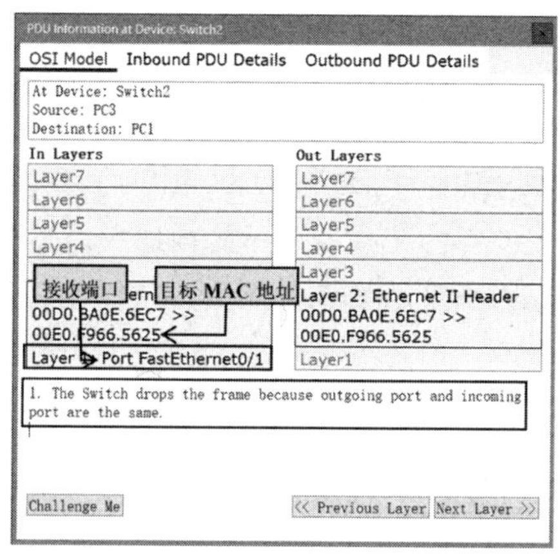

图 2-50　Switch2 对数据帧的详细处理信息

观察：将该此步骤观察结果及相应截图记录到实验报告中。

思考：（1）结合实验及所学知识，思考交换机洪泛转发数据帧与集线器向除发送端口外的其他所有端口转发数据帧的不同之处。

（2）交换机如何实现对冲突域的隔离？将答案记录到实验报告中。

2.6　实验六：虚拟局域网（VLAN）工作原理

2.6.1　背景知识

1．局域网中的广播风暴

随着交换机的普遍应用，以太网中的冲突问题得到有效解决，以太网覆盖范围不再受碰撞窗口的限制，使建立更大规模的局域网成为可能。但是，交换机并不隔离广播域，广播域随着以太网规模的扩大而扩大，这就使局域网又面临新的问题——广播风暴。

以太网覆盖范围扩大、站点数量增加，将增加广播域内广播帧的数量。当广播帧的数量达到一定值时，广播帧的转发占用大量网络资源，使网络性能下降，甚至资源耗尽而导致网络瘫痪、正常业务不能运行，这就是以太网中的“广播风暴”。

为了解决这个问题，需要控制以太网广播域的大小，提高网络性能。

2．VLAN 技术概述

VLAN（Virtual Local Area Network，虚拟局域网）技术应用在以太网交换机上，它是在数据链路层分割广播域的技术。在实际应用中，使用 VLAN 技术可以把同一物理局域网内的不同用户逻辑地划分为不同的 VLAN，一个 VLAN 就是一个独立的广播域。每个 VLAN 都包含一组具有相同需求的工作站(例如，公司内同一部门的员工使用的工作站、学校内同一院系使用的工作站等)。由于它是从逻辑上划分，而不是从物理上划分，所以 VLAN 的划分与物理位置无关。

VLAN 技术将广播帧的传播范围限定在一个 VLAN 内。当局域网规模较大时，可以根据实际情况划分多个 VLAN，控制广播域的范围，从而有效地避免广播风暴的出现，提高网络性能。划分 VLAN 后，同一 VLAN 内的站点间可以直接通信，不同 VLAN 内的站点需要通过三层设备的路由才能通信。

VLAN 的划分可以根据交换机端口划分、基于 MAC 地址划分、基于策略划分等。目前使用较多的是基于交换机端口的划分。

3．中继链路及 802.1Q 封装

交换机端口分为两种链路类型：接入链路（Access）和中继链路（Trunk）。接入链路属于且仅属于某个 VLAN，只能发送和接收所属 VLAN 的数据，一般用于连接具有标准以太网接口卡的计算机。中继链路是能够转发多个 VLAN 数据的端口，一般用于交换机之间的链接。

与接入链路不同，中继链路不属于某个特定的 VLAN，它在设备间承载多个 VLAN 的通信。因此，为了识别经过中继链路转发的数据帧所属的 VLAN，需要在中继链路转发数据时为原始以太网帧增加 VLAN 标识信息。IEEE 802.1Q 是用于 VLAN 标识的国际标准协议。802.1Q 是在标准以太网帧头部插入 4 字节的 VLAN 标识。交换机在通过中继链路转发数据帧前插入 VLAN 标识，通过中继链路接收到数据帧的交换机通过 VLAN 标识识别数据帧所属 VLAN，并去除 VLAN 标识后向对应的 VLAN 转发。

802.1Q 封装格式如图 2-51 所示。

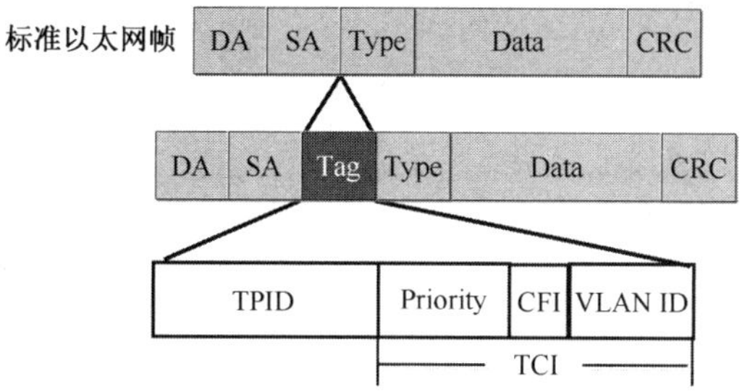

图 2-51　802.1Q 封装格式

其中，

- TPID（Tag Protocol Identifier，标签协议标识符）：标识数据帧类型。2 字节的 TPID 固定取值为 0x8100，表示 IEEE802.1Q 的 VLAN 帧。
- TCI（Tag Control Information，标签控制信息）：是帧的控制信息，包含 2 字节，由以下几个字段组成。

① Priority：3 位，表示数据帧的优先级，取值范围 0 到 7，当网络阻塞时，交换机优先发送优先级高的数据帧。

② CFI（Canonical Format Indicator，标准格式指示位）：表示 MAC 地址在不同传输媒体中是否以标准格式进行封装，用于兼容以太网和令牌环网。CFI 取值为 0 表示以标准格式封装，取值为 1 表示以非标准格式封装。在以太网中，CFI 的取值为 0。

③ VLAN ID（VLAN Identifier，VLAN 标识符）：12 位，表示该数据帧所属 VLAN 的 ID 值，取值范围为 0～4095。其中 0 和 4095 是协议保留值。因此，VLAN ID 有效取值范围为 1～4094。

2.6.2　实验目的

（1）理解 VLAN 的概念。

（2）理解 VLAN 技术在数据链路层隔离广播域的作用。

（3）理解中继链路的作用及 802.1Q 封装格式。

2.6.3　实验配置说明

本实验对应的实验文件为“2-6 虚拟局域网（VLAN）工作原理.pka”。

如图 2-52 所示，该实验用到两个拓扑图，其中拓扑图 1 未划分 VLAN，拓扑图 2 将 PC 划分到两个 VLAN 内。

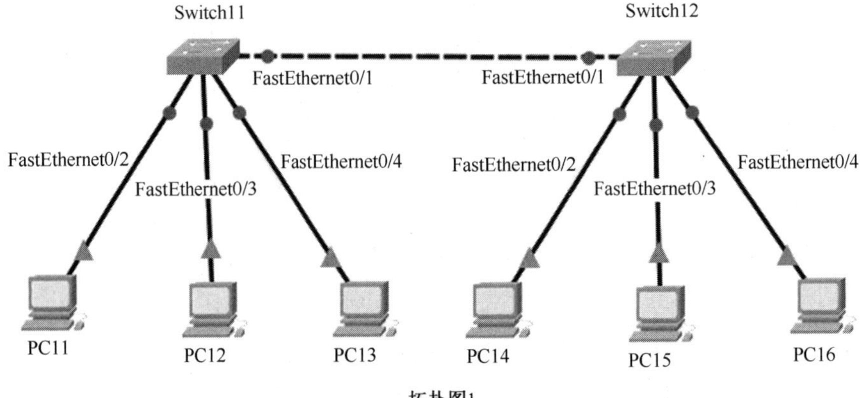

拓扑图1

未划分VLAN，所有PC均属于默认VLAN1

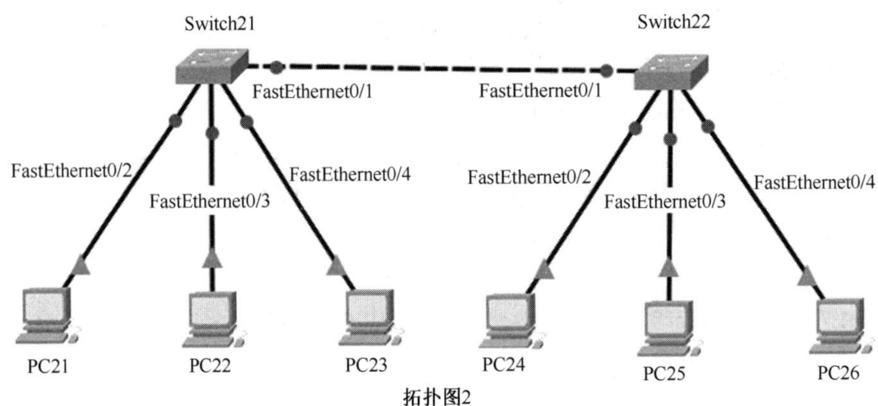

拓扑图2

划分VLAN：PC21、PC24和PC25划分至VLAN2内，
PC22、PC23和PC26划分至VLAN3内

图 2-52　虚拟局域网实验拓扑

2.6.4　实验步骤

1．任务一：观察 VLAN 技术隔离广播域

✧　**步骤 1：初始化拓扑图**

打开实验文件“2-6 虚拟局域网（VLAN）工作原理.pka”。单击 Realtime 和

Simulation 模式切换按钮数次，直至交换机指示灯成为绿色。

✧　**步骤 2：对比拓扑图 1 和拓扑图 2 中交换机的 VLAN 信息**

选择 Inspect（I）工具，将鼠标移至拓扑工作区单击 Switch11，在弹出菜单中选择“Port Status Summary Table”，打开端口状态信息窗口。如图 2-53 所示，Switch11 上所有端口均属于 VLAN1（VLAN1 为交换机默认 VLAN），即未划分 VLAN。

查看 Switch21 的 VLAN 信息，如图 2-54 所示：端口 FastEthernet0/2 划分到了 VLAN2 内，FastEthernet0/3 和 FastEthernet0/4 划分到了 VLAN3 内，即与 FastEthernet0/2 相连的 PC21 属于 VLAN2，与 FastEthernet0/3、FastEthernet0/4 相连的 PC22 和 PC23 属于 VLAN3。而 FastEthernet0/1 不属于任何 VLAN，这是一个中继端口（Trunk），可转发多个 VLAN 的数据。

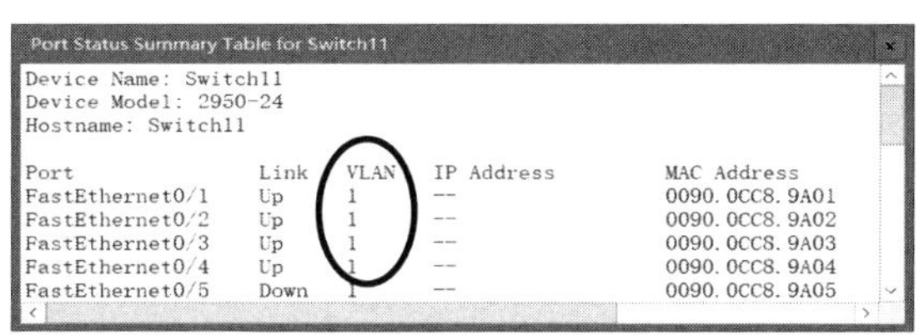

Port Status Summary Table for Switch11

Device Name: Switch11
Device Model: 2950-24
Hostname: Switch11

Port	Link	VLAN	IP Address	MAC Address
FastEthernet0/1	Up	1	--	0090.0CC8.9A01
FastEthernet0/2	Up	1	--	0090.0CC8.9A02
FastEthernet0/3	Up	1	--	0090.0CC8.9A03
FastEthernet0/4	Up	1	--	0090.0CC8.9A04
FastEthernet0/5	Down	1	--	0090.0CC8.9A05

图 2-53　Switch11 的 VLAN 信息

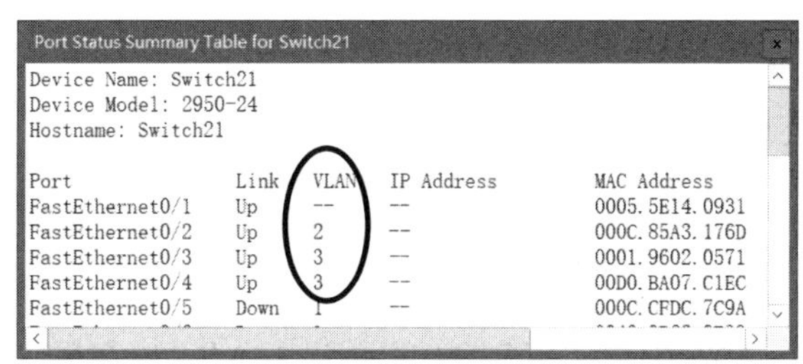

Port Status Summary Table for Switch21

Device Name: Switch21
Device Model: 2950-24
Hostname: Switch21

Port	Link	VLAN	IP Address	MAC Address
FastEthernet0/1	Up	--	--	0005.5E14.0931
FastEthernet0/2	Up	2	--	000C.85A3.176D
FastEthernet0/3	Up	3	--	0001.9602.0571
FastEthernet0/4	Up	3	--	00D0.BA07.C1EC
FastEthernet0/5	Down	1	--	000C.CFDC.7C9A

图 2-54　Switch21 的 VLAN 信息

👁　**观察：**查看 Switch12 和 Switch22 的 VLAN 信息，并将观察结果及相应截图记录到实验报告中。

✧　**步骤 3：对比观察未划分 VLAN 的拓扑图 1 和划分了 VLAN 的拓扑图 2 中交换机对广播帧的转发**

进入 Simulation 模式，分别添加 PC11 向 PC15 发送的数据帧和 PC21 向 PC25 发送的数据帧。此时，在 PC11 和 PC21 上分别产生一个 ARP 类型的数据帧。

单击打开该数据帧的 PDU 信息窗口，可以观察到其目标 MAC 地址为

FFFF.FFFF.FFFF，即广播地址，所以这是一个广播帧。

单击 Play 按钮，注意观察拓扑工作区中数据帧转发的过程，观察各交换机分别通过哪些端口向哪些 PC（或交换机）转发该广播帧。当数据帧分别到达 PC14～PC16、PC24～PC26 后，暂停捕获数据。

如需反复观察，可在删除 PC11 和 PC21 的 ARP 缓存表后重复本步骤操作。

👁 **观察：**（1）各交换机分别通过哪些端口向哪些 PC（或交换机）转发了该广播帧？

（2）在拓扑图 1 中，与 PC11 在同一个广播域的 PC 有哪些？在拓扑图 2 中，与 PC21 在同一广播域的 PC 有哪些？将答案记录到实验报告中。

👁 **观察并思考：**参照上述操作步骤，完成 PC12 向 PC16、PC22 向 PC26 发送广播帧的对比观察，并回答以下问题。

（1）各交换机分别通过哪些端口向哪些 PC（或交换机）转发了广播帧？

（2）在拓扑图 1 中，与 PC12 在同一个广播域的 PC 有哪些？在拓扑图 2 中，与 PC22 在同一广播域的 PC 有哪些？将答案记录到实验报告中。

2．任务二：观察中继链路 802.1Q 帧封装格式

✧ **步骤 1：修改事件过滤器并添加通信事件**

单击 Delete 按钮，删除任务一产生的场景。

进入 Simulation 模式，单击 Edit Filters 按钮，在弹出窗口中去掉 ARP 的勾选，并勾选 ICMP，设置 Event List Filters 只显示 ICMP 事件。

在拓扑图 2 上添加 PC21 向 PC25 发送的数据帧。

✧ **步骤 2：观察中继链路转发数据帧的操作及 802.1Q 封装**

单击 Forward 按钮跟踪数据传输过程，当数据到达 Switch21 时打开 PDU Information 窗口，观察其入口及出口的数据链路层封装，如图 2-55 所示：入口是 Ethernet V2 封装，而出口是 Dot1Q 封装。

单击其 Out Layers 下的 Layer 2，查看其详细处理信息：Switch21 检测到转发端口 FastEthernet0/1 是 Trunk 端口，并且接收接口所属 VLAN 是被允许转发的，所以向该端口转发数据帧。而在转发数据前，在原始以太网帧首部插入了 802.1Q 的封装信息。

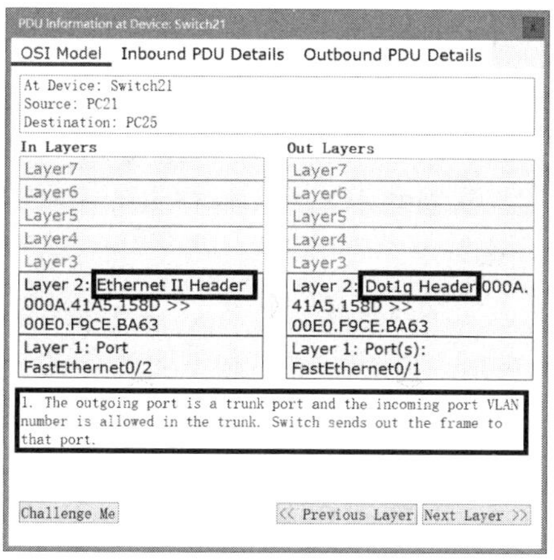

图 2-55　中继链路的封装

分别单击 Inbound PDU Details 选项卡、Outbound PDU Details 选项卡比较入口和出口的数据链路层详细封装信息，如图 2-56 所示。可见出口封装类型为 Ethernet 802.1q，而其首部增加了 TPID 和 TCI 两个字段，即在原始以太网帧首部插入了 802.1q 的封装信息：TPID 字段取值为 0x8100，表示这是一个 802.1q 标识帧；TCI 字段取值 0x0002，因其后 12 位是 VLAN ID 值，因此表示该帧属于 VLAN 2。

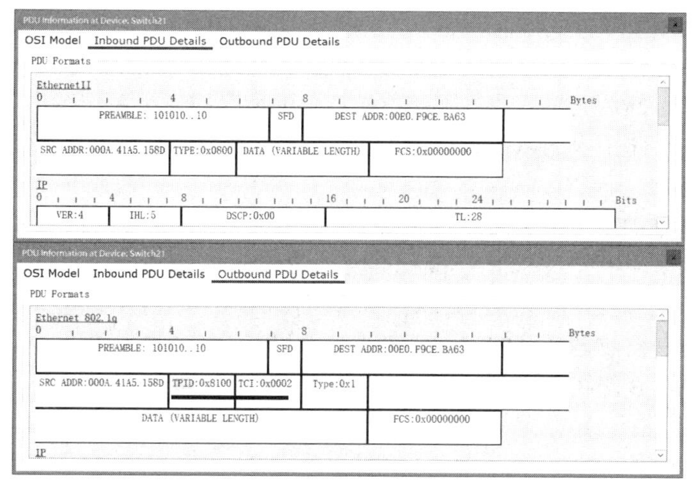

图 2-56　中继链路 802.1q 封装信息

单击 Forward 按钮继续跟踪，数据到达 Switch22 和 PC25 时观察数据封装格式。

👁 **观察：**（1）观察、比较 Switch22 上入口和出口的数据帧格式有何不同。

（2）观察 PC25 接收到的数据帧封装格式。将观察结果及相应截图记录到实验报告中。

? 思考：根据上述实验观察结果分析，目标主机接收到的是原始以太网帧还是 802.1q 封装帧，为什么？

👁 **观察并思考：**参考上述操作步骤，完成 PC22 向 PC26 发送数据的实验，注意观察 Switch21 和 Switch22 上 802.1q 封装帧首部 TCI 字段的取值与上述实验过程中观察到的 TCI 字段取值是否相同，进而思考 TCI 字段的作用是什么，将结果记录到实验报告中。

2.7 实验七：生成树协议分析

2.7.1 背景知识

为了提高网络的可靠性，在以太网中设备或链路出现故障时网络不至于中断，我们往往需要在以太网中增加冗余链路，即网络中任意两个节点可以通过两条甚至多条路径连通，这样网络拓扑图中将出现环路。在这种情况下，如果网络中某条链路出现故障，冗余链路仍可保证网络正常通信。然而，在冗余链路提高了网络可靠性的同时，也给网络带来了新的问题。当在以太网中传输广播帧时，该广播帧将被复制到链路上。交换机将通过多个端口接收到多个该广播帧的副本，然后又将其通过除接收端口外的所有端口重新转发出去。这将导致广播帧在环路中永无休止地传播下去，即产生了“广播风暴”。这就是以太网中的环路问题。

广播风暴的出现将大量消耗网络资源，使得网络无法正常转发其他数据帧。因此，在以太网中引入 STP（Spanning Tree Protocol，生成树协议）来解决环路问题。STP 工作在交换机的第二层——数据链路层，其主要功能是：利用生成树算法，在包含物理环路的网络中创建一个以某台交换机为根的生成树，形成无环路的树状逻辑拓扑；在网络发生拓扑变化（如链路故障）时，重新计算生成树，启用冗余链路，保证网络正常运行。

2.7.2 实验目的

（1）理解链路中的环路问题。

（2）理解生成树协议的作用及工作原理。

2.7.3　实验配置说明

本实验对应的实验文件为“2-7 生成树协议分析.pka”。

本实验包括两个拓扑图（如图 2-57 所示），其中拓扑图 1 中关闭了 4 台交换机的生成树协议，拓扑图 2 中开启了 4 台交换机的生成树协议。

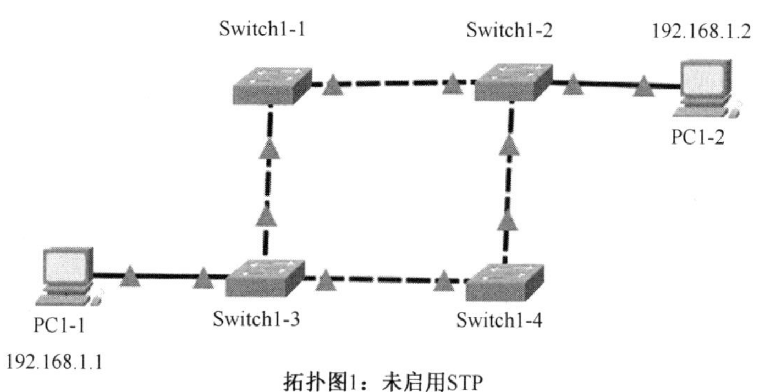

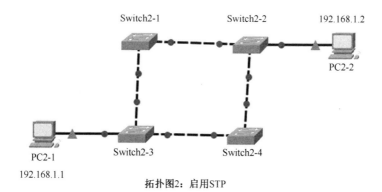

图 2-57　生成树协议分析拓扑图

2.7.4　实验步骤

1. 任务一：观察未启用生成树协议的以太网环路中广播帧的传播

✧　**步骤 1：初始化拓扑图**

打开实验文件“2-5 生成树协议分析.pka”。单击 Realtime 和 Simulation 模式切换按钮数次，直到拓扑图 1 中端口指示灯均为绿色为止，初始化完成。

✧ **步骤 2：添加通信事件**

进入 Simulation 模式，在拓扑图 1 中添加 PC1-1 向 PC1-2 发送的简单 PDU。此时，在事件列表中可以观察到同时产生了 ARP 请求包，打开该事件 PDU 信息窗口，观察其数据链路层的目标 MAC 地址为 FFFF.FFFF.FFFF，即广播帧。

提示：若需要重复进行实验，则需要重新打开实验文件，或者删除 PC1-1 上的 ARP 缓存表。

✧ **步骤 3：捕获数据帧，观察交换机对广播帧的转发**

单击 Play 按钮，捕获数据帧。观察拓扑图 1 中各台交换机转发广播帧的过程。

可以观察到每台交换机接收到数据帧后均通过其他所有端口转发出去；因此，交换机不停地接收来自其他交换机转发的数据帧，并不停地向其他交换机转发数据帧，导致该广播帧在 4 台交换机形成的环路中无休止地传播。

提示：此过程不会停止，完成步骤 3 的观察后切换到实时模式，进行步骤 4 的操作。

✧ **步骤 4：在实时模式下，测试网络是否正常**

单击 PC1-1，在其配置窗口中选择 Desktop 选项卡，选择其中的 Command Prompt 工具，在操作界面中输入 ping 192.168.1.2 后按 Enter 键，测试此时 PC1-1 与 PC1-2 的连通性。

? 思考：此时，PC1-1 与 PC1-2 能否正常通信？为什么？将答案记录到实验报告中。

2．任务二：观察启用生成树协议的以太网环路中广播帧的传播

✧ **步骤 1：观察拓扑图 2 中启用生成树协议后的逻辑拓扑图**

观察拓扑图 2 中各端口指示灯的颜色。端口指示灯为绿色表示该端口可以接收和转发数据帧；端口指示灯颜色为橙色表示该端口为阻塞端口，不能接收和转发数据帧。

提示：因为生成树协议计算生成树需要消耗一定的时间，所以可能需要等待 1～2min，拓扑图才能完成生成树的计算，进入正常运行状态。可以交替单击 Realtime 和 Simulation 按钮进行加速。当拓扑图中只有一个端口指示灯变为橙色时，方可进行实验。

? 思考：根据观察结果，在实验报告中画出拓扑图 2 对应的树状逻辑拓扑图。

✧　**步骤 2：在拓扑图 2 中添加通信事件**

进入 Simulation 模式，删除当前场景。添加 PC2-1 向 PC2-2 发送的简单 PDU，此时在事件列表中产生一个 ARP 请求包。其数据链路层的目标 MAC 地址为 FFFF.FFFF.FFFF，即广播帧。

提示：若要重复进行实验，则需要重新打开实验文件或删除 PC2-1 上的 ARP 缓存表。

✧　**步骤 3：捕获数据帧，观察广播帧的传播**

重复单击 Forward 按钮跟踪数据帧的传输过程，直至数据帧到达 PC2-2。

观察：在上述操作过程中，观察各台交换机接收到广播帧后如何处理（通过哪些端口转发，或丢弃，或接收但未转发），将观察结果记录到实验报告中。

？ 思考：对照步骤 1 记录的树状拓扑图，数据帧是否沿树状拓扑中的链路转发？将答案记录到实验报告中。

单击 Play 按钮继续捕获数据，PC2-2 向 PC2-1 发送 ARP 应答包，然后 PC2-1 向 PC2-2 发送 ICMP 请求包，当 PC2-2 向 PC2-1 发送的 ICMP 应答包返回 PC2-1 时，停止捕获。此时，可以看到 PDU List Window 中的事件状态为 Successful，即通信成功。

✧　**步骤 4：在实时模式下，测试网络是否正常**

为了与未启用 STP 的拓扑图 1 进行对比，进入实时模式测试 PC2-1 与 PC2-2 之间的连通性。在 PC2-1 的 Command Prompt 工具操作界面中输入 ping 192.168.1.2 后按 Enter 键。

观察：PC2-1 与 PC2-2 能否正常连通？将实验截图及观察结果记录到实验报告中。

？ 思考：根据任务一和任务二实验观察结果，简要回答生成树协议的作用，将其记录到实验报告中。

3. 任务三：观察链路故障时生成树协议启用冗余链路的情况

✧　**步骤 1：制造故障链路**

进入实时模式，删除任务二产生的场景。

单击拓扑图 2 中的 Switch2-4，在其配置窗口中选择 Config 选项卡，在 INTERFACE 列表下单击 FastEthernet0/1 端口，关闭该端口。

此时，拓扑图 2 中 Switch2-3 和 Switch2-4 之间链路上的两个端口指示灯为红色，表示端口关闭，即该链路已经中断。

✧ **步骤 2：观察生成树协议启用冗余链路**

当树状逻辑拓扑图中出现链路故障时，生成树协议将自动启用阻塞端口形成新的树状拓扑，以保证网络的连通性。为了加快这一过程，可重复单击 Realtime 和 Simulation 模式切换按钮，直至指示灯由橙色变为绿色。

提示：因为生成树协议需要重新交换数据，重新计算生成树，所以这一过程耗时较长，可能持续数十秒甚至 1～2min 时间。

删除 PC2-1 上的 ARP 缓存表，重复执行任务二中的步骤 2、步骤 3 和步骤 4，观察数据帧转发路径的变化并确认链路故障时网络的连通性。

观察：将观察结果及相应截图记录到实验报告中。

✧ **步骤 3：恢复故障端口，并观察生成树的变化**

重新打开 Switch2-4 的 FastEthernet0/1 接口，观察拓扑图中各端口指示灯颜色的变化及最终生成的逻辑拓扑图。

? 思考：根据任务三实验观察结果，简要回答生成树协议的作用，将其记录到实验报告中。

3

第3章 网络层实验

3.1 实验一：IP分析

3.1.1 背景知识

1. 什么是IP

IP是英文Internet Protocol（网际协议）的缩写，是TCP/IP体系中的网络层协议，目前常用的版本是IPv4。IP的精髓就是“IP over Everything”，即通过统一的IP层对上层协议屏蔽各种物理网络的差异性，从而实现异种网络互联。同时，通过建立“Everything over IP”的机制切断上层网络应用和底层网络通信技术间的耦合关系，推动两者的独立发展。

根据“端到端”的设计原则，IP只为主机提供一种无连接、不可靠、尽力而为的数据报传输服务。为了能适应异构网络系统，IP强调适应性、简洁性和可操作性，并在可靠性方面做出一定的牺牲。例如，IP不保证分组的交付时限和可靠性，所传送分组有可能出现丢失、重复、延迟或乱序等问题。

IP 主要包含三方面内容：IP 编址方案、分组封装格式和分组转发规则。

2．路由表与 IP 数据报的转发规则

每个路由器都维护一张路由表，用于存储特定目标网络和对应的转发出口（下一跳路由器的入口地址），如表 3-1 所示。

表 3-1　IP 路由表

网络地址	出口
192.168.1.0	直接交付
192.168.5.0	192.168.2.253
192.168.6.0	192.168.3.253

路由器在转发 IP 数据报（也称 IP 分组或 IP 包）时，首先确定该 IP 数据报的目标网络地址，然后查找自身的路由表，再根据路由表指明的出口信息进行转发。如果目标网络与本路由器直接相连，则直接将 IP 数据报交付给目标主机，我们称之为直接交付；否则路由器会将 IP 数据报转交给下一跳路由器，我们称之为间接交付。如果路由表中没有相应的路由信息，则路由器丢弃该 IP 数据报并向源主机报告错误。

3．什么是 IP 分片

一个 IP 数据报从源主机传到目标主机可能需要经过多个不同类型物理网络的传输。各种网络系统的数据帧都有最大传输单元（MTU）的限制，例如以太网默认 MTU 是 1500 字节。当路由器转发 IP 数据报时，如果 IP 数据报的长度超过了出口链路的最大传输单元时，就必须将其分解成多个足够小的片段，以便发送到目标链路上。这些 IP 分片会被重新封装成一个 IP 数据报并独立传输，到达目标主机后会被重组起来。与分片相关的 IP 首部字段有以下三个。

标识：用于标识分片，以便目标主机能够正确地重新装配成原始 IP 数据报。当 IP 数据报长度超过底层网络的 MTU 而需要分片时，这个标识字段的值就被路由器复制到所有相关数据报片的标识字段中。

标志：目前仅定义了前两位。标志字段最低位记为 MF。MF=1 表示后面“还有分片”的数据报；MF=0 表示这是若干数据报片中的最后一个。标志字段中间一位记为 DF，表明“不能分片”。只有当 DF=0 时才允许分片。

片偏移：指明分片在原分组中的相对位置。片偏移以 8 字节为偏移单位，即每个分片的长度一定是 8 字节的整数倍。

4．IP 数据报结构

一个 IP 数据报由首部和数据两部分组成。首部的前 20 字节是所有 IP 数据报必须具有的，也称固定首部。在首部固定部分的后面是一些可选字段，其长度是可变的。首部中各字段的含义如图 3-1 所示。

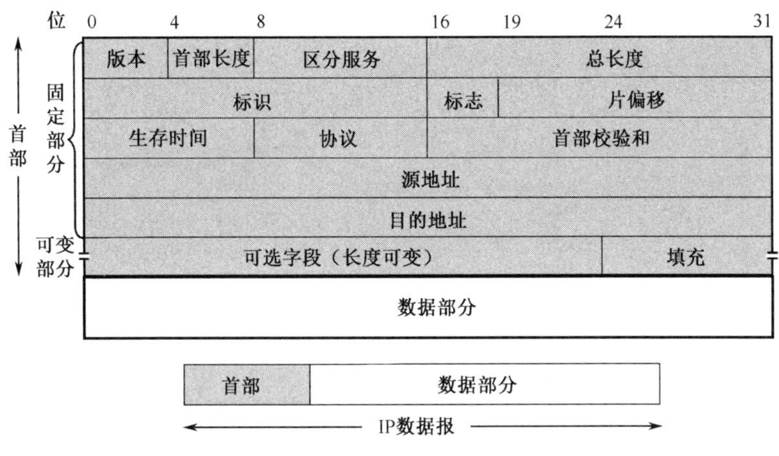

图 3-1　IP 数据报格式

3.1.2　实验目的

（1）熟悉 IP 数据报的封装格式和关键字段的含义。
（2）理解路由表和 IP 数据报的传递机制。
（3）理解 IP 分片的意义和工作原理。
（4）理解 IP over Everything 的内涵。

3.1.3　实验配置说明

本实验对应的实验文件为“3-1 IP 分析.pka”。IP 分析的实验拓扑如图 3-2 所示，3 个路由器组成一个简单互联网。其中，3 个路由器已预先配置了静态路由，Router0 和 Router1 通过串口相互连接，其他设备通过以太网相互连接。

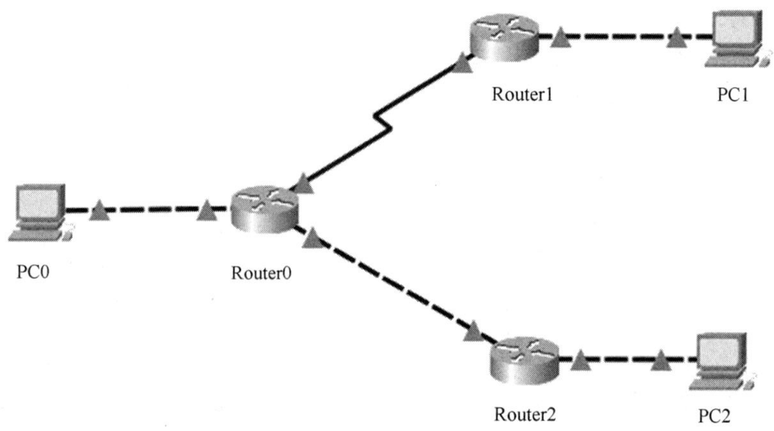

图 3-2　IP 分析的实验拓扑

各接口的 IP 地址配置如表 3-2 所示。

表 3-2　各接口的 IP 地址配置

设备	接口	IP 地址	掩码	默认网关
PC0	FastEthernet0	10.1.1.1	255.255.255.0	10.1.1.254
PC1	FastEthernet0	10.1.2.1	255.255.255.0	10.1.2.254
PC2	FastEthernet0	10.1.3.1	255.255.255.0	10.1.3.254
Router0	FastEthernet0/0	10.1.1.254	255.255.255.0	—
	FastEthernet0/1	192.168.1.1	255.255.255.0	—
	Serial0/0/0	192.168.2.1	255.255.255.0	—
Router1	FastEthernet0/0	192.168.1.2	255.255.255.0	—
	FastEthernet0/1	10.1.2.254	255.255.255.0	—
Router2	FastEthernet0/0	192.168.2.2	255.255.255.0	—
	FastEthernet0/1	10.1.3.254	255.255.255.0	—

3.1.4　实验步骤

1．任务一：观察路由表

✧　**步骤 1：观察 Router0 的路由表**

打开 Router0，单击 CLI 进入命令行模式。输入“en”进入#提示的特权命令模式，再输入“show ip route”命令查看路由表，结果如下所示：

```
Router0#show ip route
Codes: C - connected, S - static, I - IGRP, R - RIP, M - mobile, B - BGP
       D - EIGRP, EX - EIGRP external, O - OSPF, IA - OSPF inter area
       N1 - OSPF NSSA external type 1, N2 - OSPF NSSA external type 2
       E1 - OSPF external type 1, E2 - OSPF external type 2, E - EGP
       i - IS-IS, L1 - IS-IS level-1, L2 - IS-IS level-2, ia - IS-IS inter area
       * - candidate default, U - per-user static route, o - ODR
       P - periodic downloaded static route
Gateway of last resort is 192.168.2.2 to network 0.0.0.0
     10.0.0.0/24 is subnetted, 2 subnets
C       10.1.1.0 is directly connected, FastEthernet0/0
S       10.1.2.0 [1/0] via 192.168.1.2
C       192.168.1.0/24 is directly connected, FastEthernet0/1
C       192.168.2.0/24 is directly connected, Ethernet0/0/0
S*      0.0.0.0/0 [1/0] via 192.168.2.2
```

（Codes 部分：路由协议编码提示；路由条目部分：路由表）

其中，路由表的第一列指明路由信息的来源（例如，“S”表示静态路由，“C”表示直连路由，“*”表示默认路由）；第二列为目的网络；最后一列为出口信息（本地接口或者下一跳路由器的入口 IP）。可以看出，Router0 存在三条直接路由，一条通往 10.1.2.0 的静态路由，还有一条默认的静态路由。

? **思考：**默认路由为什么放在最后一行？请在实验报告中给出答案。

✧ **步骤 2：观察 Router1 和 Router2 的路由表**

按照步骤 1 的方法，分别查看 Router1 和 Router2 的路由表。

👁 **观察：**将两个路由表记录到实验报告中，并说明各条路由信息的路由来源、目标网络和转发出口。

2．任务二：观察路由器如何转发 IP 数据报

✧ **步骤 1：初始化网络**

单击 Realtime 和 Simulation 模式切换按钮数次，或双击 PDU List Window 中预设的 PDU 列表的 Fire 下的图标，直至 Last Status 转换为 Successful。

单击场景面板中的 Delete 按钮删除所有场景，便于后续实验。

✧ **步骤 2：观察 PC0 到 PC2 的往返过程**

单击 Simulation 选项卡进入模拟模式。

依次单击 Add Simple PDU 按钮、PC0 和 PC2，产生一个 PC0 到 PC2 的 IP 数据报传输实验。

单击 Play Controls 面板上的 Play 按钮启动实验。此时可观察到，一个 IP 数据报从 PC0 传递到 PC2，并顺利往返。

打开 Event List 中 At Device 为 Router0 的第一个事件。选择 OSI Model 中 Out Layers 的第三层，可以观察 Router0 的网络层对 IP 数据报的处理情况。如图 3-3 所示，路由器提示："The routing table finds a routing entry to the destination IP address；The device decrements the TTL on the packet." 这表明 Router0 在其路由表中找到一条通往 10.1.3.0 的路由，因此顺利地将 IP 数据报转发给 Router2。同理，Router2 再将 IP 数据报转发给 PC2。Internet 通过各路由器的逐跳转发实现全网连通。另外，为了避免环路，每个路由器转发 IP 数据报时自动将 TTL 字段值减 1。

👁 **观察：** 参照步骤 2，观察 Router2 的网络层处理情况，并将结果截图记录到实验报告中。

？ 思考： 为什么路由表仅存储下一跳的路由信息，而不是完整的转发路径？请在实验报告中给出答案。

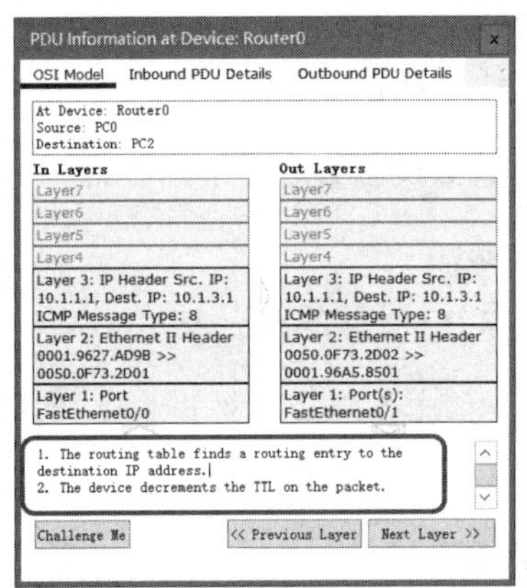

图 3-3　Router0 上的报文处理信息

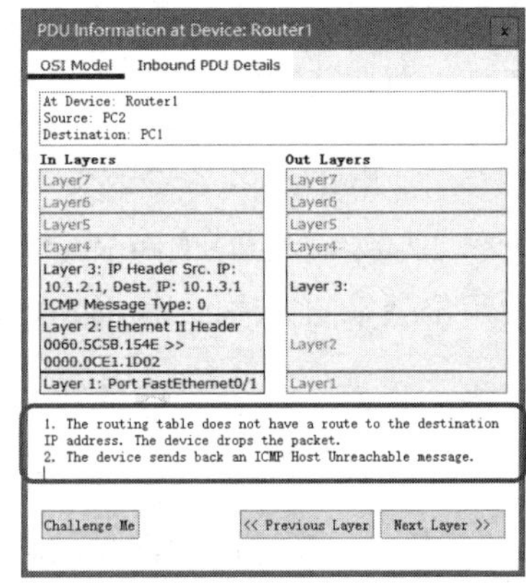

图 3-4　Router1 上的 PDU 信息

✧ **步骤 3：观察 PC2 到 PC1 的往返过程**

单击场景面板中的 Delete 按钮，删除所有场景。

依次单击 Add Simple PDU 按钮、PC2 和 PC1，产生一个 PC2 到 PC1 的 IP 数据报传输任务。

单击 Play 按钮启动模拟实验。此时可观察到，IP 数据报顺利地从 PC2 传到 PC1，但返回到 Router1 时被丢弃，并且 Router1 向 PC1 报告了错误。

打开 Last Device 为 PC1 且 At Device 为 Router1 的记录信息。选择 Out Layers 的第三层信息，观察 Router1 的网络层处理情况。

如图 3-4 所示，路由器提示："1. The routing table does not have a route to the destination IP address. The device drops the packet. 2. The device sends back an ICMP Host Unreachable message." 这表明 Router1 在其路由表中找不到 10.1.3.0 的路由信息，从而丢包，并且发送一个"主机无法达到"的错误报告给 PC1。

? 思考：（1）Router1 缺少哪些路由信息，才造成上述丢包错误？

（2）路由器如何处理无法继续转发的 IP 数据报？请在实验报告中给出答案。

3．任务三：观察 IP 数据报的封装及字段变化

✧ **步骤 1：在路由器上观察 IP 数据报**

单击场景面板中的 Delete 按钮删除所有场景，便于后续实验。

单击 Simulation 选项卡进入模拟模式。先单击 Add Simple PDU 按钮，然后分别单击 PC0 和 PC2，此时 PC0 将向 PC2 发送一个携带 ICMP 请求报文的 IP 数据报。

单击 Play Controls 面板上的 Play 按钮，启动仿真实验并观察到 IP 数据报的传递过程。

在 Event List 中找到 At Device 为 Router0 的第一个事件，单击打开该记录。分别选择 Inbound PDU Details 和 Outbound PDU Details 选项卡，对比转发前后的 IP 数据报的封装细节，如图 3-5 所示。

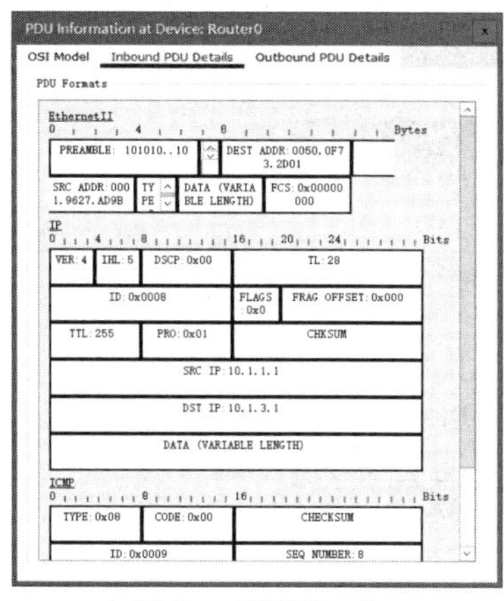

（a）Inbound PDU Details

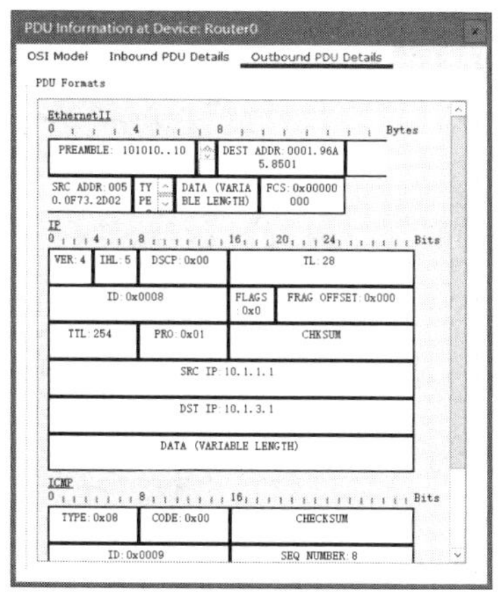

（b）Outbound PDU Details

图 3-5　Router0 设备上的 PDU 信息

可以观察到，ICMP 报文封装在 IP 数据报中，而 IP 数据报封装在以太网帧中。这就是网络分层体系结构的数据封装方式。

继续认真观察 IP 数据报的分组格式。例如，IP 数据报的协议类型字段值为 1（PRO：0x1），这表明 IP 数据报中封装的是 ICMP 报文。再对比 Inbound PDU 和 Outbound PDU，可以发现发出的 IP 数据报的 TTL 字段值被减了 1（由 255 减成 254）。由于 Packet Tracer 模拟器没有计算校验和，因此我们无法观察校验和字段的变化。

👁 **观察：** 参照步骤 1，观察 Router2 的 Inbound PDU 和 Outbound PDU 信息，并记录到实验报告中。

? **思考：**（1）IP 数据报经路由器转发后，校验和字段会发生变化吗？为什么？

（2）对比 Event List 中的不同记录也可以发现，源目 IP 地址在转发过程中始终保持不变，但源目 MAC 地址却一直在改变，这是为什么？请在实验报告中给出答案。

✧ **步骤 2 观察和理解“IP over Everything”**

先单击场景面板中的 Delete 按钮，删除历史场景。

单击 Simulation 选项卡。分别单击 Add Simple PDU 按钮、PC0 和 PC1，让 PC0 向 PC1 发送一个携带 ICMP 报文的 IP 数据报。

单击 Play 按钮启动实验，并观察 IP 数据报的转发过程。可以观察到，IP 数据报先经过一个以太网的传输，然后路过一个 PPP 网络，最后再通过一个以太网到达 PC1。

在 Event List 中找到 At Device 为 Router0 的第一个事件，单击该记录并选择 OSI Model 选项卡（如图 3-6 所示），注意观察 Layer2 的封装变化。可以发现，

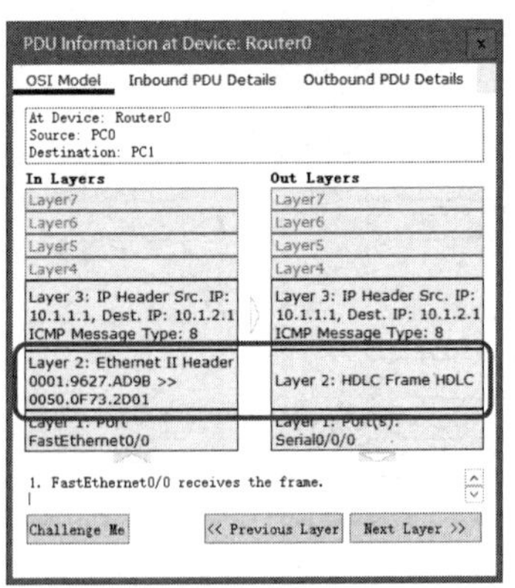

图 3-6 Router0 设备上的 OSI Model 信息

IP 数据报首先封装成以太网帧传输到 Router0，然后再封装成 HDLC 帧转发到 Router1。这表明 Internet（因特网）是通过引入分层封装实现“IP over Everything”机制，即实现异构网络系统的互联。

👁 **观察：** 参照步骤 2 观察 Router1 的报文转发情况，并将其 OSI Model 截图记录到实验报告中。

? **思考：**“IP over Everything”机制有什么优点？请在实验报告中给出答案。

4. 任务四：观察 IP 分片过程

✧ **步骤 1：产生需要分片的数据报**

先单击 Delete 删除所有场景，然后单击 Add Complex PDU 按钮，并选择 PC0 作为源点。模拟器会打开 Create Complex PDU 对话框。在 Destination IP Address 中输入 10.1.3.1（以 PC2 作为目的地址），在 Source IP Address 中输入 10.1.1.1（PC0 的 IP 地址），在 Size 中输入 1450，在 Sequence Number（序列号）中输入 1，在 One Shot Time 中输入 2。单击 Create PDU 按钮。上述操作会在 PC0 产生一个负载为 1450 字节的 ICMP 报文，并发送给 PC2。

✧ **步骤 2：观察 IP 数据报的分片情况**

单击 Play 按钮启动模拟，可以观察到当 IP 数据报转发到 Router0 时，被拆分为两个分片，并继续传输到目的地。

打开事件列表中的第二行和第三行记录，如图 3-7 所示。仔细研究这两个 IP 分片，可以理解 IP 的分片原理。如左边 PDU 信息提示：原 IP 数据报的总长度是 1478 字节；超出了 Router0 出口的负载上限（已预设为 1400 字节），因此该 IP 数据报被分拆为两个 ID 一样的分片，分片 FO 0 的长度为 1400 字节，分片 FO 1380 的长度为 98 字节。

再打开事件列表中 At Device 为 PC2 的记录信息，如图 3-8 所示。可以发现，两个分片到达终点后才被 PC2 重新组装起来；分片到达终点时会被暂存起来，直到所有分片到达后才进行组装。

👁 **观察：** 比较原 IP 数据报和两个新 IP 分片的标识、标志和片偏移，并将具体参数记录到实验报告中。

? **思考：** 为什么两个分片的长度分别为 1400 和 98？请在实验报告中给出答案。

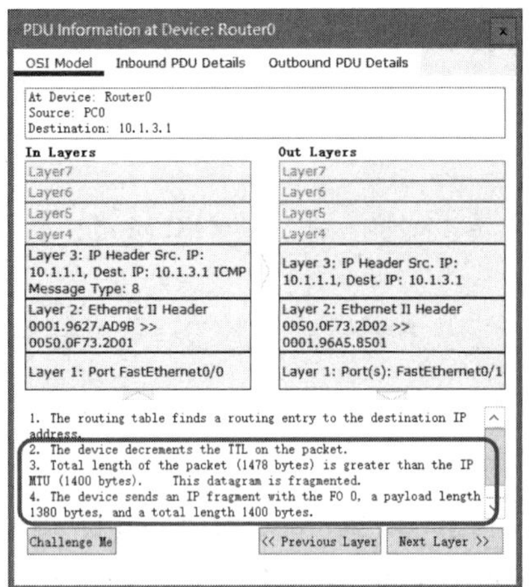

（a）第一分片（FO 0）

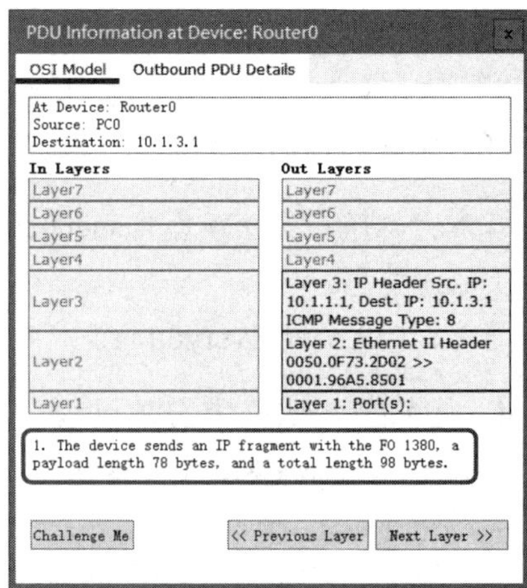

（b）第二分片（FO 1380）

图 3-7　IP 的分片过程

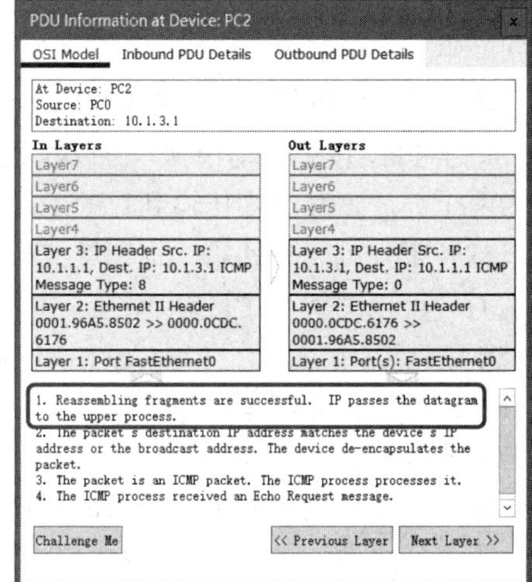

图 3-8　IP 分片的组装

3.2　实验二：IP 地址分析

3.2.1　背景知识

1．什么是 IP 地址

我们可以把整个 Internet 看成一个逻辑单一的网络，那么 IP 地址就是给

Internet 上每个设备接口分配一个唯一的 32 位地址标识符。IP 地址也称逻辑地址，与之对应的物理地址指链路层的硬件地址。如图 3-9 所示，为了便于记忆，我们常用点分十进制表示，如“128.11.3.31”。为了提高 IP 地址的利用率和路由器的寻址效率，不断地研究和改进 IP 地址的编址方案。迄今为止，IP 地址的编址方法主要有三种：分类的 IP 地址、可划分子网的 IP 地址、无分类的编址方法 CIDR。

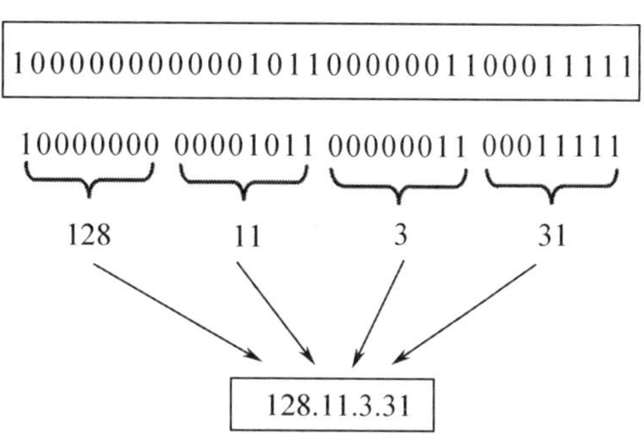

图 3-9　IP 地址的点分十进制表示

2．网关地址

通俗地讲，网关实质上就是一个网络通往其他网络的关口路由器，类似一个房间的出口。而网关地址就是关口路由器的内网接口的 IP 地址。当一个主机需要和外网通信时就必须配置默认网关地址。主机会根据网关地址将 IP 数据报转发给网关路由器，再由网关继续转发到其他网络。

3．分类的 IP 地址

这是最基本的编址方法。分类的 IP 地址的最主要特征是分层分类。所谓“分层分类”是指将 IP 地址划分为若干类型，每类地址均由固定长度的网络号和主机号两个字段组成。其中，网络号用于标识哪个网络，而主机号用于标识具体设备接口，类似房间号 401 是指 4 层 01 房间。引入地址分层后，路由器仅根据目的地址的网络号来转发分组（不考虑具体的主机号），这样就可以大大缩小路由表，从而提高查表和转发速度。因此，在同一网络主机的网络号必须是一致的。此外，ISP（Internet Service Provider，互联网服务提供者）在分配 IP 地址时只需要分配网络号，而主机号由单位内部自行分配，这样大大方便了 IP 地址的管理。

如图 3-10 所示，根据前缀不同，IP 地址可分为 A、B、C 三类，分别拥有 24、16 和 8 位的主机空间，因此每种网络地址可以容纳的主机数量不同。显然，以 1～126 开头的 IP 地址为 A 类，以 128～191 开头的为 B 类，以 192～223 开头的为 C 类。因为 Internet 中网络的规模大小不同，将 IP 地址分成 A、B、C 三类，可分别分配给大、中、小型网络，这样可以减少 IP 地址的浪费，提高 IP 分配效率。例如，终端数量小于 254 的网络可以申请使用 C 类地址。

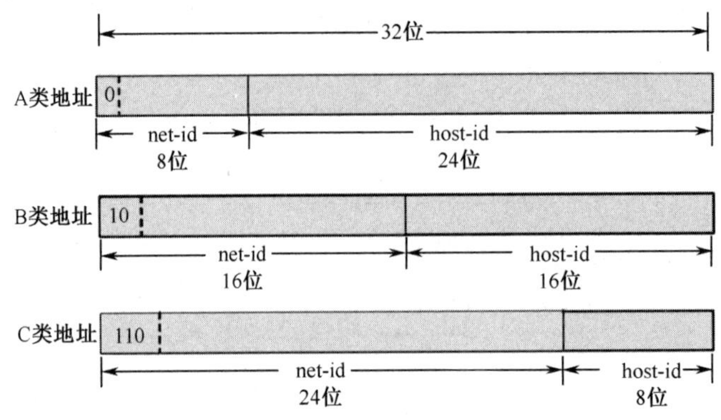

图 3-10　分类的 IP 地址

4．子网掩码

为提高 IP 地址的利用率，Internet 从 1985 年起在 IP 地址中又增加了一个“子网号”字段，使两级的 IP 地址变成为三级的 IP 地址，这种方法称为划分子网。其基本思想是，允许将一个分类的网络地址平均划分为若干段，再分配给不同子网以提高利用率，但对外仍然视为同一网络。

具体做法是，从主机号借用若干位作为子网号。凡是从其他网络发送给本单位网络的 IP 数据报，仍然是根据原始网络号进行寻址；当 IP 数据报到达本单位的边界路由器时，再根据新的网络地址（原始网络号+子网号）将其转发到具体子网。此外，有人提出了一种称为子网掩码的方法，用于识别 IP 地址的子网号。与 IP 地址类似，子网掩码也由 32 位二进制数组成，具体是由一串 1 和跟随的一串 0 组成。利用子网掩码和 IP 地址进行“逻辑与”运算，就可以算出带子网的网络号。

利用划分子网的技术，可以将一个 B 类的 IP 地址划分为多个网段，平均分配给不同的网络使用，从而减少 IP 地址的浪费，提高分配效率。另外，IP 划分子网技术能较好地解决 VLAN 的 IP 地址分配问题，提高网络配置的灵活性。而且，由于划分子网是一个网络的内部问题，不会增加主干网中路由器的路由表大小，这有利于在网络规模扩大的情况下保持网络性能。

5．CIDR 地址块

为了进一步提高 IP 地址的分配效率和灵活性，Internet 引入了 CIDR（Classless Inter-Domain Routing，无分类域间路由选择技术）。CIDR 采用可变长掩码技术消除了传统的 A 类、B 类、C 类地址及划分子网的概念。它使用各种长度的“网络前缀”来代替分类地址中的网络号和子网号，大大提高了 IP 编址的分配和寻址效率。CIDR 把网络前缀都相同的连续的 IP 地址组成“CIDR 地址块”。例如，“129.14.32.0/20”地址块共有 2^{12} 个地址，其中，最小地址为 129.14.32.0，最大地址为 129.14.47.255。一方面，我们可以根据网络的主机数量确定其所需的前缀长度，为其量身定制 IP 地址块，大大提高 IP 地址的分配效率；另一方面，缩短网络前缀会将多个地址块合并成一个连续的地址块。我们可以利用这个特性将路由表中的多个路由信息进行合并（称为路由聚合），从而有效缩小路由表。

3.2.2　实验目的

（1）理解分类的 IP 编址方法。
（2）理解可划分子网的 IP 编址方法。
（3）理解 CIDR 的 IP 编址方法和路由聚合特性。

3.2.3　实验配置说明

本实验对应的实验文件为“3-2 IP 地址分析.pka”。IP 地址分析的实验拓扑如图 3-11 所示，其中，Router0 和 Router1 已启用路由协议，计算机学院有 600 台主机，文学院有 200 台主机。

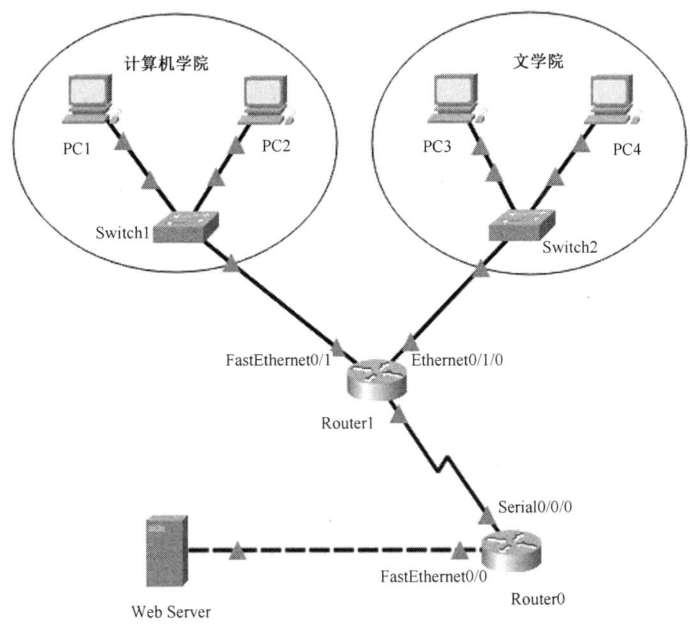

图 3-11　IP 地址分析的实验拓扑

各接口的 IP 地址配置如表 3-3 所示。

表 3-3　各接口的 IP 地址配置

设备	接口	IP 地址	掩码	默认网关
Router1	Serial0/0/0	192.168.4.2	255.255.255.0	—
Router0	Serial0/0/0	192.168.4.1	255.255.255.0	—
	FastEthernet0/0	192.168.1.254	255.255.255.0	—
Web Server	FastEthernet0/0	192.168.1.1	255.255.255.0	192.168.1.254

3.2.4　实验步骤

1．任务一：练习分类 IP 地址的规划与配置

✧　**步骤 1：采用分类 IP 地址的方法分配 IP 地址**

假设你拥有一个 B 类地址 130.16.0.0 和一个 C 类地址 200.100.1.0。请研究图 3-11 的网络拓扑，并使用分类的 IP 编址方法尝试为计算机学院和文学院的网络分配 IP 地址。

观察：将 IP 地址分配方案记录到实验报告中，包括两个单位的主机地址范围、掩码、网关地址、广播地址。

✧　**步骤 2：为 Router1 配置地址信息**

根据步骤 1 的地址规划，分别为 Router1 的 FastEthernet0/1 和 Ethernet0/1/0 接口选择合适的 IP 地址和子网掩码。单击 Router1，单击 Config 选项卡分别选择 FastEthernet0/1 和 Ethernet0/1/0 接口，具体配置选择的 IP 地址和子网掩码。

观察：将上述配置说明记录到实验报告中。

✧　**步骤 3：为主机配置地址信息**

请根据步骤 1 的地址规划，为 PC1～PC4 选择适当的 IP 地址、子网掩码和默认网关。单击 PC1，单击 Config（配置）选项卡。在 GLOBAL Settings 窗口中配置相应的网关地址。再选择 INTERFACE→FastEthernet0，配置相应的 IP 地址和子网掩码。以此类推，配置主机 PC2、PC3、PC4。

观察：将上述配置说明记录到实验报告中。

✧　**步骤 4：测试连通性**

在实时模式的逻辑空间中单击 PC1，在 Desktop 中单击 Web Browser 启动网页浏览器，在 URL 地址栏中输入 http://192.168.1.1（Web Server 的地址）后按 Enter 键。此时可以看到 Web 服务器的网页。以此类推，请测试 PC2～PC4 的连通性。

👁 **观察**：请将 PC3 的网页浏览结果截图记录到实验报告中。

✧ **步骤 5：观察路由表**

打开 Router0，单击 CLI 进入命令行模式，按以下命令查看 Router0 的路由表。

```
Router0>enable
Router0#show ip route
```

👁 **观察**：在实验报告中记录路由表，并标明各学院对应的路由条目。

? **思考**：（1）主机的 IP 地址一定要和其网关地址是同一网段吗？为什么？

（2）路由器的不同接口能否使用相同的网络号？请在实验报告中给出答案。

2．任务二：练习划分子网

✧ **步骤 1：初始化实验拓扑**

重新打开实验文件（不保存），以便清除任务一的配置。

✧ **步骤 2：采用划分子网的方法分配 IP 地址**

假设你拥有一个 B 类地址 130.16.0.0，请研究图 3-11 的拓扑，并尝试采用划分子网的方法将 130.16.0.0/16 划分为两个子网，分别分配给计算机学院和文学院。要求：子网号不用全 0 和全 1，并且每个子网可以拥有最大的主机地址空间。

👁 **观察**：请将地址分配方案记录到实验报告（包括两个单位的主机地址范围、掩码、网关地址、广播地址、主机地址数量）中。

✧ **步骤 3：为 Router1 配置地址信息**

请根据步骤 1 的地址规划，分别为 Router1 的 FastEthernet0/1 和 Ethernet0/1/0 接口选择合适的 IP 地址与子网掩码；并参照任务一的步骤 2 配置相应的接口信息。

✧ **步骤 4：为主机配置地址信息**

请根据步骤 1 的地址规划，为 PC1～PC4 选择适当的 IP 地址、子网掩码和默认网关；并参照任务一的步骤 3 为上述主机配置地址信息。

👁 **观察**：请将步骤 3 和 4 的配置说明记录到实验报告中。

✧ **步骤 5：测试连通性**

在实时模式的逻辑空间中单击 PC1，单击 Web Browser 启动网页浏览器，在 URL 地址栏中输入 http://192.168.1.1 后按 Enter 键。此时可以看到 Web 服务器的网页。以此类推，请测试 PC2～PC4 的连通性。

👁 **观察**：请将 PC3 的网页浏览结果截图记录到实验报告中。

✧ **步骤 6：观察路由表**

打开 Router0，单击 CLI 进入命令行模式。按以下命令查看 Router0 的路由表。

```
Router0>enable
Router0#show ip route
```

结果如图 3-12（a）所示。按同样的命令打开 Router1 的路由表，结果如图 3-12（b）所示。

可以观察到，外部路由器 Router0 中只有一条通往“130.16.0.0/16”的路由信息，并没有子网的信息；但边界路由器 Router1 却有“130.16.64.0/18”和“130.16.128.0/18”两个子网的路由信息。由此可见，划分子网是内部的事情，与外网无关。

？ 思考：基于任务一和任务二的观察，分析划分子网方法与分类 IP 方法相比具有什么优点？请在实验报告中给出答案。

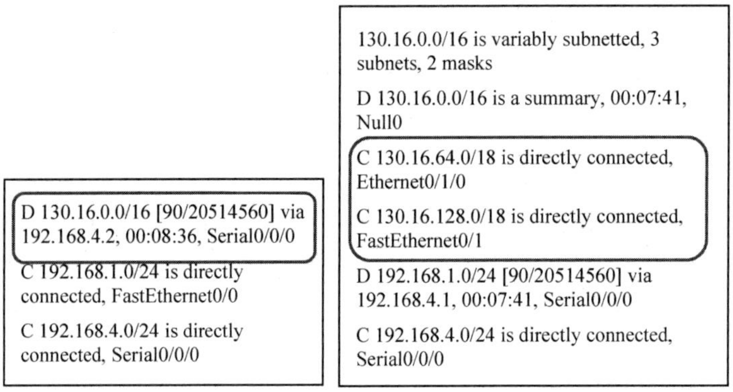

D 130.16.0.0/16 [90/20514560] via 192.168.4.2, 00:08:36, Serial0/0/0

C 192.168.1.0/24 is directly connected, FastEthernet0/0

C 192.168.4.0/24 is directly connected, Serial0/0/0

（a）Router0 的路由表

130.16.0.0/16 is variably subnetted, 3 subnets, 2 masks

D 130.16.0.0/16 is a summary, 00:07:41, Null0

C 130.16.64.0/18 is directly connected, Ethernet0/1/0

C 130.16.128.0/18 is directly connected, FastEthernet0/1

D 192.168.1.0/24 [90/20514560] via 192.168.4.1, 00:07:41, Serial0/0/0

C 192.168.4.0/24 is directly connected, Serial0/0/0

（b）Router1 的路由表

图 3-12　划分子网的路由表对比

3．任务三：练习 CIDR 地址规划

✧　**步骤 1：初始化实验拓扑**

如果已执行任务二的操作，则关闭并重新打开实验文件，以便清除配置。

✧　**步骤 2：为 Router1 接口选择适当的 IP 地址和掩码**

假设你拥有一个地址块 130.16.0.0/21。研究图 3-11 的网络拓扑，并使用 CIDR 方法尝试为两个学院分配 IP 地址，要求每个子网的 IP 地址利用率最高。

👁　**观察：**将地址分配方案记录到实验报告（包括两个单位的主机地址范围、掩码、网关地址、广播地址、主机地址数量）中。

✧　**步骤 3：为 Router1 配置地址信息**

根据步骤 1 的地址规划，分别为 Router1 的 FastEthernet0/1 和 Ethernet0/1/0 接口选择合适的 IP 地址与子网掩码，并参照任务一的步骤 3 配置相应的接口信息。

✧　**步骤 4：为主机配置地址信息**

根据步骤 1 的地址规划，为 PC1 和 PC3 选择适当的 IP 地址、子网掩码、默认网关，并参照任务一的步骤 3 为上述主机配置地址信息。

👁　**观察：**将步骤 3 和 4 的配置说明记录到实验报告中。

✧　**步骤 5：测试连通性**

在实时模式的逻辑空间中单击 PC1，单击 Web Browser 启动网页浏览器，在 URL 地址栏中输入 http://192.168.1.1 后按 Enter 键。此时可以看到打开的网页。以此类推，测试 PC3 的连通性。

👁　**观察：**将 PC3 的网页浏览结果截图记录到实验报告中。

✧　**步骤 6：观察路由表**

打开 Router0，单击 CLI 进入命令行模式，按以下命令查看 Router0 的路由表。

```
Router0>enable
Router0#show ip route
```

结果如图 3-13（a）所示。以此类推，按同样的命令打开 Router1 的路由表，结果如图 3-13（b）所示。

D 130.16.0.0/16 [90/20514560] via 192.168.4.2, 00:13:10, Serial0/0/0
C 192.168.1.0/24 is directly connected, FastEthernet0/0
C 192.168.4.0/24 is directly connected, Serial0/0/0

（a）Router0 的路由表

130.16.0.0/16 is variably subnetted, 2 subnets, 2 masks
C 130.16.1.0/24 is directly connected, FastEthernet0/1
C 130.16.4.0/22 is directly connected, Ethernet0/1/0
D 192.168.1.0/24 [90/20514560] via 192.168.4.1, 00:41:28, Serial0/0/0
C 192.168.4.0/24 is directly connected, Serial0/0/0

（b）Router1 的路由表

图 3-13　CIDR 的路由表对比

可以观察到，路由器 Router1 有“130.16.1.0/24”和“130.16.4.0/22”两个网络的路由信息，但路由器 Router0 只有一条“130.16.0.0/16”的路由信息，这是 CIDR 路由聚合后的结果，即“130.16.1.0/24”和“130.16.4.0/22”被聚合成一个主类网络“130.16.0.0/16”。

？ 思考：观察任务 2 和任务 3 的实验结果，讨论 CIDR 编址方案与划分子网的编址方法相比具有什么优点。请在实验报告中给出答案。

3.3　实验三：ARP 分析

3.3.1　背景知识

1．什么是 ARP

ARP（Address Resolution Protocol，地址解析协议）用于在同一个广播网络中通过 IP 地址查询对应的 MAC 地址。由于 IP 地址只是一个互联网的逻辑地址，在物理网络中仍然是采用物理地址（也称 MAC 地址）来寻址设备接口，因此如图 3-14 所示，在物理网络中传输 IP 数据报时，往往需要用 ARP 来查找下一站的 MAC 地址，以便封装成数据帧。

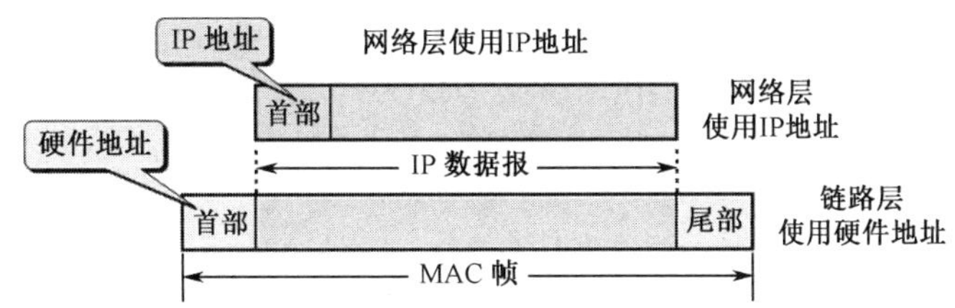

图 3-14　IP 地址与物理地址的区别

2．ARP 工作原理

ARP 工作原理是利用以太网的广播特性，通过广播查询和响应机制，获取目标设备的 MAC 地址。为了提高效率，每个设备的内存中都设置一个 ARP 缓存，用于存储其他设备的 IP 地址到物理地址的映射表。当主机发送 IP 数据报时，首先在本地缓存中查看目标 MAC 地址。如果查不到，则在本地网络中广播一个 ARP 查询包，与目标 IP 地址匹配的设备会自动回复一个 ARP 响应包告知其 MAC 地址，同时也被记录到本地 ARP 缓存中。

考虑到网络设备会动态加入或撤出，并且 IP 地址也会更改，ARP 会删除过期的 ARP 条目，具体时间因设备而异。例如，有些 Windows 系统的 ARP 有效时间为 2min。ARP 缓存可以提高工作效率。如果没有缓存，则每当有数据帧进入网络时，ARP 都必须不断请求地址转换，这样会延长通信时延，甚至造成网络拥塞。

ARP 可解决同一个局域网上 IP 地址和硬件地址的映射问题。如果所要找的主机和源主机不在同一个局域网上，那么就要通过 ARP 找到一个位于本局域网上的某个路由器的硬件地址，然后把分组发送给这个路由器，让这个路由器把分组转发给下一个网络。剩下的工作就由下一个网络来做。

3．ARP 命令

ARP 命令用于显示和修改 ARP 缓存中的项目。在 Packet Tracer 模拟器中，arp 命令只支持两个参数（a 和 d）。

arp：不带参数，显示可用的选项。

arp -a：用于查看 ARP 缓存中已获取的所有 MAC 地址。

arp -d：删除 ARP 缓存中的所有项目。

3.3.2　实验目的

（1）掌握基本的 ARP 命令。

（2）熟悉 ARP 报文格式和数据封装方式。

（3）理解 ARP 的工作原理。

（4）理解 ARP 缓存的作用。

3.3.3　实验配置说明

本实验对应的实验文件为“3-3 ARP 分析.pka”，其中 Router1 已配置通往 192.168.1.0 网络的静态路由。ARP 分析的实验拓扑如图 3-15 所示。

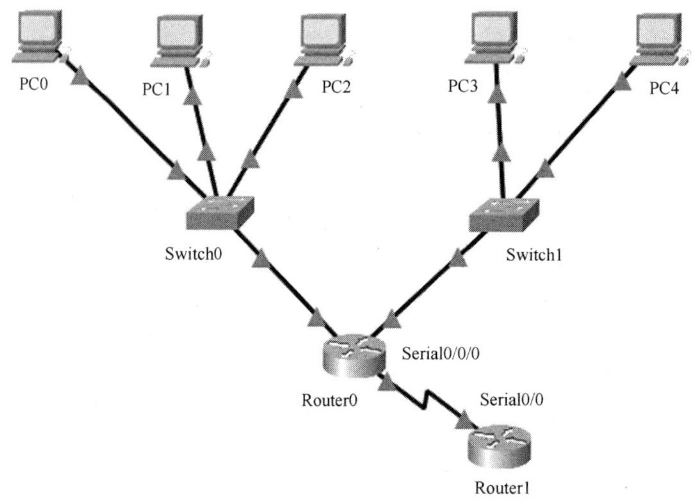

图 3-15　ARP 分析的实验拓扑

IP 地址配置如表 3-4 所示。

表 3-4　IP 地址配置

设备	接口	IP 地址	掩码	默认网关
PC0	FastEthernet0	192.168.1.1	255.255.255.0	192.168.1.254
PC1	FastEthernet0	192.168.1.2	255.255.255.0	192.168.1.254
PC2	FastEthernet0	192.168.1.3	255.255.255.0	192.168.1.254
PC3	FastEthernet0	192.168.2.1	255.255.255.0	192.168.2.254
PC4	FastEthernet0	192.168.2.2	255.255.255.0	192.168.2.254
Router0	FastEthernet0/0	192.168.1.254	255.255.255.0	NULL
	FastEthernet0/1	192.168.2.254	255.255.255.0	NULL
	Serial0/0/0	192.168.3.1	255.255.255.0	NULL
Router1	Serial0/0	192.168.3.2	255.255.255.0	NULL

3.3.4 实验步骤

1. 任务一：在 Packet Tracer 中熟悉 ARP 命令

✧ **步骤 1：打开主机的命令提示符窗口**

切换到 Realtime 模式，然后单击 PC0，在 Desktop 中单击 Command Prompt 进入 PC0 的命令行窗口。

✧ **步骤 2：观察 ARP 缓存中条目的动态增减**

通过 ping 命令给 ARP 缓存添加条目。ping 命令用于测试网络的连通性。执行该命令时，如果 ARP 缓存中没有保存目标主机的 MAC 地址，则系统自动调用 ARP 进程，查询目标主机的 MAC 地址，并将结果记录到 ARP 缓存中。

使用 arp -d 命令，分别清空 PC0～PC4 的 ARP 缓存。

使用 arp -a 命令检查 PC0 的 ARP 缓存，此时为空。

输入“ping 192.168.1.2”（PC1 的 IP 地址）后按 Enter 键。

再检查 PC0 的 ARP 缓存，可以看到缓存已添加了 PC1 的 MAC 地址。

👁 **观察：**将 PC0 的 ARP 缓存记录到实验报告中。

? 思考：检查各 PC 的缓存，在 PC0 执行 ping 命令后，哪些 PC 的 ARP 缓存拥有 PC0 的 MAC 地址记录？哪些 PC 新添加了 PC1 的 MAC 地址记录？在实验报告中给出答案。

2. 任务二：观察 ARP 的基本工作原理

✧ **步骤 1：观察 ARP 的执行过程**

使用 arp -d 命令清空 PC0 的 ARP 缓存。然后切换到模拟模式，在 PC0 的命令行中输入“ping 192.168.1.2”（PC1 的 IP 地址），后按 Enter 键。

单击 Play 按钮启动模拟实验。此时，可以看到 ARP 完整的广播查询过程。

分别打开 Event List 中 At Device 为 PC0 和 PC1 的第一事件记录，它们分别对应 ARP 查询报文和应答报文。选择 OSI Model 选项卡的 Out Layers 的第二层，可以观察 ARP 的处理细节。如图 3-16（a）所示，PC0 的 ARP 进程为“192.168.1.2”构建一个查询请求报文，然后将报文封装成以太网帧广播出去，因为该帧的目的地址为 FFFF-FFFF-FFFF。如图 3-16（b）所示，PC1 的 ARP 进程以接收接口的 MAC 地址回复查询请求，并将回复报文封装成以太网帧。上述过程，就是 ARP 的“广播查询—单播回应”原理。

👁 **观察：** 将上述对话框截图，并记录到实验报告中。

? **思考：**（1）PC1 相应帧的目的地址是什么？它是哪个 PC 的 MAC 地址？

（2）ARP 能查询到其他网段主机的 MAC 地址吗？为什么？请在实验报告中给出答案。

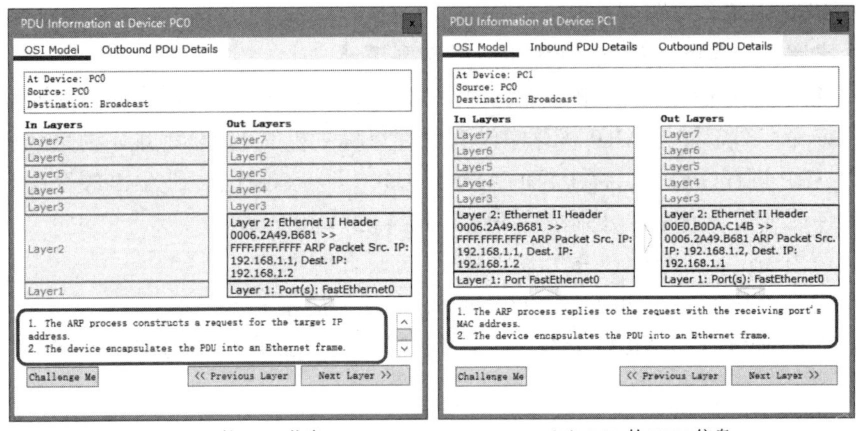

（a）PC0 的 PDU 信息　　　　（b）PC1 的 PDU 信息

图 3-16　ARP 查询过程

✧ **步骤 2：研究 ARP 报文格式和封装方式**

继续观察步骤 1 中打开的两个报文，并选择 Outbound PDU Details 选项卡，分别学习 ARP 查询报文、应答报文的报文格式和封装方式。

👁 **观察：** 将上述报文信息截图记录到实验报告中，并说明其源 IP、源 MAC 值、请求的目标 IP、目标 MAC 值、ARP 类型和封装方式。

✧ **步骤 3：理解 ARP 缓存的作用**

单击 Reset Simulation 按钮重置实验。在 PC0 的命令行中重新输入“ping 192.168.1.2”后按 Enter 键，再单击 Play 按钮启动模拟实验。

此时可以发现，PC0 已经 ping 成功，但实验并没有产生 ARP 查询过程，Event List 中也捕捉不到任何 ARP 事件。这说明，此次 ping 过程并没有调用 ARP。

? **思考：**（1）为什么步骤 3 捕获不到 ARP 查询事件？

（2）缓存中记录的保存时间是否越长越好？请在实验报告中给出答案。

3．任务三：观察 ARP 的其他内容

✧　**步骤 1：研究不同广播域内主机间互访时的 ARP 执行情况**

单击 Delete 按钮删除所有场景，然后切换到模拟模式。

在 PC0 的命令行中输入“ping 192.168.2.2”，探测 PC4；单击 Play 按钮启动实验。此时，可以观察到两次的 ARP 执行过程。

?　**思考：**(1)第一次 ARP 查询的目标 IP 地址是什么？它是哪个接口的地址？

(2) 第二次 ARP 查询的目标 IP 地址是什么？

(3) PING 成功后，PC0 的 ARP 缓存有没有 PC4 的 MAC 地址？请在实验报告中给出答案。

✧　**步骤 2：研究非广播网络中 ARP 的执行情况**

单击 Reset Simulation 按钮重置实验。使用工具栏的 Inspect 工具（🔍）观察 Router0 的 ARP 表，发现表中没有 Router1 的 MAC 地址。单击打开 Router0，再单击 CLI 进入命令行模式。输入“en”进入特权模式，输入“ping 192.168.3.2”，探测 Router1 的 Serial0/0 接口。单击 Play 按钮启动实验，执行结果如下所示：

```
Router>en
Router#ping 192.168.3.2
Type escape sequence to abort.
Sending 5, 100-byte ICMP Echos to 192.168.3.2, timeout is 2 seconds:
!!!!!
Success rate is 100 percent (5/5), round-trip min/avg/max = 2/2/2 ms
```

此时可以发现，Router0 已经 ping 成功，但实验并没有产生 ARP 查询过程，Event List 中也捕捉不到任何 ARP 事件。这说明，此次 ping 过程也没有执行 ARP。

?　**思考：**点对点链路为什么不执行 ARP？请在实验报告中给出答案。

3.4　实验四：ICMP 分析

3.4.1　背景知识

1．什么是 ICMP

ICMP（Internet Control Message Protocol，Internet 控制报文协议）是 IP 协

议不可缺少的模块，用于在主机、路由器之间传递网络控制消息，包括“网络不可达”“IP 数据报超时”“路由重定向”等。这些控制消息虽然并不传输用户数据，但对于确保 IP 网络的可靠运行是至关重要的。

众所周知，IP 只提供无连接、尽力而为的数据报服务。虽然 TCP 在 IP 的基础上建立有连接的传输服务，解决了底层网络存在的丢包、重复和乱序等问题，但仍然无法解决因故障所导致的传输错误问题。因此，Internet 引入 ICMP 的差错报告和查询机制，帮助了解为什么无法传递，网络发生了什么问题，以便人们解决网络故障问题。

ICMP 报文使用 IP 数据报封装（IP 数据报对应的协议字段为 1）。ICMP 报文格式如图 3-17 所示，前 4 字节是统一的格式，包含类型、代码和校验和等字段，后 4 字节的内容与 ICMP 类型有关。ICMP 报文类型主要包括 5 种差错报告和 4 种查询报文。常见的 ICMP 报文类型如表 3-5 所示。

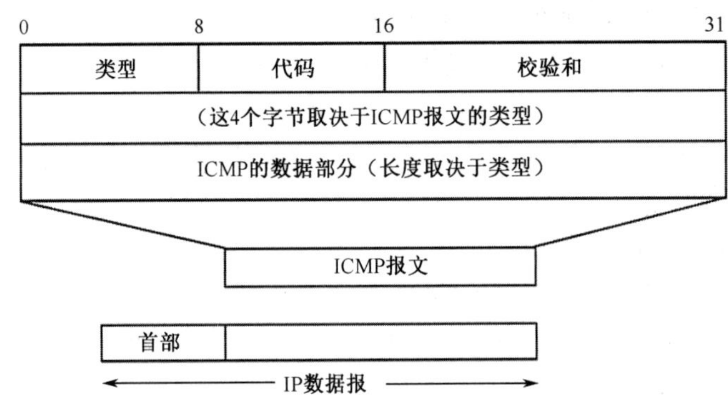

图 3-17　ICMP 报文格式

表 3-5　常见的 ICMP 报文类型

ICMP 报文类型	类型值	说明
差错报告报文	3	目的站不可到达
	4	源站抑制
	11	超时
	12	参数出错
	5	路由重定向
询问报文	8/0	回送请求/应答
	13/14	时间戳请求/应答

2．ping 命令与 tracert 命令

为了观察 ICMP，本实验用到两个 Windows 自带的应用程序 ping 和 tracert。它们都是越过运输层，直接使用 ICMP 实现的。

ping 也称网络探测器，用于测试网络的连通情况和时延。其原理是向目标站点发送 ICMP 回送请求报文，然后通过接收对方的应答来诊断网络的连接状态，包括连通性、丢包率和 RTT 等。网络管理员和用户常使用该命令来诊断网络故障。

ping 命令的主要用法如下：

- ping /?　　　　　　　/*显示 ping 命令的帮助说明
- ping 目标地址 [-t]　　/*参数-t 表示不间断地向目标地址发送请求包

tracert 程序是一个路由跟踪小程序，用于跟踪 IP 数据报从源点到终点所经过的路径。该命令是利用 IP 数据报的生存期（TTL）机制和 ICMP 的应答机制来探测沿途经过的路由器。tracert 会向目标主机发送一连串的 IP 数据报，IP 数据报封装的是回送请求的 ICMP 报文。其中，第一个 IP 数据报的 TTL 值设置为 1，第二个设为 2，以此类推。由于路由器在转发 IP 数据报时会递减 TTL 值，当 TTL 值减到 0 时会将其丢弃并向源主机发送一个超时的差错报告，因此在上述探测过程中，沿途路由器将逐个向源主机报告 ICMP 超时消息。最后的目的主机也会向源主机发送一个 ICMP 应答报文。依据各路由器和目标主机报告的消息，源主机就可以获得到达目标主机所经过的路由器的 IP 地址及所需的往返时间。

3.4.2　实验目的

（1）利用 ping 程序和 tracert 命令，熟悉 ICMP 的工作原理。

（2）了解 ICMP 报文格式和数据单元的封装方式。

（3）进一步理解 ICMP 的作用和意义。

3.4.3　实验配置说明

本实验对应的实验文件为“3-4 ICMP 分析.pka”。ICMP 分析的实验拓扑如图 3-18 所示，PC0 和 PC1 通过路由器 Router0 和 Router1 相互连接。

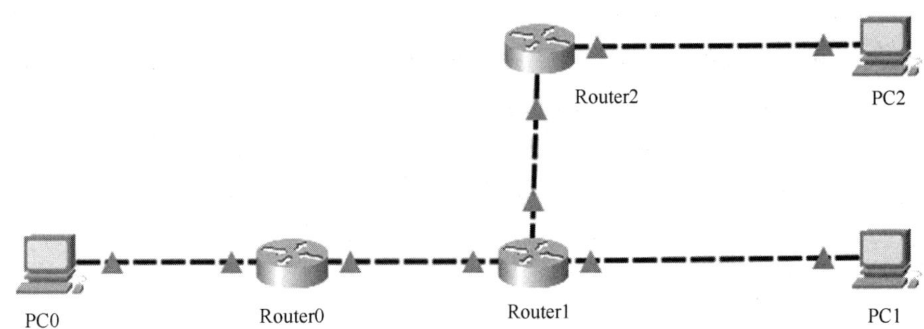

图 3-18　ICMP 分析的实验拓扑

各设备的 IP 地址配置如表 3-6 所示。

表 3-6　各设备的 IP 地址配置

设备	接口	IP 地址	掩码	默认网关
PC0	Fa0/0	200.1.1.1	255.255.255.0	200.1.1.254
PC1	Fa0/0	200.1.2.1	255.255.255.0	200.1.2.254
PC2	Fa0/0	200.1.5.2	255.255.255.0	200.1.5.1
Router0	Fa0/0	200.1.1.254	255.255.255.0	NULL
	Fa0/1	200.1.3.1	255.255.255.0	NULL
Router1	Fa0/0	200.1.3.2	255.255.255.0	NULL
	Fa0/1	200.1.2.254	255.255.255.0	NULL
	Eth0/0	200.1.4.1	255.255.255.0	NULL
Router2	Gig0/0	200.1.4.2	255.255.255.0	NULL
	Gig0/1	200.1.5.1	255.255.255.0	NULL

注：Fa=FastEthernet, Eth=Ethernet, Gig=GigabitEthernet，余同。

3.4.4　实验步骤

1．任务一：使用 ping 观察 ICMP 的查询与应答机制

✧　**步骤 1：观察 ping 的工作原理和过程**

单击主窗口右下角的 Realtime 和 Simulation 按钮切换数次，初始化网络环境。选择模拟模式，并依次单击 PC0→Desktop→Command Prompt 进入 PC0 的命令行界面。

输入 ping 200.1.2.1（PC1 的 IP 地址）后按 Enter 键。最小化 PC0 的配置窗

口，单击 Play 按钮启动模拟实验。当 Buffer Full 窗口弹出时，单击 View Previous Events 按钮。此时，可观察到 PC0 向 PC1 发送多个 ICMP 回送请求报文，PC1 也相应回复若干应答报文。

打开 Event List 中 At Device 为 PC0 的第一个事件，并选择 OSI Model 中 Out Layers 的第三层。仔细观察 PC0 网络层协议的处理情况。如图 3-19（a）所示，其中第二条信息提示："The Ping process creates an ICMP Echo Request message and sends it to the lower process." 这表明 ping 命令产生一个 ICMP 回送请求报文，并发送给 PC1。同样，打开 Event List 中到达 PC1 的第一个记录，并观察其 OSI Model 中 Out Layers 的第三层信息。如图 3-19（b）所示，其中第二条信息提示："The ICMP process sends an Echo Reply." 这表明 PC1 的 ICMP 进程向 PC0 回送了一个应答报文。

上述观察结果说明 ping 程序是利用 ICMP 回送请求—应答机制来评估网络链路状态。

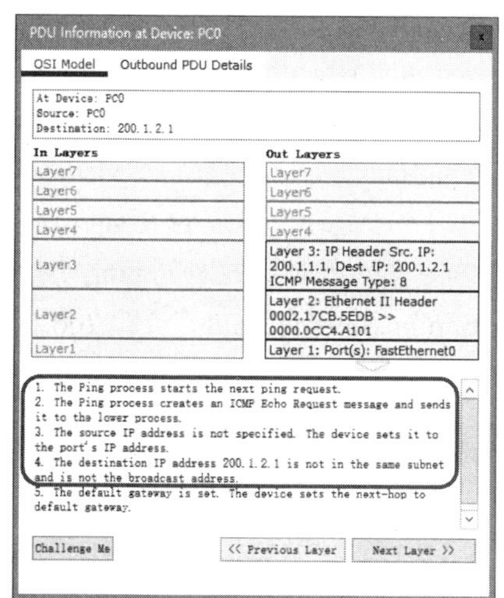

（a）PC0 的 PDU 处理信息

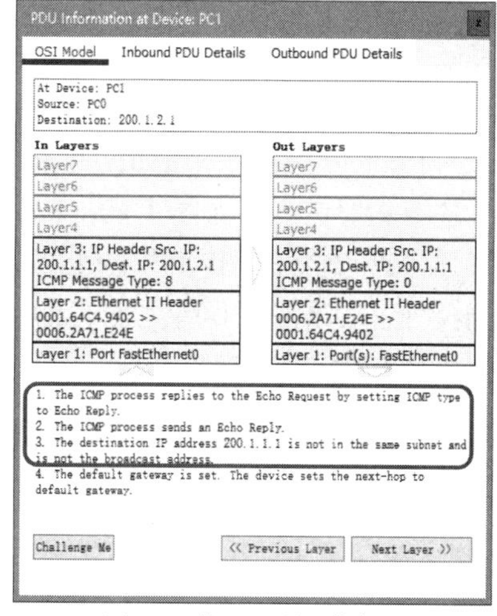

（b）PC1 的 PDU 处理信息

图 3-19　ICMP 的查询与应答过程

? **思考：**（1）在步骤 1 中，PC0 共发送几个请求报文？

（2）为什么 ping 程序需要多次探测？请在实验报告中给出答案。

✧ **步骤 2：研究 ICMP 报文格式和封装方式**

再次打开 At Device 为 PC0 的第一个事件记录，单击 Outbound PDU Details

选项卡，学习 ICMP 请求回复报文的格式和封装方法。同理，打开 At Device 为 PC1 的第一个记录，学习 ICMP 应答报文的格式和封装方法。

👁 **观察：**观察两个 ICMP 报文中 TYPE、ID 和 SEQ NUMBER 等字段值，请说明这些字段的含义，并将观察结果记录到实验报告中。

？ 思考：封装 ICMP 报文的 IP 数据报的类型是什么？请在实验报告中给出答案。

2．任务二：使用 ping 命令观察 ICMP 的错误报告机制

✧ **步骤 1：观察 ICMP 中主机不可达报告机制的应用**

单击 Delete 按钮删除当前事件列表。参考任务一的步骤 1，在 PC0 上输入 ping 201.1.2.3（任意一个不可达的目标地址），然后单击 Play 按钮启动实验。

可以看到，PC0 发送的请求报文传递到 Router0 时被丢弃，然后 Router0 向 PC0 发送了一个 ICMP 错误报告报文。

单击 Event List 中 At Device 为 Router0 的第一个记录，即被丢弃报文的信息。观察 OSI Model 中 Out Layers 的第三层信息，如图 3-20（a）所示。其中第一条信息提示："The routing table does not have a route to the destination IP address. The device drops the packet." 这表明路由器因找不到路由而将其丢弃。再打开 At Device 为 Router0 的第二个记录，即报告错误的报文信息。观察 OSI Model 中 Out Layers 的第三层信息，如图 3-20（b）所示。PDU 处理信息表明 Router0 向 PC0 回复了一个"主机无法达到"的 ICMP 报告报文。此时，PC0 的 ping 命令运行结果为："Reply from 200.1.1.254: Destination host unreachable"，即 200.1.1.254 节点报告目标主机不可达。

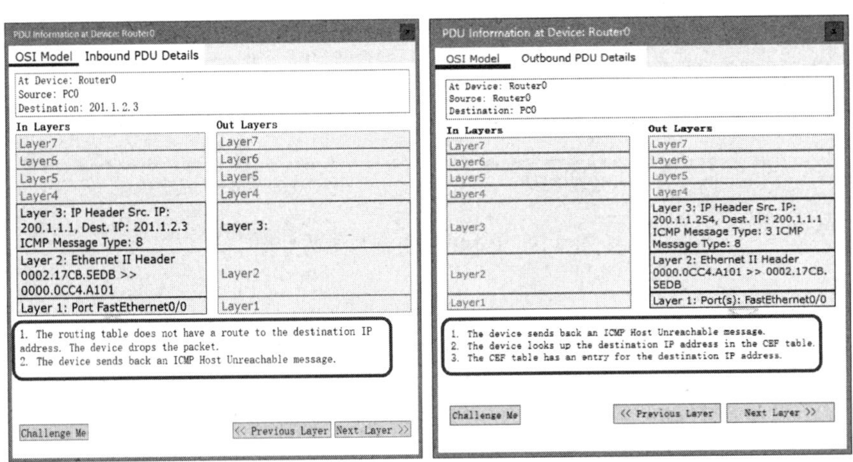

（a）丢包处理　　　　（b）报告错误

图 3-20　Router0 上的 PDU 处理信息

?　**思考：** ICMP 的错误报告机制对 IP 网络的正常运行有何意义？请在实验报告中给出答案。

✧　**步骤 2：观察错误报告的报文格式**

单击 Event List 中到达 Router0 的第二个记录（报告错误），单击 Inbound PDU Details 选项卡，仔细查看 ICMP 报文内容和封装细节。

👁　**观察：** 观察 ICMP 报文内容和封装细节，并截图记录到实验报告中。

?　**思考：**（1）实验中的 ICMP 报文是什么类型？

（2）ICMP 报文是怎么封装的？请在实验报告中给出答案。

✧　**步骤 3：观察 PC0 到 PC2 的请求—应答过程**

单击场景面板中的 Delete 按钮，删除所有场景。

切换到 Simulation 模式，先在 PC0 上输入 ping 200.1.5.2（PC2 的 IP 地址），然后单击 Play 按钮启动实验。可以观察到，PC0 发出的数据包顺利到达 PC2，但 PC2 回复的应答包在经过 Router2 时被丢弃，同时 Router2 向 PC2 发送了一个错误报告。此时，PC0 中 ping 程序的运行结果为："Request timed out"，即请求超时。

?　**思考：** 在步骤 3 和步骤 1 中，PC0 均无法收到目标主机的应答，但步骤 3 的错误提示与步骤 1 不同。这是为什么？请在实验报告中给出答案。

3．任务三：使用 tracert 命令观察 ICMP

✧　**步骤 1：使用 tracert 命令跟踪 IP 数据报的转发路径**

单击 Realtime 按钮进入实时模式，依次单击 PC0→Desktop→Command Prompt 进入 PC0 的命令行。参考以下示例，输入 tracert 200.1.2.1（PC1 的 IP 地址），观察 tracert 的运行过程。其中第一列为沿途路由器序号，第 2～4 列表示到相应路由器的往返时延（每个节点均测试三遍，"*"表示超时），最后一列为对方 IP 地址。

```
PC>tracert 200.1.2.1
Tracing route to 200.1.2.1 over a maximum of 30 hops:
  1    0 ms     0 ms     0 ms     200.1.1.254
  2    0 ms     0 ms     0 ms     200.1.3.2
  3    1 ms     0 ms     1 ms     200.1.2.1
Trace complete.
```

👁 **观察：**观察运行结果并截图，标注各节点的名称，然后记录到实验报告中。

✧ **步骤 2：在 Simulation 模式中观察学习 tracert 的追踪原理**

选择 Simulation 模式，然后在 PC0 的命令行中输入 tracert 200.1.2.1，再单击 Play 按钮启动实验。此时，可以观察到 tracert 命令的工作原理：请求报文依次被沿途路由器丢弃并报告错误，源节点也因此获得转发路径。

首先观察 PC0 发送的所有请求报文。在 Event List 中，依次打开 Last Device 为 PC0 的所有记录，选择 Inbound PDU Details 选项卡，观察各 IP 数据报中的 TTL 值。可以发现，tracert 首先发送三个 TTL=1 的 IP 数据报，然后发送三个 TTL=2 的 IP 数据报，以此类推。

单击 Last Device 为 PC0 的第一条记录，即路由器的处理信息。选择 OSI Model 中 In Layers 的第三层信息，如图 3-21 所示。PDU 处理信息提示："The packet's TTL expires. The device sends an ICMP Time Exceeded message back to the sender and drops the packet." 这表明该 IP 数据报已过期（TTL=0），设备返回 ICMP 超时报告并丢弃该报文。

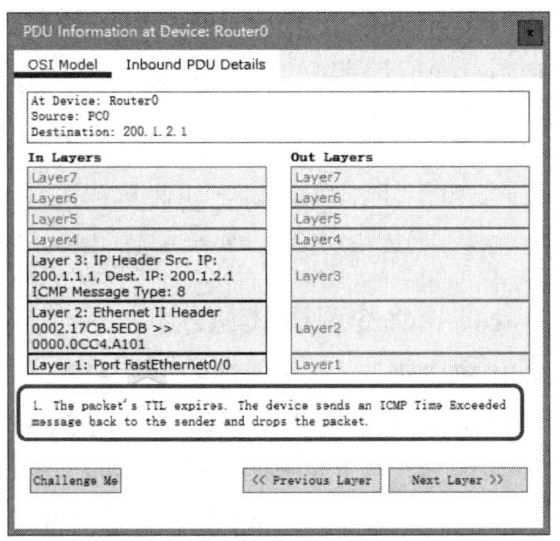

图 3-21　路由器对超时 IP 数据报的处理

上述观察结果说明，tracert 命令是利用 TTL 的超时机制和 ICMP 错误报告机制来追踪 IP 的转发路径。

👁 **观察：**（1）查看路由器丢弃 TTL=2 的 IP 数据报的事件记录。

（2）查看 PC1 回复 ICMP 报文的事件记录。请将上述观察记录到实验报告中。

? **思考：**（1）在上述实验中，报告错误的 ICMP 报文类型是什么？

（2）ICMP 协议会给 Internet 带来哪些安全隐患？请在实验报告中给出答案。

3.5 实验五：直连路由与静态路由

3.5.1 背景知识

1．路由

路由（全称路由选择）是指路由器在互联网中寻找 IP 数据报的最佳转发路径的过程，这是路由器的两大核心功能之一。在互联网中，路由器根据路由表来转发 IP 数据报，并且只负责转发给下一跳节点。路由器建立路由表的路由信息来源主要有三种：直连路由、静态路由和动态路由。其中，直连路由是指物理接口的链路层协议自动发现的路由信息。一旦路由器激活某个接口，就会自动获得该接口直连网段的路由信息，并将该信息添加到路由表中。静态路由是指由管理员手工配置的路由信息。动态路由是指路由器通过运行路由协议获取的路由信息。动态路由是互联网中路由器的主要路由信息来源。

2．静态路由

静态路由具有简单、无开销、安全和可靠等优点。但是，大型和复杂的网络环境通常不宜采用静态路由。一方面，网络管理员难以全面地了解整个网络的拓扑结构；另一方面，当网络的拓扑结构和链路状态发生变化时，路由器中的静态路由信息需要大范围调整，这一工作的难度和复杂程度非常高。

Cisco 路由器使用 ip route 命令配置静态路由，格式如下：

- ip route　网络地址　掩码　下一跳 IP 地址/本地接口　/*添加一条静态路由
- no ip route 网络地址　掩码　　　　　　/*删除一条静态路由

其中，下一跳 IP 地址是指下一跳路由器的入口 IP 地址。

3．默认路由

默认路由是一种特殊的静态路由，当路由表中找不到与目标地址相匹配的出口表项时，路由器就会按默认路由进行转发。默认路由在某些场景中是很有用的。例如，在末梢网络中，默认路由可以大大简化路由器的配置和查表过程，并减轻网络管理员的工作负担。

配置默认路由的命令如下：

- ip route　0.0.0.0　0.0.0.0　下一跳 IP 地址/本地接口/*添加一条静态路由

其中，0.0.0.0　0.0.0.0 可以匹配所有的 IP 地址，因此默认路由可以看成静态路由的一种特殊情况。

3.5.2 实验目的

（1）理解直连路由。

（2）理解静态路由，并掌握基本的静态路由配置方法。

（3）理解默认路由的作用。

3.5.3 实验配置说明

本实验对应的实验文件为“3-5 直连路由与静态路由.pka”。直连路由与静态路由的实验拓扑如图 3-22 所示。

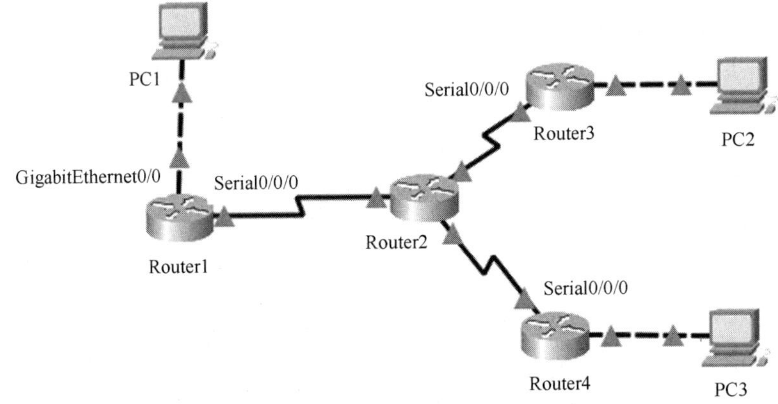

图 3-22　直连路由与静态路由的实验拓扑

接口 IP 地址配置如表 3-7 所示。

表 3-7　接口 IP 地址配置

设备	接口	IP 地址	掩码	默认网关
PC1	Fa0	10.0.0.1	255.0.0.0	11.0.0.2
PC2	Fa0	13.0.0.1	255.0.0.0	13.0.0.2
PC3	Fa0	14.0.0.1	255.0.0.0	14.0.0.2
Router1	Gig0/0	10.0.0.2	255.0.0.0	NULL
	Serial0/0/0	192.168.1.1	255.255.255.0	NULL
Router2	Serial0/0/0	192.168.1.2	255.255.255.0	NULL
	Serial0/0/1	192.168.2.1	255.255.255.0	NULL
	Serial0/1/0	192.168.3.1	255.255.255.0	NULL

（续表）

设备	接口	IP 地址	掩码	默认网关
Router3	Gig0/0	13.0.0.2	255.0.0.0	NULL
	Serial0/0/0	192.168.2.2	255.255.255.0	NULL
Router4	Gig0/0	14.0.0.2	255.0.0.0	NULL
	Serial0/0/0	192.168.3.2	255.255.255.0	NULL

3.5.4 实验步骤

1. 任务一：观察直连路由

✧ **步骤 1：观察 Router1 的路由表**

打开 Router1，单击 CLI 进入命令行模式；参考下述命令进行实验：

```
Router1>enable
Router1#show ip route
Codes: L - local, C - connected, S - static, R - RIP, M - mobile, B - BGP
       D - EIGRP, EX - EIGRP external, O - OSPF, IA - OSPF inter area
       N1 - OSPF NSSA external type 1, N2 - OSPF NSSA external type 2
       E1 - OSPF external type 1, E2 - OSPF external type 2, E - EGP
       i - IS-IS, L1 - IS-IS level-1, L2 - IS-IS level-2, ia - IS-IS inter area
       * - candidate default, U - per-user static route, o - ODR
       P - periodic downloaded static route
Gateway of last resort is not set
C        10.0.0.0/8 is directly connected, GigabitEthernet0/0
L        10.0.0.2/32 is directly connected, GigabitEthernet0/0
         192.168.1.0/24 is variably subnetted, 2 subnets, 2 masks
C        192.168.1.0/24 is directly connected, Serial0/0/0
L        192.168.1.1/32 is directly connected, Serial0/0/0
```

其中，标志“C”表示直连路由。可以看出 Router1 存在两条直连路由，分别通往 192.168.1.0/24 和 10.0.0.0/8 网络。对比网络拓扑，可以发现这两条路由信息来源于 Router1 的 Serial0/0/0 接口和 GigabitEthernet0/0 接口。请参照上述步骤，观察 Router2 的路由表。

? 思考：Router2 有哪些直连路由？分别由哪些接口获得？请在实验报告中给出答案。

✧ **步骤 2：观察直连路由的自动更新机制**

打开 Router1，选择 Config 选项卡；选择 GigabitEthernet0/0 接口，单击 Port Status 复选框关闭接口。再选择 CLI 选项卡进入命令行模式，输入 en 进入#提示的特权模式；输入 show ip route 命令查看路由表，关键结果如下所示：

```
C    192.168.1.0/24 is directly connected, Serial0/0/0
L    192.168.1.1/32 is directly connected, Serial0/0/0
```

可以看到，路由表中 10.0.0.0 的直连路由已被删除。这说明当 GigabitEthernet0/0 接口关闭后，其原先获得的直连路由被自动删除了。再次开启 GigabitEthernet0/0 接口，并重新查看路由表。可以发现，路由器又自动添加 10.0.0.0 的直连路由。

观察：将 Router1 的 GigabitEthernet0/0 接口关闭前后的路由表记录在实验报告中。

2．任务二：静态配置路由

✧ **步骤 1：学习静态路由配置方法**

打开 Router1，单击 CLI 进入命令行模式。按以下步骤配置静态路由：

Router1>enable //进入特权模式

Router1#conf terminal //进入全局模式

Router1(config-if)#ip route 13.0.0.0 255.0.0.0 192.168.1.2 //配置通往 13.0.0.0 的静态路由

Router1(config-if)#ip route 14.0.0.0 255.0.0.0 192.168.1.2 //配置通往 14.0.0.0 的静态路由

参照表 3-8 和上述步骤，分别对 Router2 和 Router3 进行静态路由配置。

提示：也可以通过路由器 Config 面板中的 Static 界面配置静态路由。

表 3-8 路由器静态路由配置信息

路由器	网络地址	掩码	下一跳
Router1	13.0.0.0	255.0.0.0	192.168.1.2
	14.0.0.0	255.0.0.0	192.168.1.2
Router2	10.0.0.0	255.0.0.0	192.168.1.1
	13.0.0.0	255.0.0.0	192.168.2.2
	14.0.0.0	255.0.0.0	192.168.3.2
Router3	10.0.0.0	255.0.0.0	192.168.2.1
	14.0.0.0	255.0.0.0	192.168.2.1

👁 **观察**：将配置完成的三个路由表记录到实验报告中。

✧ **步骤 2：为 Router4 规划和配置静态路由**

研究图 3-22 的网络拓扑，并为 Router4 设计静态路由，使网络中的任意主机都能互通。然后，参照步骤 1 为 Router4 配置静态路由。

👁 **观察**：将完成配置后的路由表截图记录在实验报告中。

? **思考**：在互联网中，如何确定一个路由器需要配置多少个静态路由？请在实验报告中给出答案。

✧ **步骤 3：测试连通性**

进入模拟模式，单击 Add Simple PDU 按钮，再分别单击 PC1 和 PC3。单击 Play 按钮启动实验。可以看到一个从 PC1 到 PC3 的往返通信过程。如果传输失败，则跟踪数据报的转发过程，检查并排除路由配置故障，直到成功为止。切换到实时模式，改用 ping 命令分别检查 PC1 到 PC2、PC2 到 PC3 的连通性。

👁 **观察**：将 ping 程序的测试结果记录在实验报告中。

3．任务三：配置默认路由

✧ **步骤 1：删除 Router1 的原静态路由**

单击 Router1，选择 CLI 进入命令行模式。按以下步骤，在全局模式中删除在任务二中建立的两条静态路由。

```
Router1>enable                          /*进入特权模式
Router1#conf terminal                   /*进入全局模式
Enter configuration commands, one per line. End with CNTL/Z.
Router1(config)#no ip route 13.0.0.0 255.0.0.0     /*删除 13.0.0.0/8 的静态路由
Router1(config)#no ip route 14.0.0.0 255.0.0.0     /*删除 14.0.0.0/8 的静态路由
```

然后，使用 Inspect 工具查看路由表，检查删除效果。

👁 **观察**：将删除后的路由表截图记录在实验报告中。

✧ **步骤 2：为 Router1 添加默认路由**

按以下步骤，在全局模式中为 Router1 添加一条默认路由。

```
Router1(config)#ip route 0.0.0.0 0.0.0.0 192.168.1.2
```

输入 end 回到特权模式，再输入 show ip route 命令查看路由表，关键结果如下所示：

```
C     10.0.0.0/8 is directly connected, GigabitEthernet0/0
L     10.0.0.2/32 is directly connected, GigabitEthernet0/0
      192.168.1.0/24 is variably subnetted, 2 subnets, 2 masks
C     192.168.1.0/24 is directly connected, Serial0/0/0
L     192.168.1.1/32 is directly connected, Serial0/0/0
S*    0.0.0.0/0 [1/0] via 192.168.1.2.
```

可以发现，路由表的末尾添加了一条标志为 S*的默认路由。再利用 ping 程序分别测试 PC1 到 PC2 和 PC3 的连通性。

👁 **观察**：将连通性测试结果记录在实验报告中。

? **思考**：引入默认路由有何作用？它适用于什么场景？为什么默认路由要放在路由表中的末尾？请在实验报告中给出答案。

4．任务四：观察路由环路问题

✧ **步骤 1：在网络中配置一条路由环路**

首先，在 Router3 的 Serial0/0/1 和 Router4 的 Serial0/0/1 之间增加一条串行线。然后，修改 Router2 的静态路由，将通往 10.0.0.0 网络的下一跳地址改为 192.168.2.2（Router3 的 Serial0/0/0 接口）；同样，修改 Router3 的静态路由，将通往 10.0.0.0 网络的下一跳地址改为 192.168.4.2（即 Router4 的 Serial0/0/1 接口）。

📢 **提示**：修改路由可先删除原路由再添加新的路由来实现。

👁 **观察**：将 Router2 和 Router3 的路由表截图记录在实验报告中。

✧ **步骤 2：观察数据包在环路中的转发情况**

进入模拟模式。先单击 Add Simple PDU 按钮，然后分别选择 PC3 和 PC1。单击 Play 按钮启动实验。此时，可以观察到，报文在 Router2、Router3 和 Router4 之间循环转发，一直绕圈，这就是路由环路问题。

? **思考**：（1）路由环路会造成什么影响？

（2）上述循环转发过程会不会停止？原因是什么？请在实验报告中给出答案。

3.6 实验六：RIP 分析

3.6.1 背景知识

1．路由协议

路由协议是路由算法的具体实现。互联网中的路由器通过运行路由协议来互相传递和学习路由信息，从而建立和更新路由表。路由协议能适应网络拓扑结构的动态变化，并自动建立数据包的最佳传输路径。Internet 的路由协议可以分为两大类：内部网关协议（Interior Gateway Protocol，IGP）和外部网关协议（External Gateway Protocol，EGP）。前者用一个自治系统内部的路由选择，主要有 RIP、EIGRP、IS-IS 和 OSPF 等；后者是自治系统间的路由选择协议，目前使用最多的是 BGP-4。

2．距离-矢量算法

距离-矢量算法（简称 D-V 算法），也称为 Bellman-Ford 路由算法，是 RIP 的核心算法。目前，基于距离-矢量算法的路由协议主要包括 RIP、IGRP、EIGRP 和 BGP 等。距离-矢量算法的基本思想是，如果某个邻居节点知道通往目的网络的距离，加上自己到达邻居的距离，就能算出自己到达目的网络的距离和方向。在距离-矢量算法中，每个节点周期性地向邻居发送自己的路由表；这样，当节点 x 接收到所有邻居 v 的路由表后，就可以使用 Bellman-Ford 方程更新自己的路由表：

$$D_x(y) \leftarrow \min_{v\in V}[C(x,v) + D_v(y)] \qquad \text{对每个节点 } y\in N$$

其中，N 表示所有未加入生成树的节点集合，V 表示邻居节点集合，$D_x(y)$表示从节点 x 到 y 最短路径的估计费用，$C(x,v)$表示从节点 x 到邻居节点 v 的距离。在规模较小和网络正常的条件下，估计值 $D_x(y)$收敛在实际最小费用。

3．RIP

RIP（Routing Information Protocol，路由信息协议）是 Xerox 公司在 20 世纪 70 年代开发的，是最先得到广泛应用的 IGP 标准。RIP 是在距离-矢量算法的基础上，增加了对路由环路、等价路径、失效路径和慢收敛等问题的处理机制。RIP 中的“距离”定义为“跳数”，即每经过一个路由器则距离加 1，最大可用距离为 15，当距离为 16 时表示不可达。因此，最佳路由就是寻找跳数最少的路径。

RIP的核心思想是，每隔30s就和邻居交换路由表，并使用Bellman-Ford方程更新自己的路由表。RIP的最大优点是实现简单、开销较小，其缺点是坏消息传递慢、仅适用于小规模网络等。为了改善RIP的不足，IETF（Internet Engineering Task Force，Internet工程任务组）于1998年发布了RIPv2。RIPv2支持子网路由选择、CIDR和组播，并提供验证机制。

4．RIP 报文结构

RIP 报文使用 UDP 用户数据报传送，端口号为 520。RIP 报文由首部和路由部分组成。RIP 的报文格式如图 3-23 所示。

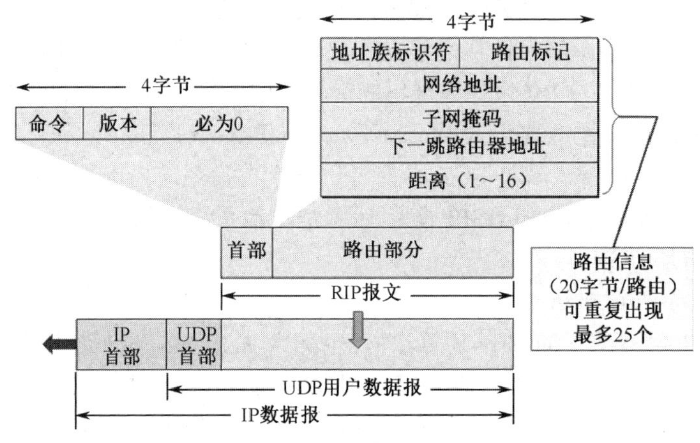

图 3-23　RIP 的报文格式

RIP 首部固定为 4 字节，当命令字段为“1”时表示请求，为“2”时表示响应。路由部分由若干路由信息组成，每个信息需要 20 字节，其中关键字段为网络地址、子网掩码、下一跳路由器地址和距离。

3.6.2　实验目的

（1）掌握 RIP 的工作原理和过程。

（2）熟悉 RIP 的报文格式和封装方式。

（3）理解 RIP 解决路由环路问题的机制。

3.6.3　实验配置说明

本实验对应的实验文件为“3-6 RIP 分析.pka”。RIP 分析的实验拓扑如图 3-24 所示，其中路由器 Router1 和 Router3 已经启用了 RIP。

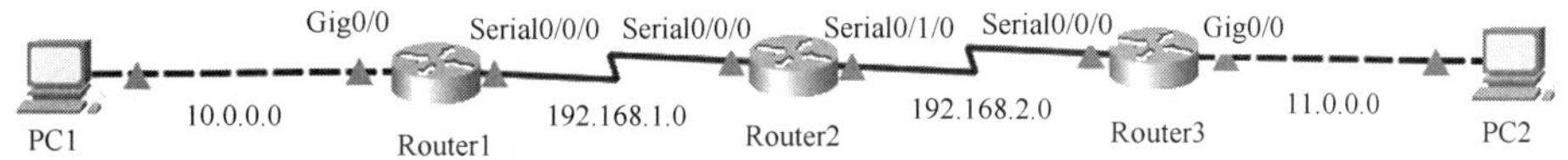

图 3-24　RIP 分析的实验拓扑

IP 地址配置如表 3-9 所示。

表 3-9　IP 地址配置

设备	接口	IP 地址	掩码	默认网关
PC1	Fa0	10.0.0.1	255.0.0.0	10.0.0.2
PC2	Fa0	11.0.0.1	255.0.0.0	11.0.0.2
Router1	Gig0/0	10.0.0.2	255.0.0.0	NULL
	Serial0/0/0	192.168.1.1	255.255.255.0	NULL
Router2	Serial0/0/0	192.168.1.2	255.255.255.0	NULL
	Serial0/1/0	192.168.2.1	255.255.255.0	NULL
Router3	Serial0/0/0	192.168.2.2	255.255.255.0	NULL
	Gig0/0	11.0.0.2	255.0.0.0	NULL

3.6.4　实验步骤

1．任务一：观察 RIP 的交互机制

✧　**步骤 1：打开“3-6 RIP 分析.pka”实验文件，并查看初始路由表**

使用工具栏的 Inspect 工具（🔍）观察每台路由器的初始路由表。

提示：也可在 CLI 特权模式下使用命令“show ip route”查看路由表。

观察：将三个路由表分别截图记录到实验报告中。

✧　**步骤 2：观察 RIP 的路由启动过程和报文格式**

切换到 Simulation 模式。打开路由器 Router2，并选择 CLI 选项卡进入命令配置模式；然后按以下步骤配置 RIP。

```
Router2>en                                      //进入特权模式
Router2#conf t                                  //进入全局模式
Router2(config)#router rip                      //启动 RIP 进程
Router2(config-router)#network 192.168.1.0      //通告 192.168.1.0 网段
Router2(config-router)#network 192.168.2.0      //通告 192.168.2.0 网段
```

单击 Play 按钮启动模拟实验。此时，可以看到 RIP 的初始交互过程。当

Router2 收到 Router1 和 Router3 的响应包后，可以先暂停实验，以便观察报文。

在 Event List 区域中，分别打开 At Device 为 Router2 的第一个与第二个事件记录，注意观察 Out Layers 中的第 7 层信息（注：RIP 属于应用层协议）。然后，找到 Last Device 分别为 Router1 和 Router3 的事件记录，观察 In Layers 中的第 7 层信息。如图 3-25 所示，设备 Router2 分别从 Serial0/0/0 和 Serial0/1/0 接口发送一个 RIP 请求报文。如图 3-26 所示，Router1 和 Router3 相应地向 Router2 回复一个响应报文，前者包含路由 10.0.0.0/8，而后者包含路由 11.0.0.0/8。由于两者都是新的路由，因此 Router2 将其添加到自身的数据库和路由表中。重新使用 Inspect 工具观察 Router2 的路由表，此时路由表已经包含 10.0.0.0/8 和 11.0.0.0/8 的路由信息。

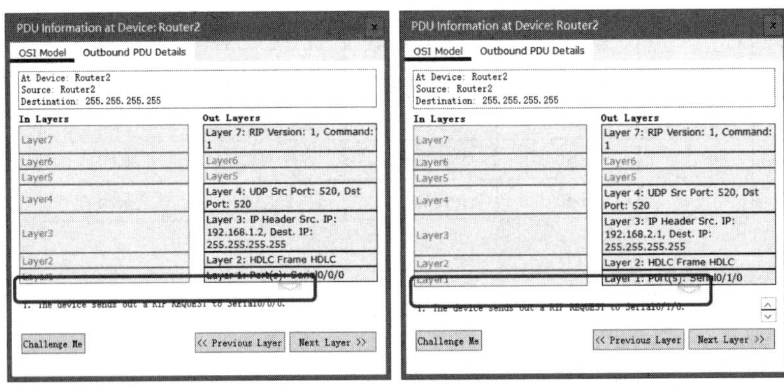

（a）Serial0/0/0 接口　　（b）Serial0/1/0 接口

图 3-25　Router2 发送请求报文的观察

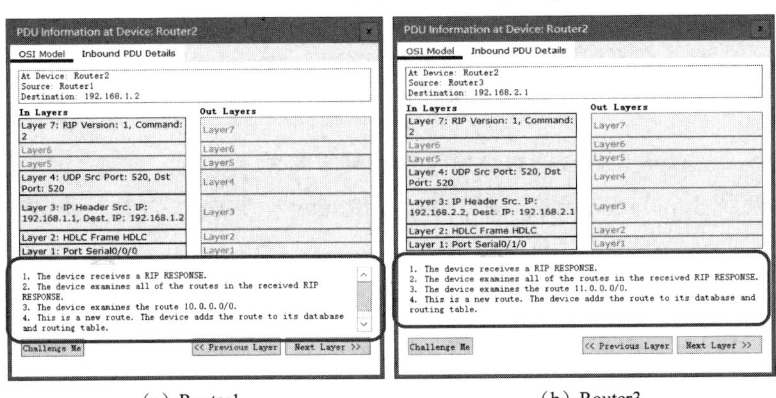

（a）Router1　　（b）Router3

图 3-26　Router2 收到响应报文的观察

上述观察过程说明，当启用 RIP 并通告直连网段后，路由器会向所有接口广播一个请求报文。收到该请求报文的邻居路由器会产生一个响应包，然后单播回复给请求节点，该响应包包含它的完整路由表。收到邻居路由表后，路由器就能逐渐建立起完整的路由表。

单击 Outbound 或 Inbound PDU Details 选项，详细了解 RIP 报文的格式和封装方式。

观察：（1）RIP 请求报文的目标 IP 地址是什么？（2）请求报文中含有一个单条路由，其网络地址和度量值分别为多少？（3）Router1 的响应报文的目标 IP 地址是什么？（4）从运输层到链路层，RIP 报文是如何封装的？（5）再次查看每台路由器的路由表，与原始路由表进行对比。将上述答案记录到实验报告中。

? 思考：为什么 RIP 报文只采用简单的 UDP 用户数据报传送？请在实验报告中给出答案。

✧ 步骤 3：观察 RIP 的周期交互方式和报文格式

单击 Reset Simulation 按钮，并单击 Play 按钮继续实验。此时，可以看到，即使网络中没有任何用户数据流量和拓扑变化，网络也会“充满”路由通信业务。

打开 At Device 为 Router2 且 last device 为空的第一个和第二个记录，观察其中 Out Layers 的第 7 层处理信息。如图 3-27（a）所示，Router2 建立一个包含 11.0.0.0 和 192.168.2.0 路由信息的 RIP 更新报文，然后从 Serial0/0/0 接口发出。如图 3-27（b）所示，Router2 建立一个包含 10.0.0.0 和 192.168.1.0 路由信

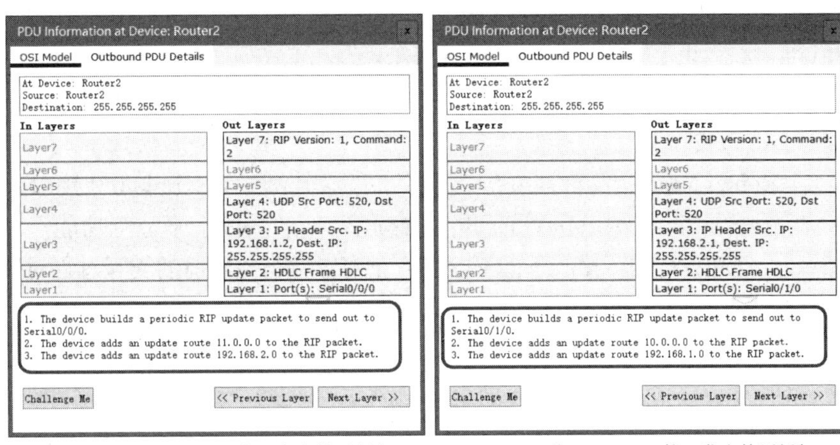

（a）从 Serial0/0/0 接口发出的更新包　　（b）从 Serial0/1/0 接口发出的更新包

图 3-27　Router2 的更新报文

息的 RIP 更新报文，然后从 Serial0/1/0 接口发出。上述观察说明，RIP 会周期性地创建一个 RIP 更新包，然后从各接口发给邻居节点；并且，更新报文中不包含从发出接口学习到的路由信息。单击 Outbound PDU Details 选项卡，详细了解 RIP 更新报文格式。

提示：一个 RIP 报文可以携带多条路由信息，其中 NETWORK 表示目标网络，NEXT HOP 为下一跳 IP 地址，METRIC 表示距离。

观察：选取一个 Router3 发出的 RIP 更新包，观察 RIP 报文格式，然后截图记录到实验报告中。

为了更好地理解 RIP 的周期更新机制，我们启用调试模式进一步观察。切换到 Realtime 模式，打开 Router2，选择 CLI 选项卡进入命令配置模式。然后，按以下步骤启动 RIP 的调试模式。此时，观察到路由器周期交互的过程和内容。

```
Router2>en                  //进入特权模式
Router2#debug ip rip        //启动调试模式
```

提示：通过“no debug all”命令可以关闭 RIP 调试模式。

观察：将调试模式下的 RIP 交互信息截图，并解释信息含义，然后记录到实验报告中。

✧ 步骤 4：观察水平分割

由于 RIP 默认已启用水平分割功能，所以关闭该功能，然后观察关闭前后的路由更新区别。

单击打开 Router2，选择 CLI 选项卡进入命令配置模式；按以下步骤关闭 Serial0/0/0 接口的水平分割功能，如下所示：

```
Router2>en                               //进入特权模式
Router2#conf t                           //进入全局模式
Router2(config)#int s0/0/0               //进入 Serial0/0/0 接口
Router2(config-if)#no ip split-horizon   //关闭水平分割功能
```

然后，仔细观察调试模式下的 RIP 交互消息，并与关闭前的交互过程对比。

提示：参照上述配置，通过“ip split-horizon”命令可重新开启接口的水平分割机制。

观察：关闭水平分割后，从 Serial0/0/0 接口更新的路由信息有什么不同？将答案记录到实验报告中。

? 思考：（1）关闭水平分割功能，是否一定会出现环路？

（2）为什么更新报文不包含从发出接口学习到的路由信息？请在实验报告中给出答案。

✧ **步骤 5：在路由器上查看 RIP**

单击打开 Router2，选择 CLI 选项卡进入命令配置模式；按以下步骤查看路由协议的总体情况，具体如下：

```
Router2>en                          //进入特权模式
Router2#show ip protocols           //查看启用的 IP
Routing Protocol is "rip"           //启用了 RIP
Sending updates every 30 seconds, next due in 18 seconds
Invalid after 180 seconds, hold down 180, flushed after 240
Default version control: send version 1, receive any version
  Interface             Send  Recv   Triggered RIP   Key-chain
  Serial0/1/0           1     2 1
  Serial0/0/0           1     2 1
Routing for Networks:               //通告的直连网络
    192.168.1.0
    192.168.2.0
Passive Interface(s):
Routing Information Sources:        //邻居路由器
    Gateway         Distance      Last Update
    192.168.1.1        120         00:00:02
    192.168.2.2        120         00:00:13
```

观察：将 4 个 RIP 计时器的值和含义记录到实验报告中。

2．任务二：观察 RIP 的路由触发更新过程

✧ **步骤 1：启动 RIP 调试模式**

进入 Realtime 模式。打开 Router2，选择 CLI 选项卡进入命令配置模式；按以下步骤启动 RIP 调试模式。

```
Router2>en                 //进入特权模式
Router2#debug ip rip       //启动调试模式
```

提示：如果在任务一中已启用调试模式，则忽略本步骤。

✧ **步骤 2：产生路由更新信息**

为了便于观察 RIP 的更新机制，我们通过关闭 Router1 的 GigabitEthernet0/0

（简称 Gig0/0 或 g0/0/）接口来产生一个路由更新信息。首先，打开 Router1 的 Config 面板，选择 GigabitEthernet0/0 接口。然后，打开 Router2 的 CLI 界面。将两个对话框并排，以便观察，如图 3-28 所示。单击 Router1 中的 Port Status 复选框，关闭 Router1 的 GigabitEthernet0/0 接口。

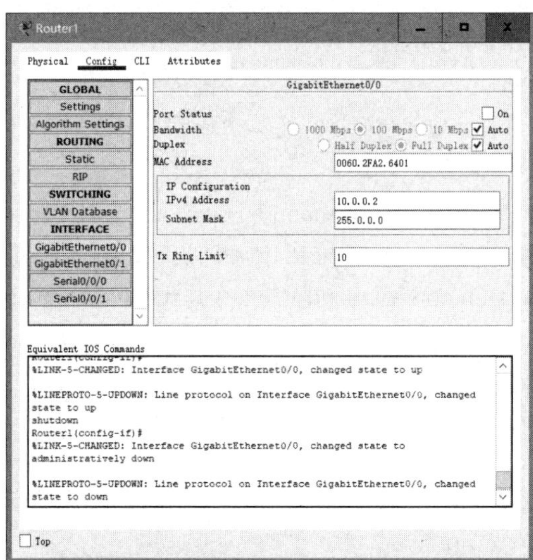

（a）Router1 的 GigabitEthernet0/0 配置界面

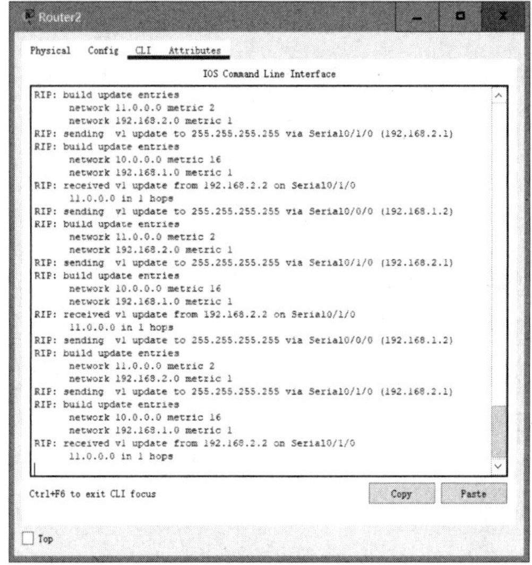

（b）Router2 的 CLI 界面

图 3-28　RIP 的更新观察

✧ **步骤 3：观察 RIP 更新情况**

可以看到，当 Router1 关闭接口后，Router2 立刻收到对方发来的路由更新信息，这就是 RIP 的触发更新机制。具体的调试模式显示如下：

Router2# RIP: received v1 update from 192.168.1.1 on Serial0/0/0 **10.0.0.0** in 16 hops

//从 Serial0/0/0 接口接收到 10.0.0.0 网络不可达信息（16 为不可达）

RIP: sending v1 update to **255.255.255.255** via Serial0/1/0 (192.168.2.1)

RIP: build update entries　//同时通过 Serial0/1/0 接口广播更新信息

network **10.0.0.0** metric 16　　//距离 16 表示不可达

network **192.168.1.0** metric 1

由此也可看出，RIPv1 版本的更新中不包含子网掩码，采用的是广播更新方式，广播地址为 255.255.255.255。

👁 **观察：**（1）在任务二中，Router3 需要几轮触发更新才能获得 10.0.0.0 不可达的信息？将答案记录到实验报告中。

？ 思考：（1）重新开启 Router1 的 GigabitEthernet0/0 接口，尝试在模拟模式下观察该路由信息的更新过程。

（2）收到更新报文后，路由器是如何更新路由表的？

（3）路由器为何采用触发更新，而不是周期更新？请在实验报告中给出答案。

3．任务三：观察 RIPv2 与 RIPv1 更新的区别

✧ **步骤 1：修改 RIP 的版本**

打开每台路由器，选择 CLI 选项卡进入命令配置模式；按以下步骤将 RIP 的版本改为 v2。这里以 Router2 为例，操作命令如下：

```
Router2>en                              //进入特权模式
Router2#conf t                          //进入全局模式
Router2(config)#router rip              //进入 RIP
Router2(config-router)#version 2        //2 表示采用版本 2，1 表示采用版本 1
```

✧ **步骤 2：启动 RIP 调试模式观察 RIPv2 的更新过程**

参照任务二的步骤 1，在特权模式下启动 Router2 的 RIP 调试模式，观察 RIPv2 的更新过程。如果已启用调试模式，则忽略此步骤。可以观察到以下调试信息：

RIP: received v2 update from 192.168.2.2 on Serial0/1/0 **11.0.0.0/8** via

0.0.0.0 in 1 hops

//从邻居 192.168.2.2，Serial0/1/0 接口学习到 11.0.0.0/8 路由

RIP: received v2 update from 192.168.1.1 on Serial0/0/0 **10.0.0.0/8** via 0.0.0.0 in 1 hops

//从邻居 192.168.1.1，Serial0/0/0 接口学习到 10.0.0.0/8 路由

RIP: sending v2 update to **224.0.0.9** via Serial0/1/0 (192.168.2.1)

RIP: build update entries　　//通过 Serial0/1/0 接口组播更新后的路由信息

10.0.0.0/8 via 0.0.0.0, metric 2, tag 0

192.168.1.0/24 via 0.0.0.0, metric 1, tag 0

RIP: sending v2 update to **224.0.0.9** via Serial0/0/0 (192.168.1.2)

RIP: build update entries　　//通过 Serial0/0/0 接口组播更新后的路由信息

11.0.0.0/8 via 0.0.0.0, metric 2, tag 0

192.168.2.0/24 via 0.0.0.0, metric 1, tag 0

👁 **观察：**任务三中 RIPv2 的更新过程与任务二中步骤 3 的 RIPv1 在 IP 地址与信息更新方式中有哪些不同的地方？将答案记录到实验报告中。

3.7 实验七：OSPF 分析

3.7.1 背景知识

1. OSPF

OSPF（Open Shortest Path First，开放式最短路径优先）协议是由 IETF 于 1989 年提出的一种链路状态路由协议，目前常用的版本是 OSPFv2。所谓链路状态是指对接口及与对应链路的度量（如带宽）。其工作原理是，在初始化、链路状态变化或每隔 30min 时，路由器都会生成一个包含自身所有链路状态的通告，并通知给邻居路由器。收到通告后，每个路由器先更新本地链路状态数据库 LSDB（Link Sate DataBase），然后再将更新进一步扩散到其他路由器（洪泛法）。本地 LDBS 收敛后，每个路由器再利用 Dijkstra 算法计算到达其他网络的最短路径。

OSPF 不与邻居节点直接交换路由表，而是与所有其他节点直接交换链路状态，合作发现整个网络的拓扑，具有收敛快、无环问题等优点。此外，OSPF 对跳数没有限制，可以适应大规模的网络，并且支持身份鉴别、可变长度子网掩码和路由汇总等。

2. OSPF 成本

OSPF 建立最短路径是基于路由器的接口成本计算的，一条路由的总成本就是沿途所有出站接口的成本总和，开销最低的路由就是首选路由。接口成本是指接口上发送数据所需的开销指示，即接口成本=10^8/带宽（bit/s）。因此，接口成本与带宽成反比，带宽越高，成本就越低。例如十兆以太网口是 10，百兆网口是 1，千兆网口是 0.1，而 T1 接口是 64。

3. 邻居路由器、指定路由器（DR）和备用指定路由器（BDR）

OSPF 路由器通过发送 Hello 报文来发现邻居路由器。Hello 报文使用 IP 多播定期（默认为 10s）从每个接口向外发送，当路由器发现其自己出现在邻居路由器的 Hello 报文中时，这些路由器就成为邻居（Two-way 状态）路由器。路由器的邻居表会列出所有邻居路由器。

在邻居关系的基础上，路由器会根据网络类型来确定是否可以建立邻接关系（FULL 状态），用于交换链路通告。点对点链路上的邻居路由器自然是邻接关系，但广播链路上的路由器只与指定路由器（DR）建立邻接关系。为了减少信息交换量，OSPF 会在广播链路上指定两个路由器分别作为 DR 和 BDR。DR 和 BDR 的选举通过 Hello 报文完成，优先级在前两位的路由器自动成为该分段的 DR 和 BDR。每个路由器都只与 DR 和 BDR 交换通告，再由 DR 将信息转达给其他路由器。

4. OSPF 封装与分组类型

为了适应网络传输，OSPF 直接使用 IP 数据报传送报文（协议值为 89），并且报文都比较短小。OSPF 规定了 5 种类型的报文，具体含义如表 3-10 所示。

表 3-10 OSPF 报文类型

类型	含义
TYPE=1	Hello 报文，用于发现邻居路由器，并维持邻居关系（每隔 10s 相互问候一次）
TYPE=2	数据库描述报文，即本地 LSDB 的摘要信息
TYPE=3	链路状态请求报文，用于向邻居路由器请求发送默写链路状态的详细信息
TYPE=4	链路状态更新报文，用于发出完整的链路状态通报信息，并洪泛广播
TYPE=5	链路状态确认报文

3.7.2 实验目的

（1）理解 OSPF 路由的建立过程。

（2）理解 OSPF 的 DR/BDR 选举。

（3）理解 OSPF 的开销计算和等效路由。

3.7.3　实验配置说明

本实验对应的实验文件为“3-7 OSPF 分析.pka”。OSPF 分析的实验拓扑如图 3-29 所示，IP 地址配置如表 3-11 所示。补充说明如下：

（1）Router1～Router4 配置了本地回环接口 Loopback0，该接口为虚拟接口，一般用于网络测试。

（2）Router1～Router5 已经启用了 OSPF。

（3）初始时，Router2 关闭了 GigabitEthernet0/0、Serial0/0/1 和 Serial0/1/0 接口，Router4 关闭了 Serial0/0/1 接口，Router5 关闭了 GigabitEthernet0/0 接口。

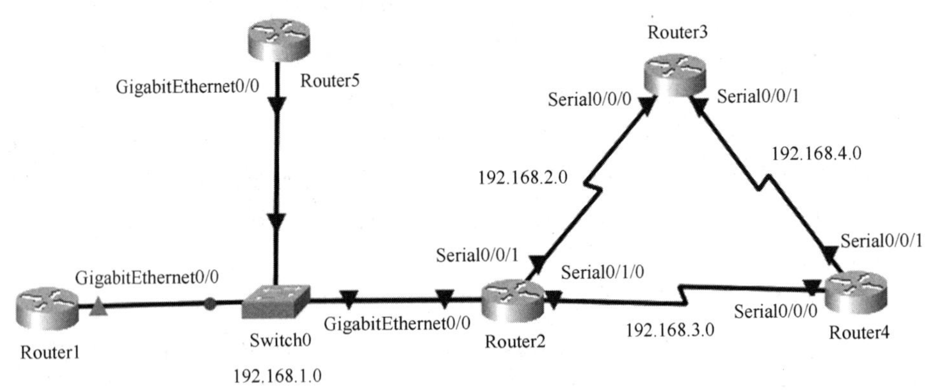

图 3-29　OSPF 分析的实验拓扑

表 3-11　IP 地址配置

设备	接口	IP 地址	掩码
Router1	GigabitEthernet0/0	192.168.1.1	255.255.255.0
	Loopback0	1.1.1.1	255.0.0.0
Router2	GigabitEthernet0/0	192.168.1.2	255.255.255.0
	Serial0/0/1	192.168.2.1	255.255.255.0
	Serial0/1/0	192.168.3.1	255.255.255.0
	Loopback0	2.2.2.2	255.0.0.0
Router3	Serial0/0/0	192.168.2.2	255.255.255.0
	Serial0/0/1	192.168.4.1	255.255.255.0
	Loopback0	3.3.3.3	255.0.0.0

（续表）

设备	接口	IP 地址	掩码
Router4	Serial0/0/0	192.168.3.2	255.255.255.0
	Serial0/0/1	192.168.4.2	255.255.255.0
	Loopback0	4.4.4.4	255.0.0.0
Router5	GigabitEthernet0/0	192.168.1.3	255.255.255.0

3.7.4　实验步骤

1. 任务一：观察点对点网络的 OSPF 路由过程

✧　**步骤 1：观察初始情况**

打开实验文件，单击 Simulate 按钮进入模拟模式。单击 Router2，进入 Config 面板，启用 Serial0/1/0 接口。单击 CLI 进入命令行模式，分别使用以下命令查看 Router2 的路由表、OSPF 链路状态数据库和邻居表。

```
Router2>enable
Router2#show ip route
Router2#show ip ospf database
Router2#show ip ospf neighbor
```

可以发现初始时，Router2 的邻居表为空，数据库只有 2.2.2.2 一条记录，路由表只有直连路由信息。

观察：将上述观察结果截图记录到实验报告中。

✧　**步骤 2：观察 OSPF 邻居关系的建立**

单击 Play 按钮运行模拟实验。此时，可以观察到 Router2 与 Router4 周期性地交互报文。当 Event List 中出现两种颜色的事件记录时，可以单击 Play 按钮暂停实验，以便观察。

提示：在 Event List 中，可以通过颜色区分不同协议的事件。

打开 At Device 为 Router2 的第一条记录，观察 Out Layers 的第三层。再打开 Last Device 为 Router2 且 At Device 为 Router4 的第一条记录，观察 In Layers 的第三层。如图 3-30 所示，Router2 首先以组播地址发送 Hello 报文，当 Router4 收到该 Hello 报文时就知道 Router2 为自己的新邻居，并将其添加到邻居表中。

分别打开 Last Device 与 At Device 分别为 Router4 和 Router2 的第 1 个、第

2 个事件记录，进入 PDU Details 选项卡，对比两个 OSPF 报文的区别。如图 3-31 所示，可以发现，因为 Router4 在初始时并不知道邻居的信息，所以在它发出的 Hello 报文中并没有 neighbor；但在收到 Router2（ID 为 2.2.2.2）的 Hello 报文后就知道 Router2 为邻居，因此再次发出的 Hello 报文中就包含了 Router2 的信息。至此，Router2 和 Router4 完成了邻居关系的建立。

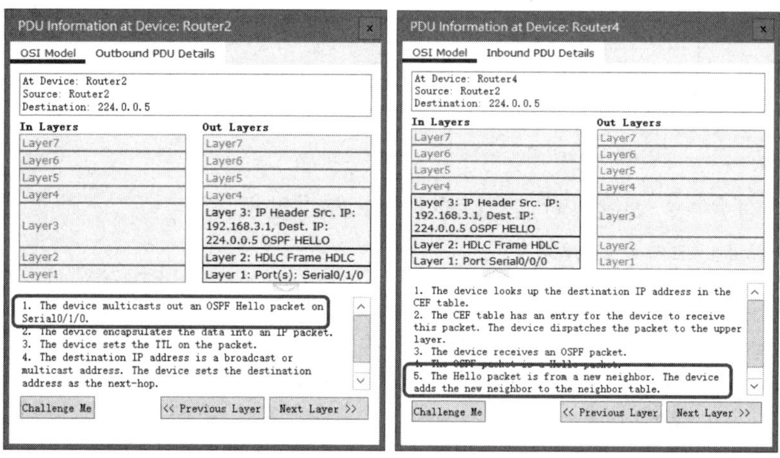

（a）Router2 的第一条 PDU 信息　　（b）Router4 的第五条 PDU 信息

图 3-30　邻居关系的建立过程

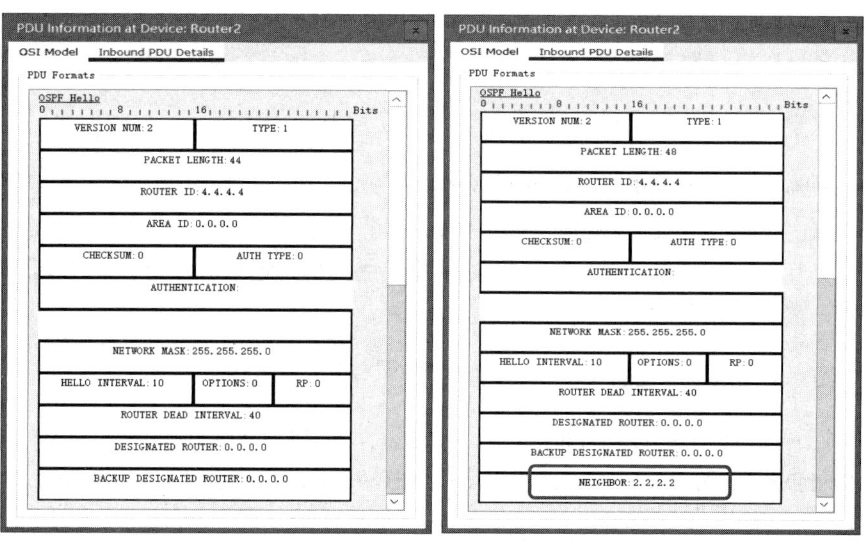

（a）Router4 初始发送的 PDU 信息　　（b）Router4 再次发送的 PDU 信息

图 3-31　Hello 报文的变化

再次单击 Router2，进入命令行模式。参照步骤 1，在特权模式下使用“show ip ospf neighbor”命令查看邻居表。此时，可以看到邻居表中已经有 4.4.4.4 记录。

👁 **观察：**将 Router2 的邻居表截图记录到实验报告中。

✧ **步骤 3：观察 OSPF 报文的封装格式**

打开任意一条 Hello 报文（第一种颜色记录），选择 OSI Model 和 PDU Details 选项卡，认真观察 OSPF 报文的封装格式。可以发现，OSPF 报文直接采用 IP 数据报封装。

👁 **观察：**将上述报文观察截图记录到实验报告中，并说明 Hello 报文的类型（Type），目的 IP 地址及协议字段。

✧ **步骤 4：观察 OSPF 的数据库同步及链路状态交换过程**

单击 Play 按钮继续 OSPF 实验，可以看到 OSPF 继续与邻居交互，并且在 Event List 区域中出现多种颜色的事件记录。依次打开不同颜色的第一个记录，观察该数据包在 OSPF 交互过程中的作用。

如图 3-32（a）所示，OSPF 首先进行 DD 包交互，实现区域内所有路由的数据库同步；然后，Router2 和 Router4 之间会出现 LSA 包的交互，Router2 对新的链路状态信息进行请求，并根据收到的 LSU 包进行更新，如图 3-32（b）与图 3-32（c）所示；最后，Router2 向 Router4 发出 LSack 包进行更新确认，如图 3-32（d）所示。

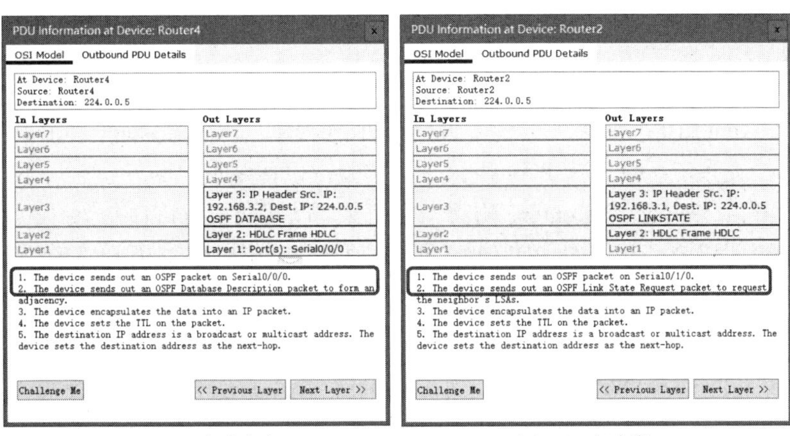

（a）DD 包的内容　　　　（b）LSR 包内容

图 3-32　OSPF 交互过程的 PDU 内容

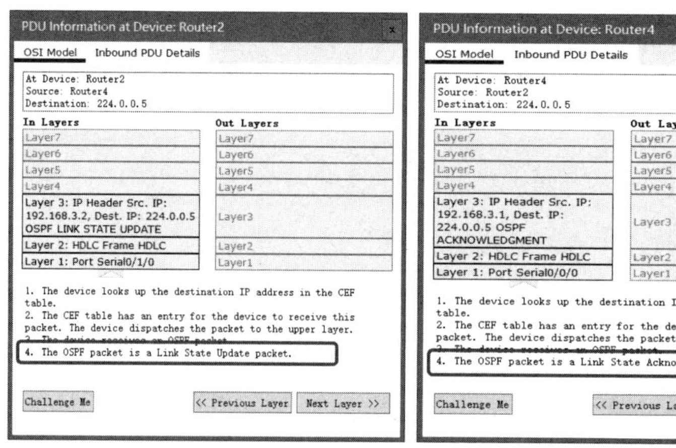

（c）LSU 包的内容　　　　（d）LSack 包的内容

图 3-32　OSPF 交互过程的 PDU 内容（续）

👁 **观察：** OSPF 的交互过程中共出现多少种颜色的事件，请从中分别选取一个报文，截图记录 PDU Details 并说明其类型，将结果记录到实验报告中。

2．任务二：观察多播网络的 OSPF 路由过程

✧ 步骤 1：观察双路由器间的 DR/BDR 选举

单击 Delete 按钮，删除事件列表。单击 Router2，在 Config 面板上关闭 Serial0/1/0 接口，并打开 GigabitEthernet0/0 接口。单击 Play 按钮启动模拟实验，观察 Router1 和 Router2 间的交互。

提示： 交换机接口大约需要 30s 的模拟时间才能就绪（接口指示灯变为绿色），在这段时间内，Router1 和 Router2 的任何交互均会失败，因此需要等待一段时间。

当 Event List 区域出现其他颜色的事件记录时，表明 Router1 和 Router2 已建立邻接关系，可以单击 Play 按钮暂停实验，以便观察。

打开 At Device 为 Router1 的第一个记录，以及交换机接口变为绿色后的任意一个事件记录，并进入 PDU Details 选项卡。如图 3-33 所示，可以观察到 DESIGNATED ROUTER 与 BACKUP DESIGNATED ROUTER 由原来的 0.0.0.0 分别变为 192.168.1.2 和 192.168.1.1。这说明，Router1 和 Router2 通过 Hello 交互完成了 DR/BDR 的选举。

提示： 如果无法观察到 BACKUP DESIGNATED ROUTER 改为 192.168.1.1，则继续模拟实验直至事件中重新出现 Hello 报文（第一种颜色的报文），再观察该报文的 PDU Details。

参考任务一的步骤 1，使用命令“show ip ospf neighbor”，分别观察 Router1 和 Router2 的邻居表。

👁 **观察：**将上述邻居表截图记录到实验报告中，并说明 DR 和 BDR 分别是哪个路由器。

？ 思考：为什么 Router1 与 Router2 需要选举 DR 和 BDR，而 Router2 和 Router4 之间不需要？请在实验报告中给出答案。

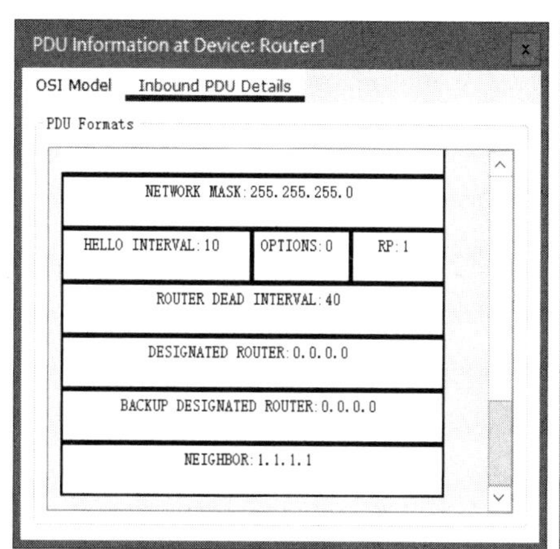

（a）选举前的 PDU

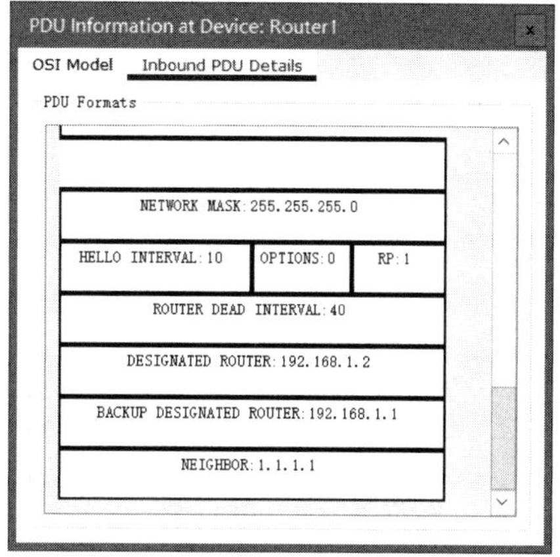

（b）选举后 PDU

图 3-33　DR/BDR 选举前后的 PUD 对比

✧　**步骤 2：观察多个路由器间的 DR/BDR 选举**

单击 Router2，在 Config 面板上关闭并重新打开 GigabitEthernet0/0 接口；再单击 Router5，在 Config 面板上打开 GigabitEthernet0/0 接口。然后，在模拟模式和实时模式间切换多次，直至交换机所有接口的指示灯均变绿色。

参考任务一的步骤 1，使用命令“show ip ospf neighbor”，观察 Router1、Router2、Router5 之间 DR 和 BDR 的选举结果。

👁 **观察：**请说明各路由器的角色（DR、BDR 或 DROTHER），并记录到实验报告中。

3．任务三：OSPF 的路由成本

✧　**步骤 1：观察 OSPF 的路由开销**

分别启用 Router2 的 Serial0/0/1 接口和 Router4 的 Serial0/0/1 接口。在模拟模式和实时模式之间切换 5 次。然后使用 Inspect 工具观察 Router2 的路由表，

如图 3-34 所示。

Routing Table for Router2

Type	Network	Port	Next Hop IP	Metric
O	4.4.4.4/32	Serial0/0/1	192.168.2.2	110/129
C	192.168.2.0/24	Serial0/0/1	---	0/0
L	192.168.2.1/32	Serial0/0/1	---	0/0
O	192.168.4.0/24	Serial0/0/1	192.168.2.2	110/128

图 3-34　Router2 的路由表

由此可知，到达网络 192.168.4.0 的路由信息来自 OSPF，其开销为 128。再按以下步骤进行验证。

✧　**步骤 2：验证路由开销**

分别进入 Router2 和 Router3 的命令行模式，按照以下命令查看相应接口的带宽。

```
Router2>enable
Router2#show int s0/0/1
Serial0/0/1 is up, line protocol is up (connected)
Hardware is HD64570
Internet address is 192.168.2.1/24
MTU 1500 bytes, BW 1544 Kbit, DLY 20000 usec,
reliability 255/255, txload 1/255, rxload 1/255

Router3>enable
Router3#show int s0/0/1
Serial0/0/1 is is up, line protocol is up (connected)
Hardware is HD64570
Internet address is 192.168.4.1/24
MTU 1500 bytes, BW 1544 Kbit, DLY 20000 usec,
reliability 255/255, txload 1/255, rxload 1/255
```

再根据公式：接口成本=10^8/带宽（bit/s），可以计算 Router2 的 Serial0/0/1 和 Router3 的 Serial0/0/1 接口成本均为 64，因此 Router2 到达 192.168.4.0 的路由总成本为 64+64=128。

👁 **观察：** 同理验证 Router3 到达 192.168.1.0 的路由成本，并将计算过程记录到实验报告中。

✧ **步骤 3：观察等价路由**

启用 Router2 的 Serial0/1/0 接口，并在模拟模式和实时模式之间切换 5 次。然后使用 Inspect 工具观察 Router2 的路由表。

可以观察到，Router2 到 192.168.4.0 有两条路径，并且两条路径的路由成本相同，这两条路径为等价路由。通过观察拓扑也可以验证。

? 思考： 比较两条路径的路由成本，思考为什么会出现这样的结果，请在实验报告中给出答案。

3.8　实验八：NAT 与 VPN 技术分析

3.8.1　背景知识

1．私有 IP 地址

为了解决地址枯竭问题，IETF 于 1994 年推出私有 IP 地址方案。该方案将 IP 地址分为全局地址和私有地址两类。Internet 规定核心路由器不转发私有地址的 IP 数据报，这样就能隔离局域网和 Internet。因此，任何局域网都可以自由使用私有地址，也不会发生地址冲突。这种重叠使用私有地址的机制可以大大减少全局地址的消耗，缓解了全球 IP 地址枯竭的问题。RFC1918 定义了三类私有 IP 地址的范围：10.0.0.0～10.255.255.255（A 类）、172.16.0.0～172.31.255.255（B 类）、192.168.0.0～192.168.255.255（C 类）。

但是，使用私有地址的网络无法直接与外网通信，因此需要引入 NAT 和 VPN 技术；前者用于解决主机访问 Internet 的问题，而后者用于解决远程局域网互联的问题。

2．NAT

NAT（Network Address Translation，网络地址转换），是一种把私有地址转换为全局地址的技术，用于解决内部主机访问 Internet 的问题，被很多国家广泛使用。NAT 软件一般装在网关路由器上，当内部主机访问 Internet 时，路由器会将转发 IP 数据报中的私有源地址转换成合法的全局地址。这种通过共享全局地址的方式可以有效缓解地址空间枯竭的问题。

NAT 的实现技术包含静态 NAT、动态 NAT 和 PAT（Port Address Translation，端口地址转换）。静态 NAT 采用一对一绑定的方式将私有地址转换为全局地址，因此外网也可以通过全局地址访问绑定的内部主机。动态 NAT 采用共享方式将私有地址转换为全局地址，路由器将多个全局地址定义成一个地址池，然后内部主机按需进行地址转换。当 ISP 提供的合法 IP 地址略少于内部主机数量时，可以采用动态方式。PAT 是 NAT 最常用的方式，它是通过区分运输层端口来复用某个全局地址，因此只要一个全局地址就能支持所有内部主机访问外网。PAT 能最大限度地节约 IP 地址资源，同时又隐藏内部主机，提高安全性。

3．VPN

VPN（Virtual Private Network，虚拟专用网络）是一种利用公网远程连接内网的通信技术，也称虚拟专线。跨越在多个地理区域上的机构经常有远程访问自己内网的需求，如果采用物理专线来连接这些远程内网，则耗资巨大且维护困难。VPN 通过公共的 Internet 来连接两个远程内网，并使用加密的 IP 隧道技术来实现地址转换、数据保密和身份认证等功能，从而大大降低了通信成本。所谓隧道技术是指将 IP 数据报封装成新 IP 数据报再转发的通信技术。新报头使用全局地址，因此能够携带使用私有地址的原 IP 数据报透过公网进行传递。到达目标网络后，VPN 网关再取出原 IP 数据报转发给目的主机。

3.8.2 实验目的

（1）理解 VPN 的基本工作原理。

（2）理解 NAT 的工作原理。

3.8.3 实验配置说明

本实验对应的实验文件为“3-8 NAT 与 VPN 技术分析.pka”。VPN 与 NAT 技术分析的实验拓扑如图 3-35 所示。其中，Router0 用于模拟 Internet；企业总部和分支的局域网都使用私有 IP 地址；Router1 为企业总部网络提供 NAT 服务；Router2 和 Router1 间已建立 VPN 连接，实现企业总部和分支的相互连接。

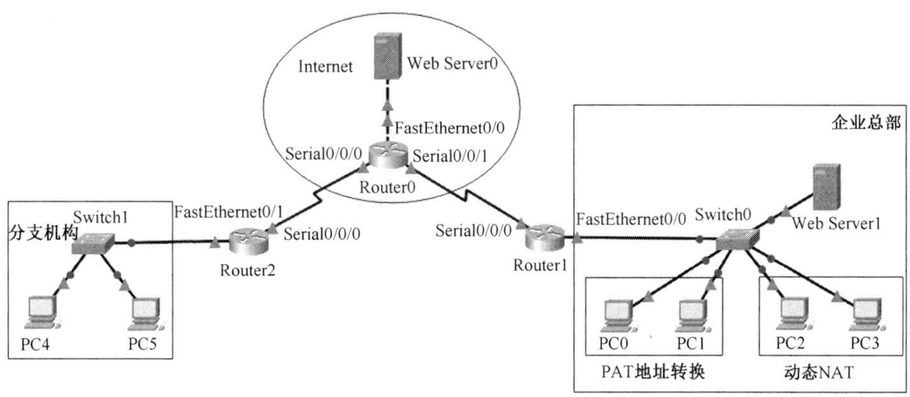

图 3-35　VPN 与 NAT 技术分析的实验拓扑

IP 地址配置如表 3-12 所示。

表 3-12　IP 地址配置

设备	接口	IP 地址	掩码	默认网关
PC0	FastEthernet0	192.168.1.1	255.255.255.0	192.168.1.254
PC1	FastEthernet0	192.168.1.2	255.255.255.240	192.168.1.254
PC2	FastEthernet0	192.168.1.225	255.255.255.240	192.168.1.254
PC3	FastEthernet0	192.168.1.226	255.255.255.240	192.168.1.254
Web Server1	FastEthernet0	192.168.1.4	255.255.255.0	192.168.1.254
PC4	FastEthernet0	192.168.2.1	255.255.255.0	192.168.2.254
PC5	FastEthernet0	192.168.2.2	255.255.255.0	192.168.2.254
Router1	FastEthernet0/0	192.168.1.254	255.255.255.0	—
	Serial0/0/0	158.22.130.34	255.255.0.0	—
Router2	Serial0/0/0	158.22.120.168	255.255.0.0	—
	FastEthernet0/0	61.159.62.12	255.0.0.0	—
Web Server0	FastEthernet0	61.159.62.134	255.0.0.0	61.159.62.12

NAT 规划如表 3-13 所示。

表 3-13　NAT 规划

内部主机	全局地址	NAT 技术
PC0 和 PC1	158.22.130.34	PAT
PC2 和 PC3	158.22.130.36～158.22.130.40	动态 NAT
Web Server1	158.22.130.35	静态 NAT

3.8.4 实验步骤

1. 任务一：观察学习 NAT 的工作原理

✧ **步骤 1：观察 PAT 的工作原理**

选择 Simulation 模式；单击 PC0，在 Desktop 中打开 Web Browser，输入 http://61.159.62.134 访问 Web Server0。单击 Play 按钮启动实验，此时通过观察 PC0 访问 Web Server0 的通信过程，学习 PAT 的工作原理。

打开 Event List 中 At Device 为 Router1 的第一个记录，对比 Inbound PDU Details 和 Outbound PDU Details 的报文内容，如图 3-36 所示。可以发现经 Router1 转出后，IP 数据报的源 IP 从 192.168.1.1 转换成 158.22.130.34，而目标地址没有变化。再打开 At Device 为 Router1 的第二个记录，同样对比 Inbound PDU Details 和 Outbound PDU Details 的报文内容。可以观察到，返回 IP 数据报的目标地址从 158.22.130.34 恢复为原来的 192.168.1.1。

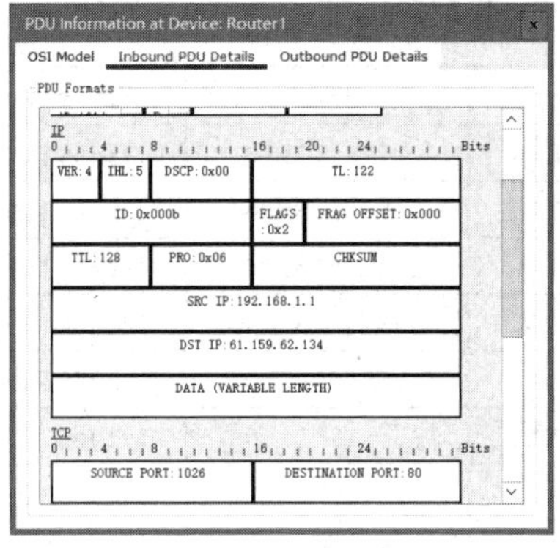

（a）地址转换前的 PDU

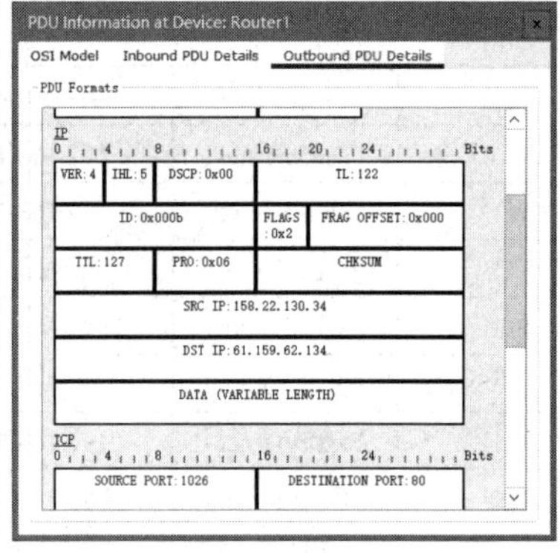

（b）地址转换后的 PDU

图 3-36　PAT 工作原理

参照上述步骤，先观察 PC1 访问 Web Server0 的地址转换过程。然后使用检查工具（Inspect）打开 Router1 的 NAT 地址转换表（NAT Table），观察两次访问的地址转换情况，如图 3-37 所示。我们可以发现，虽然两次访问都使用相同的全局地址，但路由器仍然可以依据内部全局地址（Inside Global）中不同的源端口区分不同的连接。

提示：（1）由于内部全局地址的源端口是动态分配，因此每次实验观察会有所差异。

（2）当模拟器缓存区满时，如果是新实验则清除事件记录，否则选择 view previous events。

NAT Table for Router1

Protocol	Inside Global	Inside Local	Outside Local	Outside Global
---	158.22.130.35	192.168.1.4	---	---
tcp	158.22.130.34:1025	192.168.1.1:1025	61.159.62.134:80	61.159.62.134:80
tcp	158.22.130.34:1024	192.168.1.2:1025	61.159.62.134:80	61.159.62.134:80

图 3-37　PAT 地址转换表

观察：参照步骤 1，将 PC1 访问 Internet 的地址转换信息截图，记录到实验报告中。

? 思考：PAT 技术最多可以容纳多少个主机？请在实验报告中给出答案。

✧ **步骤 2：观察动态 NAT 的工作原理**

单击 Reset Simulation 按钮重置实验；单击 PC2，在 Desktop 中打开 Web Browser，输入 http://61.159.62.134 访问 Web Server0；单击 Play 按钮启动实验，此时通过观察 PC2 访问 Web Server0 的通信过程，学习动态 NAT 的工作原理。

打开 Event List 中 At Device 为 Router1 的第一个记录，对比 Inbound PDU Details 和 Outbound PDU Details 的报文内容，如图 3-38（a）所示。可以发现经 Router1 转出后，IP 数据报的源 IP 从 192.168.1.225 转换成 158.22.130.37，而目标地址没有变化。参照上述步骤，观察 PC3 访问 Web Server0 的地址转换过程，如图 3-38（b）所示。可以发现源 IP 地址 192.168.1.226 被转换成 158.22.130.36。使用检查工具（Inspect）打开 Router1 的 NAT 地址转换表，观察两次访问的地址转换情况，如图 3-39 所示。可以发现两次访问使用了不同的全局地址。

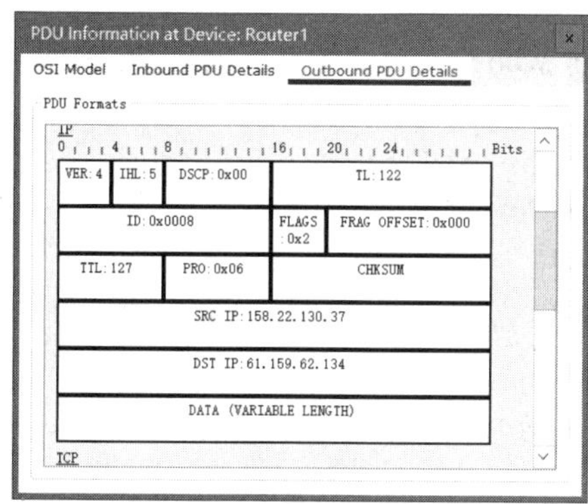

（a）PC2 的访问

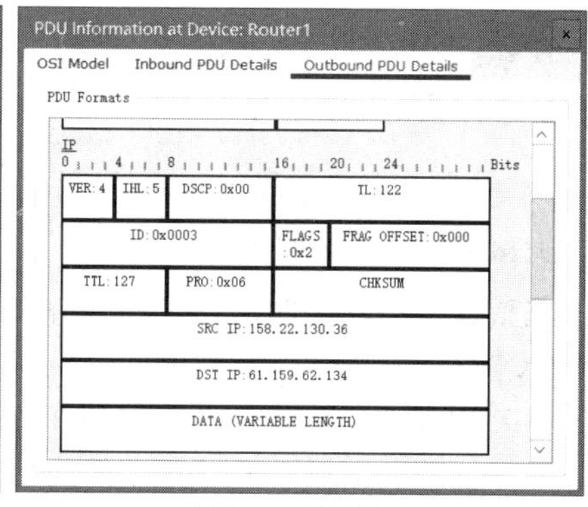

（b）PC3 的访问

图 3-38　动态 NAT 工作原理

NAT Table for Router1

Protocol	Inside Global	Inside Local	Outside Local	Outside Global
tcp	158.22.130.34:1025	192.168.1.2:1025	61.159.62.134···	61.159.62.134:80
tcp	158.22.130.34:1026	192.168.1.2:1026	61.159.62.134···	61.159.62.134:80
tcp	158.22.130.37:1025	192.168.1.225:1025	61.159.62.134···	61.159.62.134:80
tcp	158.22.130.37:1026	192.168.1.225:1026	61.159.62.134···	61.159.62.134:80
tcp	158.22.130.36:1025	192.168.1.226:1025	61.159.62.134···	61.159.62.134:80

图 3-39　动态 NAT 地址转换表

👁 **观察**：将 Web Server0→PC2 的地址转换情况截图，并记录到实验报告中。

? **思考**：与 PAT 相比，动态 NAT 存在哪些局限？请在实验报告中给出答案。

✧ **步骤 3：观察静态 NAT 工作原理**

单击 Reset Simulation 按钮重置实验。单击 Web Server1（此时充当普通主机），在 Desktop 中打开 Web Browser，输入 http://61.159.62.134，访问 Web Server0。单击 Play 按钮启动实验，此时可以观察到内部主机 Web Server1 访问外部服务器 Web Server0 的通信过程。认真观察 Router1 的转发情况，注意对比 Inbound PDU Details 和 Outbound PDU Details 的信息，可以发现源地址 192.168.1.4 被固定转换为全局地址 158.22.130.35。

单击 Reset Simulation 按钮重置实验；单击 Web Server0（充当主机），在 Desktop 中打开 Web Browser，输入 http:// 158.22.130.35。然后单击 Play 按钮启动实验，观察 Router1 的转发情况。可以发现，由于采用静态绑定方式，IP 数据报的目标地址 158.22.130.35 被固定转换为 192.168.1.4。这说明外部主机可以通过相应的全局地址访问内部服务器，这也是静态 NAT 的优点。

👁 **观察**：将 Router1 中 Web Server0 访问 Web Server1 的出入 PDU 及 NAT 地址转换表，截屏并记录到实验报告中。

2．任务二：观察学习 VPN 工作原理

✧ **步骤 1：初始化模拟**

重新打开实验文件，并在 Simulation 和 Realtime 模式间切换多次，以初始化 VPN 连接。

进入 Simulation 模式，单击 Add Simple PDU，从 PC0 向 PC5 发送一个 IP 数据报，单击 Play 按钮启动模拟实验。

🔊 **提示**：由于 VPN 的建立需要一定的时间，若数据报发送失败，则单击 Delete

按钮删除当前场景，并重新尝试直至发送成功。

✧ **步骤 2：观察 VPN 的隧道技术**

打开 Event List 中 At Device 为 Router1 的事件，并观察 Inbound PDU Details 和 Outbound PDU Details 的区别，如图 3-40 所示。

可以发现，Inbound PDU 中源目 IP 地址分别为 192.168.1.1（PC0 的 IP 地址）和 192.168.2.2（PC5 的 IP 地址），而 Outbound PDU 中源目 IP 地址已经更改为 158.22.130.34（Router1 的 Serial0/0/0 的 IP 地址）和 158.22.120.168（Router2 的 Serial0/0/0 的 IP 地址），并且原 IP 数据报已经被重新封装在新的 IP 数据报中，这就是隧道技术的工作原理。

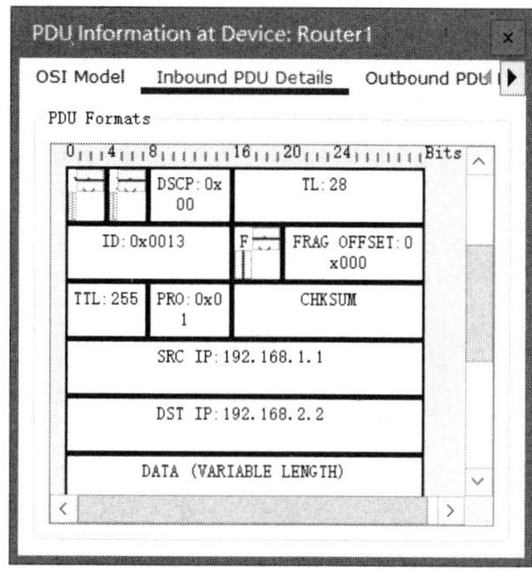

（a）地址转换前的 PDU

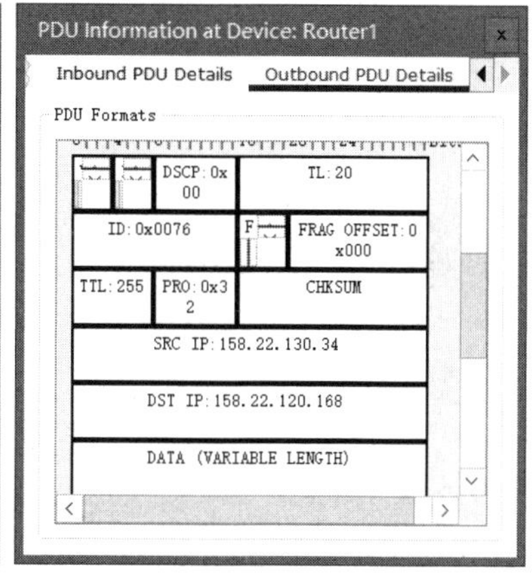

（b）地址转换后的 PDU

图 3-40 PC0→PC5 的地址转换方式

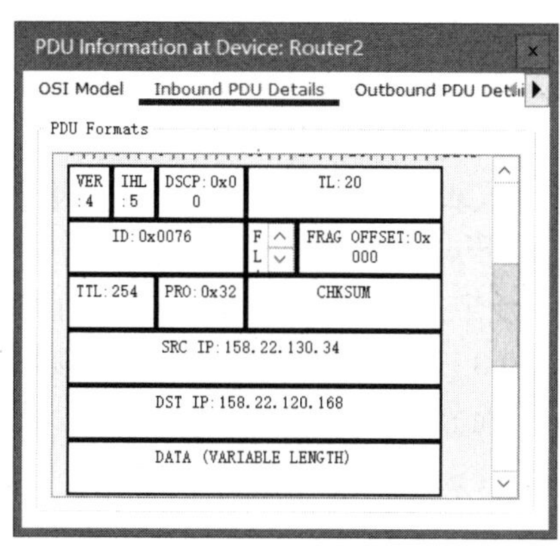

（a）地址转换前的 PDU

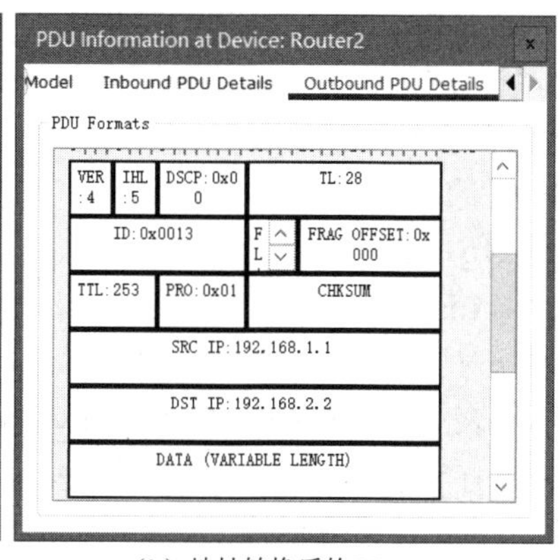

（b）地址转换后的 PDU

图 3-41 PC5→PC0 的 VPN 转换方式

在 Event List 窗口中找到 At Device 为 Router2 的事件。观察 Inbound PDU Details 和 Outbound PDU Details 的区别，如图 3-41 所示。

可以发现在 Inbound PDU 中，PDU 的源目 IP 地址为 158.22.130.34（Router1 的 Serial0/0/0 的 IP 地址）和 158.22.120.168（Router2 的 Serial0/0/0 的 IP 地址）。而在 Outbound PDU 中，源目 IP 地址已经更改为 192.168.1.1（PC0 的 IP 地址）和 192.168.2.2（PC5 的 IP 地址），这说明 PC0 发送的 IP 数据报被 Router2 重新解封出来。

观察： 参照步骤 1 和 2，实现 PC5→PC0 的 VPN 访问，并将 Router1 和 Router2 对源 IP 地址转换的网页截屏记录到实验报告中。

? 思考： 总部网络和分支网络的 IP 地址能否编在同一段？请在实验报告中给出答案。

3.9 实验九：IPv6 分析

3.9.1 背景知识

1．什么是 IPv6

IPv6（Internet Protocol Version 6，Internet 协议第 6 版）是 IETF 在 1998 年年底制定的草案，旨在取代 IPv4。与 IPv4 相比，首先，IPv6 地址长度由 32 位增加到 128 位，可支持数量更多的节点、更多级的地址层次和较为简单的地址自动配置；其次，IPv6 取消了 IPv4 中首部的某些字段，以减少 IP 数据报（也称包或分组）的处理开销和首部的带宽开销。

2．IPv6 地址格式

IPv6 的地址长度为 128 位。以文本方式表示的 IPv6 地址的规范表示形式为：每 16 位的值用一个十六进制值表示，各值之间用冒号分隔，例如 68E6:8C64:FFFF:FFFF:0:1180:960A:FFFF。允许采用零压缩，即一连串连续的零可以用一对冒号取代。例如，FF05:0:0:0:0:0:0:B3 可以写成 FF05::B3。该规范还包括前缀表达法，这种方法是由 IPv4 继承而来的，即一个常规的 IPv6 地址后跟一个斜杠和位数。例如，下面的表达式：FEDC:BA98:7600: :/40。

3．IPv6 数据报结构

IPv6 数据报的整体结构分为基本首部、扩展首部和数据等三个部分。IPv6

基本首部固定为 40 字节。与 IPv4 相比，IPv6 的基本首部的字段数减少到 8 个，取消了不必要的功能（如首部的校验和字段），加快了数据报的处理速度。在基本首部的后面允许有 0 个或多个扩展首部。IPv6 通过扩展报头实现各种丰富的功能。所有的扩展首部和数据合起来称为数据报的有效载荷或净负荷。IPv6 数据报的基本首部中各字段的含义如图 3-42 所示。

4. NDP

NDP（Neighbor Discovery Protocol，邻居发现协议）是 IPv6 的一个关键协议，它取代了 IPv4 中的 ARP、ICMP 路由发现和 ICMP 重定向等协议。作为 IPv6 的基础性协议，NDP 还提供了前缀发现、邻居不可达检测、重复地址监测、地址自动配置等功能。

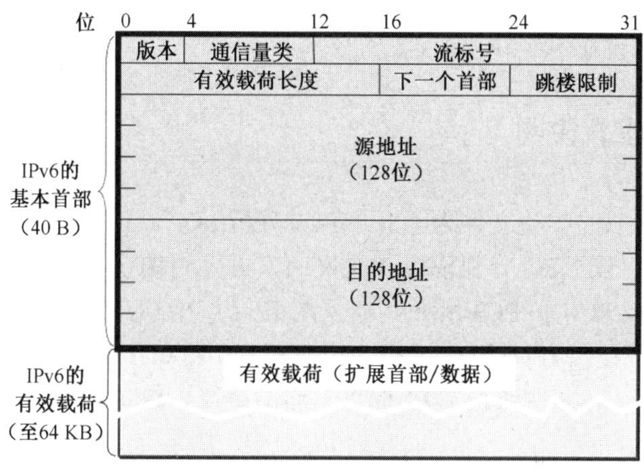

图 3-42　IPv6 数据报的基本首部中各字段的含义

NDP 查找邻居 MAC 地址的工作过程如下：当节点 A 要获知节点 B 的 MAC 地址时，首先以组播的方式发送一个类型为 135 的 ICMPv6 消息（邻居请求）到本地链路。侦听本地链路上多播地址的节点 B 获取到该邻居请求消息后，发送一个邻居公告作为应答（类型为 136 的 ICMPv6 消息），至此，节点 A 和 B 都知道了对方的 MAC 地址。一个节点改变它的链路层地址也可以用多播地址 FF02::1 发送邻居公告，通知本地链路上的其他节点。

5. 从 IPv4 向 IPv6 过渡

IPv4 和 IPv6 将长期共存，因此 IPv6 提供了许多过渡技术来实现与 IPv4 互联。其中，最基本的过渡技术包括双协议栈和 IPv6-over-IPv4 隧道技术。双协议栈是指节点同时安装 IPv4 和 IPv6 两种协议，要求每个双协议栈接口都拥有一个 IPv4 地址和一个 IPv6 地址。双协议栈机制实现容易，现有的网络设备均能支持。但是，双协议栈需要网络设备同时维护 IPv4 和 IPv6 两个路由表，并运行相应的路由算法。IPv6-over-IPv4 隧道是指在起点路由器将 IPv6 数据报封装在一个 IPv4 数据报里，然后通过 IPV4 网络传输，直到终点路由器再将 IPv6 数据报解析出来。IPv6 数据报在 IPV4 隧道中传输时，原始的端到端 IPv6 数据报信息保持不变，只是在原始 IPV6 数据报前加上一个包含隧道起止端点 IPv4 地址的数据报头。隧道两端的路由设备必须同时支持 IPv4 和 IPv6。

3.9.2 实验目的

（1）了解 IPv6 数据报格式及关键字段的含义。
（2）了解 IPv6 编址方案。
（3）掌握从 IPv4 向 IPv6 过渡的技术。

3.9.3 实验配置说明

本实验对应的实验文件为“3-9 IPv6 分析.pka”。IPv6 分析的实验拓扑如图 3-43 所示。5 台 PC 分别模拟 4 个网络，并通过路由器组成一个 IPv4/IPv6 互联网。其中，PC0 和 PC3 所在网络采用 IPv6；PC2 所在网络采用 IPv4；PC1 所在网络采用 IPv4/IPv6 双协议栈。Router1 和 Router3 之间已建立一条 IPv4 隧道 Tunnel0。IPv4 网络已启用 RIPv1 路由协议，IPv6 网络已启用 RIPng 路由协议。

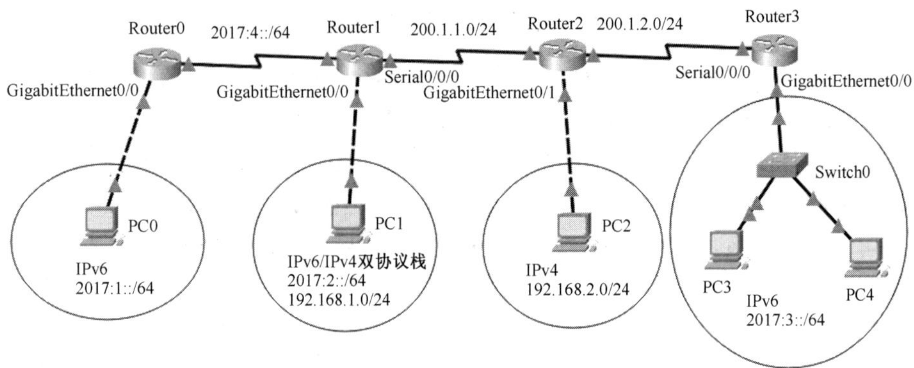

图 3-43　IPv6 分析的实验拓扑

表 3-14 IPv6 分析的地址配置

设备	接口	IP 地址	掩码	默认网关
PC0	以太网口	2017:1::2	/64	2017:1::1
PC1	以太网口	2017:2::2	/64	2017:2::1
		192.168.1.1	255.255.255.0	192.168.1.254
PC2	以太网口	192.168.2.1	255.255.255.0	192.168.2.254
PC3	以太网口	2017:3::2	/64	2017:3::1
PC4	以太网口	2017:3::3	/64	2017:3::1
Router0	GigabitEthernet0/0	2017:1::1	/64	—
	Serial0/0/0	2017:4::1	/64	—
Router1	GigabitEthernet0/0	192.168.1.254	255.255.255.0	—
	Serial0/0/0	2017:4::2	/64	—
	Serial0/0/1	200.1.1.1	255.255.255.0	—
	Tunnel0	2017:5::1	/64	—
Router2	GigabitEthernet0/0	192.168.2.254	255.255.255.0	—
	Serial0/0/0	200.1.1.2	255.255.255.0	—
	Serial0/0/1	200.1.2.1	255.255.255.0	—
Router3	GigabitEthernet0/0	2017:3::1	/64	—
	Serial0/0/0	200.1.2.2	255.255.255.0	—
	Tunnel0	2017:5::2	/64	—

3.9.4 实验步骤

1. 任务一：观察 IPv6 的直接投递和报文格式

在本任务中，将观察 IPv6 的本地直接投递过程，包括邻居 MAC 地址的发现及 IPv6 数据报封装。

✧ **步骤 1：捕获并观察数据报的直接投递**

打开实验文件，在交换机指示灯由橙色变为绿色后，进入 Simulation 模式。单击 Play 按钮运行模拟，此时，PC3 将向 PC4 发送一个携带 ICMPv6 报文的 IPv6 数据报。观察数据报的转发过程，并捕获事件和数据报。

✧ **步骤 2：捕获并观察 NDP 工作过程**

PC3 向 PC4 发送数据报前会启动 NDP 查找 PC4 的 MAC 地址，其功能等同于 ARP。在 Simulation 面板的 Event List 区域中，打开 Type 和 At Device 分别为 NDP 和 PC3 的第一个记录，单击 Outbound PDU Details 选项卡，查看 NDP

报文的详细信息：PC3 首先发送一个类型为 135（TYPE: 0x87）的 ICMPv6 消息（邻居请求）到本地链路。这个帧的目的 MAC 为 3333.FF00.0003，是 IPv6 目的地址 FF02::1:FF00:3（即 2017:1::3）的多播映射。

👁 **观察**：将上述 PC3 发送的 NDP 邻居请求报文的格式截图记录到实验报告中。

打开 Type 和 At Device 分别为 NDP 和 PC4 的第一个记录，单击 Outbound PDU Details 选项卡，查看 NDP 报文的详细信息：PC4 收到这个邻居请求消息后应答一个类型为 136 的 ICMPv6 消息（邻居公告，TYPE: 0x88），可以看到目的 MAC 和目的 IP 已经变为 PC3。至此，PC3 和 PC4 都知道了对方的 MAC 地址。该过程可以归纳为“组播查询—单播回应”。

👁 **观察**：将上述 PC4 发送的 NDP 邻居公告报文的格式截图记录到实验报告中。

✧ **步骤 3：观察 IPv6 数据报格式**

单击 Simulation 面板中 Type=ICMPv6 的数据报，进一步查看 IPv6 数据报的详细信息，并与 IPv4 数据报进行对比，注意查看版本、源目地址和跳数等字段。

👁 **观察**：IPv6 与 IPv4 数据报对比有哪些不同，将结果记录到实验报告中。

？ 思考：IPv6 取消了首部校验和，这样做的优缺点是什么？请在实验报告中给出答案。

2．任务二：观察 IPv6/IPv4 双协议栈工作过程

✧ **步骤 1：测试双协议栈的连通情况**

单击 Realtime 选项卡进入实时实验模式。在 PC1 的命令行中输入 ping 192.168.2.1（PC2，IPv4 网络），成功连通！再输入 ping 2017:1::2（PC0，IPv6 网络），成功连通！由此可见，通过配置双协议栈，可以方便地实现 IPv4 和 IPv6 网络的互联互通。

👁 **观察**：分别将成功 ping 通 PC2 和 PC0 的结果截图记录到实验报告中。

✧ **步骤 2：观察双协议栈配置**

使用工具栏的 Inspect 工具分别打开 PC1 和 R1（Router1）的端口状态表，如图 3-44 所示，可以观察到，PC1、R1 的 GigabitEthernet0/0 接口都拥有一个 IPv6 地址和一个 IPv4 地址。

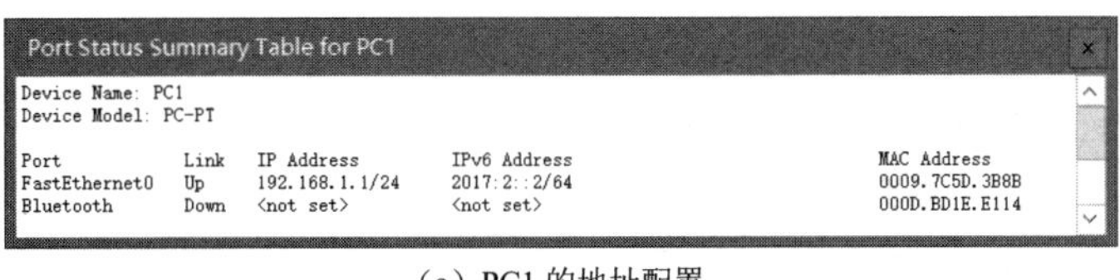

Port Status Summary Table for PC1

Device Name: PC1
Device Model: PC-PT

Port	Link	IP Address	IPv6 Address	MAC Address
FastEthernet0	Up	192.168.1.1/24	2017:2::2/64	0009.7C5D.3B8B
Bluetooth	Down	<not set>	<not set>	000D.BD1E.E114

（a）PC1 的地址配置

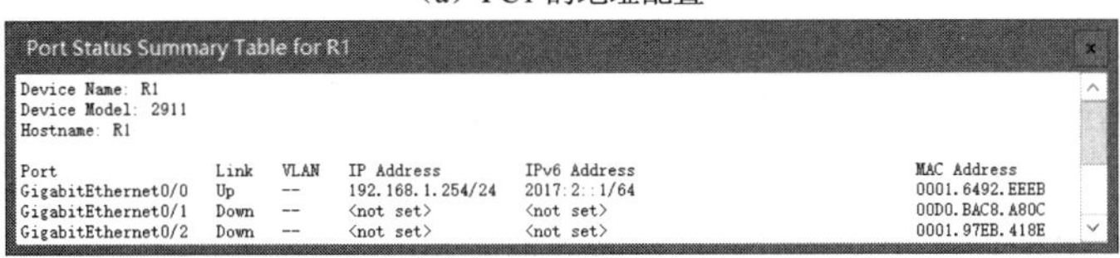

Port Status Summary Table for R1

Device Name: R1
Device Model: 2911
Hostname: R1

Port	Link	VLAN	IP Address	IPv6 Address	MAC Address
GigabitEthernet0/0	Up	--	192.168.1.254/24	2017:2::1/64	0001.6492.EEEB
GigabitEthernet0/1	Down	--	<not set>	<not set>	00D0.BAC8.A80C
GigabitEthernet0/2	Down	--	<not set>	<not set>	0001.97EB.418E

（b）R1 的 GigabitEthernet0/0 口地址配置

图 3-44　双协议栈地址配置

✧ 步骤 3：观察 R1 的路由表

打开 R1，选择 CLI 选项卡进入命令配置模式；然后按以下步骤分别查看 IPv4 和 IPv6 路由表，结果如下所示：

```
R1>en
R1#show ip route
略！
C     192.168.1.0/24 is directly connected, GigabitEthernet0/0
L     192.168.1.254/32 is directly connected, GigabitEthernet0/0
R     192.168.2.0/24 [120/1] via 200.1.1.2, 00:00:01, Serial0/0/1
C     200.1.1.0/24 is directly connected, Serial0/0/1
L     200.1.1.1/32 is directly connected, Serial0/0/1
R     200.1.2.0/24 [120/1] via 200.1.1.2, 00:00:01, Serial0/0/1
R1#show ipv6 route
略！
R    2017:1::/64 [120/2]     via FE80::290:2BFF:FE8E:2D01, Serial0/0/0
C    2017:2::/64 [0/0]       via GigabitEthernet0/0, directly connected
L    2017:2::1/128 [0/0]     via GigabitEthernet0/0, receive
R    2017:3::/64 [120/2]     via FE80::20A:41FF:FE73:A142, Tunnel0
C    2017:4::/64 [0/0]       via Serial0/0/0, directly connected
L    2017:4::2/128 [0/0]     via Serial0/0/0, receive
C    2017:5::/64 [0/0]       via Tunnel0, directly connected
L    2017:5::1/128 [0/0]     via Tunnel0, receive
L    FF00::/8 [0/0]          via Null0, receive
```

由此可见，双协议栈虽然容易实现，但是设备必须同时运行两种寻址协议（IPv4 和 IPv6），增大了路由器的处理和内存开销。

3．任务三：观察学习 IPv6-over-IPv4 隧道的工作原理

✧ **步骤 1：初始化实验**

单击场景面板中的 Delete 按钮删除所有场景，便于后续实验。

进入 Simulation 模式，并设置 Event List Filters 只显示 ICMPv6 事件。在 PC1 的命令行中输入 ping 2017:3::2（PC3，IPv6 网络），此时 PC1 将向 PC3 发送一个包含 ICMPv6 报文的 IPv6 数据报。该过程的目的是产生 IPv6-over-IPv4 隧道连接。

✧ **步骤 2：观察 IPv6-over-IPv4 隧道技术**

单击 Play 按钮运行模拟，捕获事件和数据报。此时，可观察到 ICMPv6 数据报的转发过程。

提示：当 PC1 收到第一个回复包后，可先暂停实验，以便观察报文。

打开 Event List Filters 中 At Device 为 R1 的第一个记录，分别单击 Inbound PDU Details 和 Outbound PDU Details 选项卡，查看和对比 PDU 信息的区别。可以发现在 Outbound PDU 中，原 IPv6 数据报被重新封装到一个 IPv4 数据报中。源 IP 和目的 IP 地址分别为 200.1.1.1（R1 的 Serial0/0/1 口）和 200.1.2.2（R3 的 Serial0/0/0 口）。这就是隧道技术的工作原理。

观察：将上述查看的 PDU 信息截图记录到实验报告中。

打开 Event List Filters 中 At Device 为 R3 的第一个记录，分别单击 Inbound PDU Details 和 Outbound PDU Details 选项卡，查看和对比 PDU 信息的区别。可以发现在 Outbound PDU 中，原 IPv6 数据报已经被重新从 IPv4 数据报中解析出来，并且报文首部保持不变。

观察：将上述查看的 PDU 信息截图记录到实验报告中。

? **思考：**与双协议栈相比，隧道技术有什么优点？请在实验报告中给出答案。

第4章 运输层实验

4.1 实验一：运输层端口观察实验

4.1.1 背景知识

1. 进程通信与端口

实现进程到进程间通信是运输层的最基本功能。由于通信的真正主体是进程，因此严格地讲，所谓通信是指一个主机上的进程到另一个主机上的进程间交互，即“端到端的通信”。IP 网络实现将分组从源主机发送到目的主机，但计算机引入多道程序设计后，主机就类似一个单位的收发室，或者一个宾馆的电话总机，需要进一步标识接收的主体，即网络需要进一步指明由哪个应用进程来处理接收到的数据。

TCP/IP 解决这个问题的方法就是统一使用协议端口号（简称为端口号）。端口号是一个 16 位的标识符，取值范围是 0～65535。端口号只具有本地意义，每个主机上的 TCP 和 UDP 各有一套。如果把 IP 地址比作宾馆的总机号码，那么端口号就是各房间的分机号，只有总机号加分机号才能拨通房间的电话。因此，Internet 使用套接字来标识网络中的某个进程，套接字=主机 IP 地址+端口号。

2．端口类别

IANA（Internet Assigned Numbers Authority，互联网数字分配机构）将端口分为三种类别：熟知端口、登记端口和客户端口。熟知端口是众所周知的端口，其端口号的范围为 0～1023，它们一般固定分配给一些标准的 Internet 服务，如 HTTP→80、SMTP→25、DNS→53，RIP→520。登记端口号的范围为 1024～49151，它是供没有熟知端口号的应用程序使用的。使用这个范围的端口号必须在 IANA 注册，以防止冲突。客户端端口号的范围为 49152～65535，一般用于源端口。当服务器进程收到客户进程的报文时，就知道了客户进程所使用的动态端口号。通信结束后，这个端口号可供其他客户进程以后使用，因此也称动态端口。

4.1.2 实验目的

（1）理解端到端通信和端口的含义。

（2）熟悉端口的分类，并理解分类的意义。

（3）理解服务器端端口号与应用进程之间的对应关系。

（4）理解客户端端口号的本地性及其分配规律。

4.1.3 实验配置说明

本实验对应的实验文件为“4-1 运输层端口观察实验.pka”。

下面通过模拟一个 Web 访问过程来观察运输层协议。Web 服务同时涉及 UDP 和 TCP 两种传输协议，其中 UDP 用于域名解析查询，TCP 用于传输网页。运输层端口观察实验拓扑如图 4-1 所示，其中 Server 的域名为 port.com，用于提供 Web 服务和 DNS 域名解析服务。

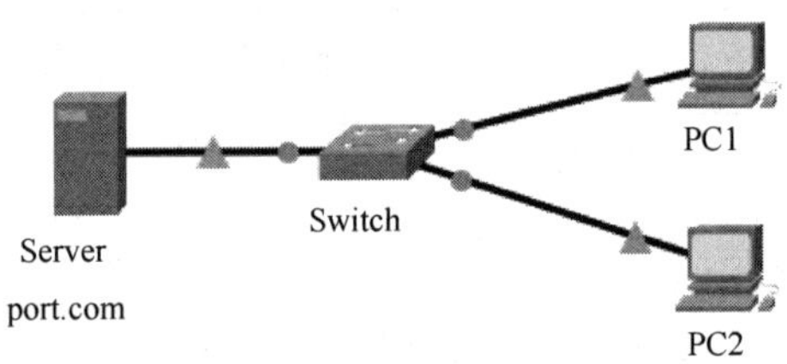

图 4-1 运输层端口观察实验拓扑

IP 地址配置如表 4-1 所示。

表 4-1　IP 地址配置

设备	接口	IP 地址	子网掩码	网关	DNS
PC1	FastEthernet0	192.168.1.11	255.255.255.0	192.168.1.254	192.168.1.1
PC2	FastEthernet0	192.168.1.12	255.255.255.0	192.168.1.254	192.168.1.1
Server	FastEthernet0	192.168.1.1	255.255.255.0	192.168.1.254	—

4.1.4　实验步骤

1. 任务一：观察 UDP 端口

在本任务中，通过捕获 DNS 事件来观察 UDP 端口。

✧　**步骤 1：初始化拓扑图**

打开该实验对应的实验文件“4-1 运输层端口观察实验.pka”，单击 Realtime 和 Simulation 模式按钮数次，直至交换机指示灯变成绿色。

✧　**步骤 2：捕获 DNS 事件**

在 Simulation 模式下单击 PC1 打开其属性窗口，在 Desktop 选项卡中打开 Web Browser，在 URL 框中输入 port.com，然后单击 Go 按钮，并最小化 PC1 的属性窗口。

单击 Play 按钮开始捕获数据包。观察 PC1 和 Server 之间 DNS 报文的交换过程。在该过程中，PC1 充当 DNS 客户端，Server 充当 DNS 服务端。当 Server 发送的响应包返回 PC1 时表示通信结束，再次单击 Play 按钮，停止数据包的捕获。

✧　**步骤 3：查看并分析 UDP 的端口号**

打开 Event List 窗口中的第 1 个事件，可以在 OSI Model 选项卡中查看 OSI 模型中各层的相关信息，如图 4-2 所示。第 4 层（运输层）的描述为：该设备将 PDU 封装到一个 UDP 用户数据报中。该窗口还可能包含 Inbound/Outbound PDU Details 选项卡，可以查看各层的详细 PDU 信息。结合所学知识观察其中 UDP 对应的封装格式及各字段具体信息。

观察不同 UDP 用户数据报中的端口号。在事件列表中，对应的第 1 个报文是 PC1 发给 Server（中间经过 Switch 的转发）的 DNS 查询请求报文；而最后一个报文是 Server 发给 PC1（中间经过 Switch 的转发）的 DNS 应答报文。

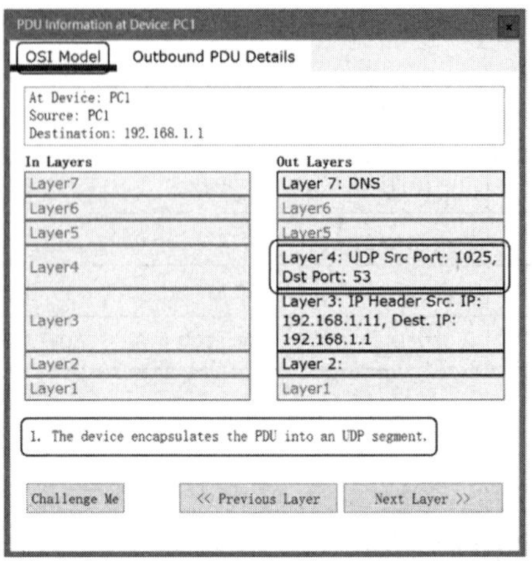

图 4-2　OSI Model 选项卡

👁 **观察**：重点观察 SOURCE PORT 及 DESTINATION PORT 字段的取值，将实验过程截图并将观察到的信息以表 4-2 的形式记录到实验报告中。

表 4-2　UDP 用户数据报封装信息记录表

访问网页的次数	报文	SOURCE PORT	DESTINATION PORT
第 1 次	PC1 发给 Server		
	Server 发给 PC1		

? **思考**：UDP 请求报文和应答报文的源/目的端口有什么关系？将思考答案记录到实验报告中。

✧　**步骤 4：分析 UDP 端口号的变化规律**

再次单击 PC1 浏览器窗口的 Go 按钮，刷新网页(相当于第 2 次访问网页)。此时，在 Simulation Panel 中可以看到新一轮的域名解析过程，新的 UDP 用户数据报事件也会被添加到 Event List 中。观察新的 DNS 查询请求报文和应答报文的 SOURCE PORT 及 DESTINATION PORT 字段的取值，分析它们是否发生变化。再次刷新网页（第 3 次访问网页），以便观察请求报文和应答中端口的变化规律。

👁 **观察**：重点观察 SOURCE PORT 及 DESTINATION PORT 字段的取值。将实验过程截图并将第 2 次和第 3 次访问网页时观察到的信息以表 4-3 的形式记录到实验报告中。

表 4-3　PC1 发给 Server 的 UDP 用户数据报封装信息记录表

访问网页的次数	SOURCE PORT （客户端端口号）	DESTINATION PORT （服务器端端口号）
第 1 次		
第 2 次		
第 3 次		

？　思考：结合步骤 3 和步骤 4 的观察结果，在每次访问网页时，UDP 请求报文的 SOURCE PORT 及 DESTINATION PORT 字段是否发生变化？如何变化？结合所学知识思考并简要说明这一现象。将思考答案记录到实验报告中。

提示：由于任务二的需要，请保留原先的捕获结果（不要单击 Reset Simulation 按钮），同时也不要关闭 PC1 的浏览器窗口。

2．任务二：观察 TCP 端口

在本任务中，通过捕获 HTTP 事件来观察 TCP 端口。

✧　**步骤 1：观察 HTTP 事件**

单击 Edit Filters 按钮修改事件列表过滤器为 HTTP 事件。此时，事件列表中的事件将会改为 PC1 与 Server 之间的 HTTP 网页传输事件。在该过程中，PC1 充当 HTTP 的客户端，而 Server 充当 HTTP 的服务器端。

✧　**步骤 2：查看并分析 TCP 报文段中的端口号及其变化规律**

由于在任务一中前后共访问了 3 次网页，故此时的 Event List（事件列表）窗口如图 4-3 所示。

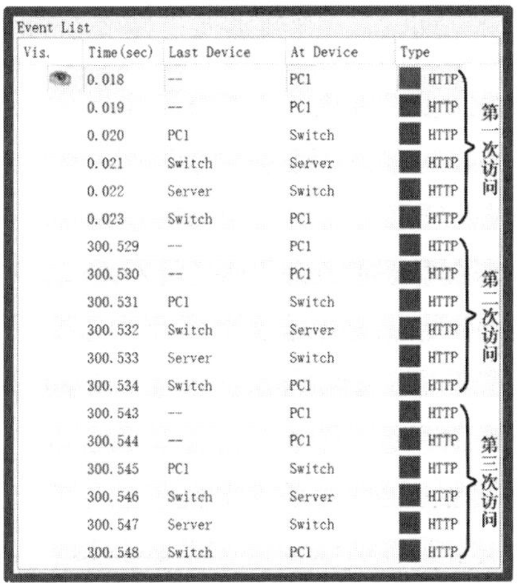

Event List

Vis.	Time(sec)	Last Device	At Device	Type	
	0.018	--	PC1	HTTP	第一次访问
	0.019	--	PC1	HTTP	
	0.020	PC1	Switch	HTTP	
	0.021	Switch	Server	HTTP	
	0.022	Server	Switch	HTTP	
	0.023	Switch	PC1	HTTP	
	300.529	--	PC1	HTTP	第二次访问
	300.530	--	PC1	HTTP	
	300.531	PC1	Switch	HTTP	
	300.532	Switch	Server	HTTP	
	300.533	Server	Switch	HTTP	
	300.534	Switch	PC1	HTTP	
	300.543	--	PC1	HTTP	第三次访问
	300.544	--	PC1	HTTP	
	300.545	PC1	Switch	HTTP	
	300.546	Switch	Server	HTTP	
	300.547	Server	Switch	HTTP	
	300.548	Switch	PC1	HTTP	

图 4-3　Event List 窗口

观察不同 TCP 报文段中的端口号。在第 1 次访问网页的 6 个事件中，对应的第 1 个报文是 PC1 发给 Server（中间经过 Switch 的转发）的 HTTP 请求报文；第 6 个报文是在 PC1 收到的 Server 发过来（中间经过 Switch 的转发）的 HTTP 应答报文。

观察：重点观察 SOURCE PORT 及 DESTINATION PORT 字段的取值，将实验过程截图并将观察到的信息以表 4-4 的形式记录到实验报告中。

表 4-4　PC1 发给 Server 的 TCP 报文段封装信息记录表

访问网页的次数	SOURCE PORT（客户端端口号）	DESTINATION PORT（服务器端端口号）
第 1 次		
第 2 次		
第 3 次		

？ 思考：在每次访问网页时，TCP 请求报文的 SOURCE PORT 及 DESTINATION PORT 字段是否发生变化？如何变化？结合所学知识思考并简要说明这一现象。将思考答案记录到实验报告中。

确保表 4-4 中的信息都记录完整后单击 Reset Simulation 按钮，将原有的事件清空。

3．任务三：在 PC2 中捕获 HTTP 事件

保持 Event List Filters 的设置不变，用同样的方法在 PC2 中访问 port.com 网页 3 次，并捕获相应的数据包，得到类似于图 4-3 的事件列表。

观察：重点观察 SOURCE PORT 及 DESTINATION PORT 字段的取值，将实验过程截图并将观察到的信息以表 4-5 的形式记录到实验报告中。

表 4-5　PC2 发给 Server 的 TCP 报文段封装信息记录表

访问网页的次数	SOURCE PORT（客户端端口号）	DESTINATION PORT（服务器端端口号）
第 1 次		
第 2 次		
第 3 次		

4．任务四：分析运输层端口号

✧　**步骤 1：分析服务器端端口号与应用进程之间的关系**

对比任务一中 DNS 服务器端端口号与任务二中 HTTP 服务器端端口号。

?　**思考：**（1）这两个不同的服务器端端口号是否相同？

（2）分析运输层是如何区分不同的应用层进程的，将分析结果记录到实验报告中。

✧　**步骤 2：分析客户端端口号的本地性**

任务二和任务三是不同的主机（PC1 和 PC2）以同样的方式访问相同的 HTTP 服务器，3 次访问 port.com 网页的客户端端口号信息均已分别记录在表 4-4 和表 4-5 中。对比这两个表中的客户端端口号的分配情况。

?　**思考：**每次访问网页时，表 4-4 和表 4-5 中的 SOURCE PORT（客户端端口号）的值有什么关系？为什么会出现这种情况？结合所学知识思考并简要说明这一现象。将答案记录到实验报告中。

✧　**步骤 3：分析同一客户端 UDP 和 TCP 端口号的分配情况**

单击 Edit Filters 按钮修改事件列表过滤器，除保持勾选 HTTP 事件外，再勾选 DNS 事件，对比每次访问 port.com 网页时 TCP 报文段和 UDP 用户数据报封装信息中客户端端口号的分配情况。此时的 Event List 窗口如图 4-4 所示。

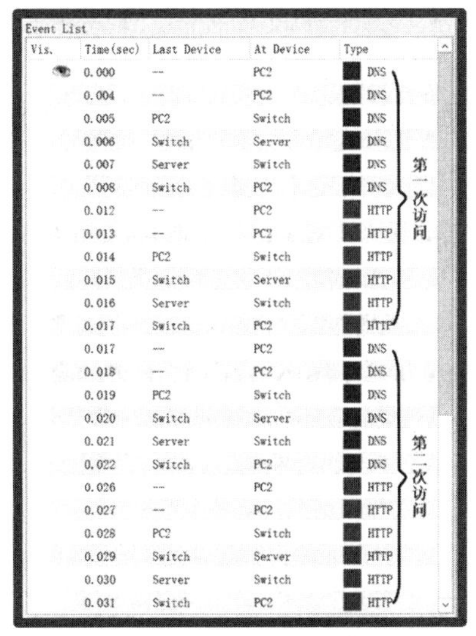

图 4-4　Event List 窗口

👁 **观察**：仅分析 HTTP 的查询请求报文，重点观察对应的 TCP 报文段中 SOURCE PORT（客户端端口号）字段的取值，将实验过程截图并将观察到的信息以表 4-6 的形式记录到实验报告中。

表 4-6　PC2 发给 Server 的 TCP 报文段和 UDP 用户数据报封装信息记录表

访问网页的次数	SOURCE PORT（客户端端口号）	
	UDP	TCP
第 1 次		
第 2 次		
第 3 次		

?　思考：每次访问网页时，表 4-6 中 TCP 和 UDP 的 SOURCE PORT（客户端端口号）的值有什么关系？为什么会出现这种情况？结合所学知识思考并简要说明这一现象。将思考答案记录到实验报告中。

✧　**步骤 4：分析运输层客户端端口号的分配规律**

单击 Edit Filters 按钮修改事件列表过滤器，取消勾选 DNS 事件，仅保留 HTTP 事件。用同样的方法继续在 PC2 中访问 port.com 网页若干次，并捕获相应的数据包，观察 HTTP 报文的封装信息。

👁 **观察**：仅分析 HTTP 的查询请求报文，重点观察对应的 TCP 报文段中 SOURCE PORT（客户端端口号）字段的取值，将实验过程截图并将该步骤中观察到的信息追加到表 4-5 中，并记录到实验报告中。

?　思考：根据追加记录后的表 4-5 中的 SOURCE PORT（客户端端口号）的值，分析归纳客户端端口号的分配规律，将分析结果记录到实验报告中。

完成后单击 Reset Simulation 按钮，将原有的事件清空。

4.2　实验二：UDP 与 TCP 的对比分析

4.2.1　背景知识

1. TCP

TCP（Transmission Control Protocol，传输控制协议）是一种面向连接、基

于字节流的运输层协议，它是为了在不可靠的互联网上提供可靠的端到端通信而专门设计的一种传输协议。RFC793 是最早的 TCP 文档，之后又有几十种的改进 RFC 文档。TCP 是一种比较完善的运输层协议，它除实现端到端的通信外，还提供报文分段及差错控制、接收流量控制和网络流量控制等可靠性服务。

TCP 以段的形式交换数据，并且对发送的每个字节进行编号。TCP 实体使用的基本传输协议是具有动态窗口大小的滑动窗口协议。当发送端发送一个数据段后，会启动一个计时器；接收端正确接收后返回一个携带确认号和剩余窗口大小的确认段（可以由反向数据段捎带），其中，剩余窗口大小用于控制发送方的发送速度，以免造成接收缓存溢出；如果发送端的计时器在确认段到达之前发生超时，发送端则重发原数据段。

由于 TCP 提供可靠的传输服务，并且考虑网络流控，因此被 Internet 上的大多数应用协议所采用，如 HTTP、Telnet、FTP、SMTP 等。

2．UDP 协议

UDP（User Datagram Protocol，用户数据报协议）是一个简单、无连接、面向数据报的运输层协议。UDP 没有报文分组功能，它只在 IP 的数据报服务基础上增加端口和差错检测功能。由于 UDP 采用无连接通信方式，无法保证传输的可靠性，但这也大大简化了传输协议，因此传输效率高、时延小。其报文段首部也很简单，只有 8 字节。

由于 UDP 具有快捷简便、支持组播/广播等特点，因此被不少局域网内的应用协议所采用的，如 DNS、NFS、SNMP、TFTP、RIP 等。此外，中国宽带有线网上开展的视频和股票等业务，也几乎全都采用 UDP，这是因为考虑到 UDP 的单向性和广播特性。

3．TCP 报文段格式

TCP 提供比较完善的可靠通信服务，功能相对复杂，因此 TCP 报文段格式也比较复杂。总体而言，TCP 报文段首部包含固定部分和可选部分。固定部分的长度为 20 字节，可选部分的长度最多可达 40 字节。其首部格式如图 4-5 所示。其中，标志位的含义：URG 代表紧急数据，ACK 代表确认，PSH 代表立即提交数据，RST 代表拒绝连接，SYN 代表建立连接，FIN 代表拆除连接。

4．UDP 用户数据报格式

UDP 用户数据报相对简单，只有两个字段：首部字段和数据字段。其中首部字段固定为 8 字节，由 4 个字段组成，如图 4-6 所示。

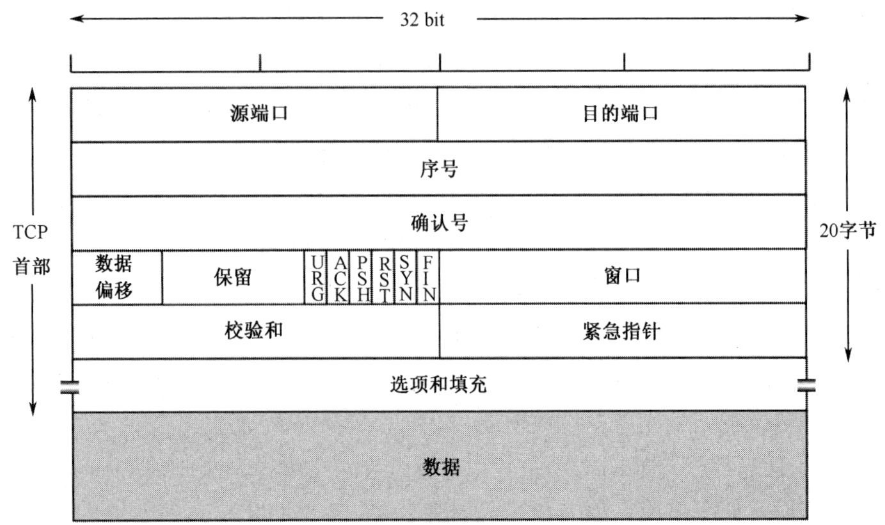

图 4-5　TCP 报文段的首部格式

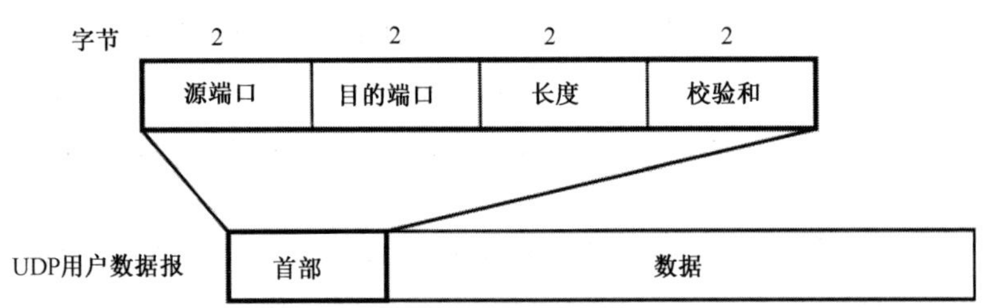

图 4-6　UDP 用户数据报的首部格式

4.2.2　实验目的

（1）了解 UDP 与 TCP 的主要特点及其应用。

（2）理解 UDP 的无连接通信方式与 TCP 的面向连接通信方式的区别。

（3）熟悉 TCP 报文段和 UDP 用户数据报的数据封装格式。

4.2.3　实验配置说明

本实验对应的实验文件为“4-2 UDP 与 TCP 的对比分析.pka”。

UDP 与 TCP 的对比分析实验拓扑如图 4-7 所示。其中，Server1 的域名为 udp.com，用于提供 DNS 域名解析服务；Server2 仅提供 Web 服务。

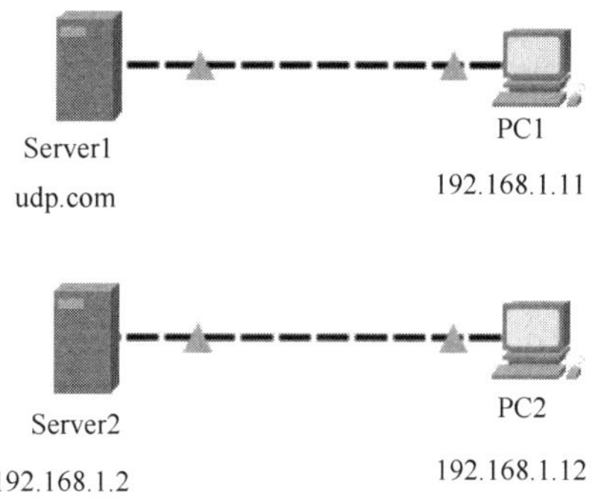

图 4-7　UDP 与 TCP 的对比分析实验拓扑

IP 地址配置如表 4-7 所示。

表 4-7　IP 地址配置

设备	接口	IP 地址	子网掩码	DNS
PC1	FastEthernet0	192.168.1.11	255.255.255.0	192.168.1.1
PC2	FastEthernet0	192.168.1.12	255.255.255.0	—
Server1	FastEthernet0	192.168.1.1	255.255.255.0	—
Server2	FastEthernet0	192.168.1.2	255.255.255.0	—

4.2.4　实验步骤

打开该实验对应的实验文件“4-2 UDP 与 TCP 的对比分析.pka”。

1．任务一：同时捕获 UDP 与 TCP 事件并对比观察其各自捕获过程的动画

在本任务中，UDP 事件是通过 DNS 事件呈现的，而 TCP 事件则由 TCP 事件及 HTTP 事件共同呈现。

在 Simulation 模式下单击 PC1 打开其属性窗口，在 Desktop 选项卡中打开 Command Prompt，输入 ping udp.com 后按 Enter 键，最小化 PC1 的属性窗口。

单击 PC2 打开其属性窗口，在 Desktop 选项卡中打开 Web Browser，在 URL 框中输入 192.168.1.2，然后单击 Go 按钮，并最小化 PC2 的属性窗口。

提示： 此处，PC1 和 PC2 同时发起请求，之后再同时开始捕获数据包，以便同时观察捕获过程的动画，从而更直观地对比 UDP 与 TCP 的工作过程。

单击 Play 按钮开始捕获数据包。同时观察 PC1 和 Server1 之间 DNS 报文的交换过程，以及 PC2 和 Server2 之间 HTTP 报文的交换过程。在该过程中，PC1 充当 DNS 客户端，Server1 充当 DNS 服务端；PC2 充当 HTTP 客户端，Server2 充当 HTTP 服务端。

当 Server1 发送的 DNS 响应报文返回 PC1、Server2 发送的 HTTP 响应报文返回 PC2 时表示通信结束，再次单击 Play 按钮，停止数据包的捕获。

观察： 重点观察捕获过程的动画，描述两个独立的捕获过程直观上的区别及所能得到的初步结论，记录到实验报告中。

2．任务二：观察 UDP 无连接的工作模式

✧ **步骤 1：观察 UDP 事件列表**

单击 Edit Filters 按钮修改事件列表过滤器，保持勾选 UDP 事件，取消勾选 TCP 事件。可以看到此时的事件列表中只有 4 个事件。

✧ **步骤 2：分析 UDP 无连接的工作过程**

通过任务一中事件捕获过程的动画及本任务步骤 1 中的事件列表，观察到域名解析过程为：PC1 发送一个 DNS 请求给 Server1，然后 Server1 再回复一个 DNS 应答给 PC1。虽然事件列表中只有 DNS，但由于 DNS 基于 UDP 传输，每个 DNS 报文都封装在一个 UDP 用户数据报中，因此同样可以观察到 UDP 的工作过程。

单击此时 Event List 窗口的第 1 个事件，在弹出的 PDU Information 窗口的 OSI Model 选项卡中查看第 7 层（应用层）及第 4 层（运输层）的描述，查看并分析 UDP 是如何封装并发送 DNS 报文的。用同样的方法查看 Event List 窗口的第 3 个和第 4 个事件。将分析结果记录到实验报告中。

观察： 将观察到的信息以表 4-8 的形式记录到实验报告中。

表 4-8　PDU Information 信息记录表

事件编号	At Device	OSI Model 选项卡中 Layer 4 的描述	
1	PC1	Out Layers	
3	Server1	In Layers	
		Out Layers	
4	PC1	In Layers	

提示： 第 2 个事件是数据链路层的处理，此处暂时先忽略。

? **思考：**UDP 的通信是面向连接的还是无连接的？将思考答案记录到实验报告中。

✧ **步骤 3：查看 UDP 用户数据报格式**

在步骤 2 中的 PDU Information 窗口查看 UDP 用户数据报格式。

👁 **观察：**将观察到的信息以表 4-9 的形式记录到实验报告中。

表 4-9 UDP 用户数据报封装信息记录表

事件	SOURCE PORT	DESTINATION PORT	LENGTH	CHECKSUM
PC1 发给 Server1				
Server1 发给 PC1				

3. 任务三：观察 TCP 面向连接的工作模式

✧ **步骤 1：观察 TCP 事件列表**

单击 Edit Filters 按钮修改事件列表过滤器，勾选 TCP 事件，取消勾选 UDP 事件。此时的事件列表如图 4-8 所示。

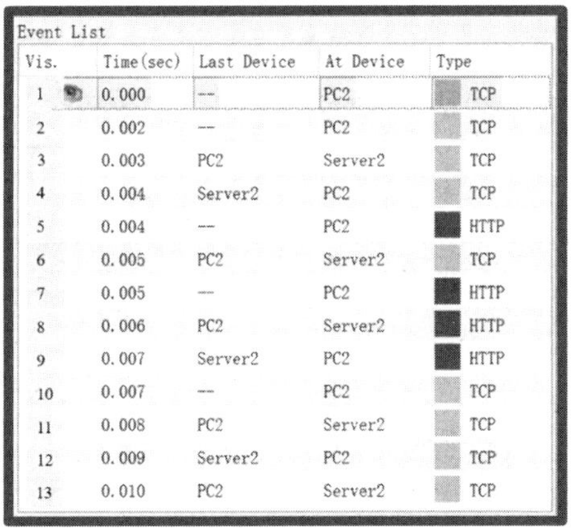

Event List

Vis.	Time(sec)	Last Device	At Device	Type
1	0.000	--	PC2	TCP
2	0.002	--	PC2	TCP
3	0.003	PC2	Server2	TCP
4	0.004	Server2	PC2	TCP
5	0.004	--	PC2	HTTP
6	0.005	PC2	Server2	TCP
7	0.005	--	PC2	HTTP
8	0.006	PC2	Server2	HTTP
9	0.007	Server2	PC2	HTTP
10	0.007	--	PC2	TCP
11	0.008	PC2	Server2	TCP
12	0.009	Server2	PC2	TCP
13	0.010	PC2	Server2	TCP

图 4-8 Event List 窗口

✧ **步骤 2：分析 TCP 面向连接的工作过程**

通过任务一中事件捕获过程动画的对比，以及任务二中的事件列表和本任务步骤 1 中的事件列表的对比，可以发现网页的传输过程比 DNS 过程更复杂。

单击图 4-8 中的第 1 个事件，在弹出的 PDU Information 窗口的 OSI Model 选项卡中查看 Out Layers 下第 4 层（运输层）的描述。用同样的方法查看 Event

List 窗口的第 10 个事件。将分析结果记录到实验报告中。

👁 **观察：** 将观察到的信息以表 4-10 的形式记录到实验报告中。

表 4-10　PDU Information 信息记录表

事件编号	At Device	OSI Model 选项卡中 Layer 4 的第 1 条描述	
1	PC2	Out Layers	
10	PC2	Out Layers	

? **思考：**（1）TCP 的通信是面向连接的还是无连接的？将思考答案记录到实验报告中。

（2）无连接的 UDP 和面向连接的 TCP 各有什么优缺点？

✧ **步骤 3：查看 TCP 报文段格式**

在步骤 2 的 PDU Information 窗口中查看 TCP 报文段格式。

👁 **观察：** 以图 4-8 中 Event List 窗口的第 3 个事件为例，将观察到的信息以表 4-11 的形式记录到实验报告中。其他事件也以同样的方法观察。

表 4-11　TCP 报文段封装信息记录表

对应的报文	Server2 从 PC2 收到的（Inbound PDU Details）	Server2 发给 PC2 的（Outbound PDU Details）
SOURCE PORT		
DESTINATION PORT		
SEQUENCE NUMBER		
ACKNOWLEDGEMENT NUMBER		
WINDOW		
CHECKSUM		

? **思考：** TCP 报文段首部中的 SEQUENCE NUMBER 和 ACKNOWLEDGEMENT NUMBER 有什么作用？

分析完成后单击 Reset Simulation 按钮，将原有的事件全部清空。

4.3　实验三：TCP 的连接管理

4.3.1　背景知识

1．TCP 的通信过程

TCP 是面向连接的传输协议，因此其通信过程包含 3 个阶段：建立连接、传输数据、释放连接。其中，建立连接主要解决 3 个问题：（1）确认对方能够接收数据；（2）双方协商一些参数（如最大报文段长度，最大窗口大小，初始顺序号等）；（3）双方预分配一些必要的通信资源（如收发缓存区，连接表项目等）。释放连接的目的是双方释放所占用的资源。

2．TCP 连接的建立

TCP 连接的建立采用客户服务器的方式，主动发起连接建立请求的应用进程称为客户（Client），而被动等待连接建立的应用进程称为服务器（Server）。

TCP 通过 3 次握手完成连接的建立，其过程如图 4-9 所示。

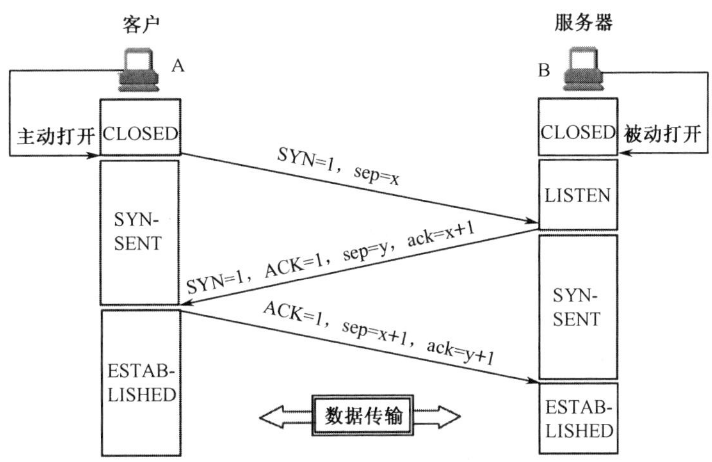

图 4-9　建立 TCP 连接的 3 次握手过程

第 1 次握手：客户 A 的 TCP 向服务器 B 发出连接请求报文段，其首部中的同步位 SYN=1，并选择序号 seq=x，表明传送数据时的第 1 个数据字节的序号是 x。

第 2 次握手：B 的 TCP 收到连接请求报文段后，若同意则发回确认。B 在确认报文段中应使 SYN=1，使 ACK=1，其确认号 ack=x+1，自己选择的序号 seq=y。

第 3 次握手：A 再向 B 确认，其 ACK=1，确认号 ack=y+1。A 的 TCP 通知上层应用进程，连接已经建立。

完成 3 次握手，A 与 B 开始传送数据。连接可以由任一方或双方发起，一旦连接建立，数据就可以双向对等地流动。

3．TCP 连接的释放

当一对 TCP 连接的双方数据通信完毕，任何一方都可以发起连接释放请求。TCP 采用 4 次握手方式释放连接。释放连接的操作可以看成由两个方向上分别释放连接的操作构成。我们假设客户 A 先提出释放连接的请求，其过程如图 4-10 所示。

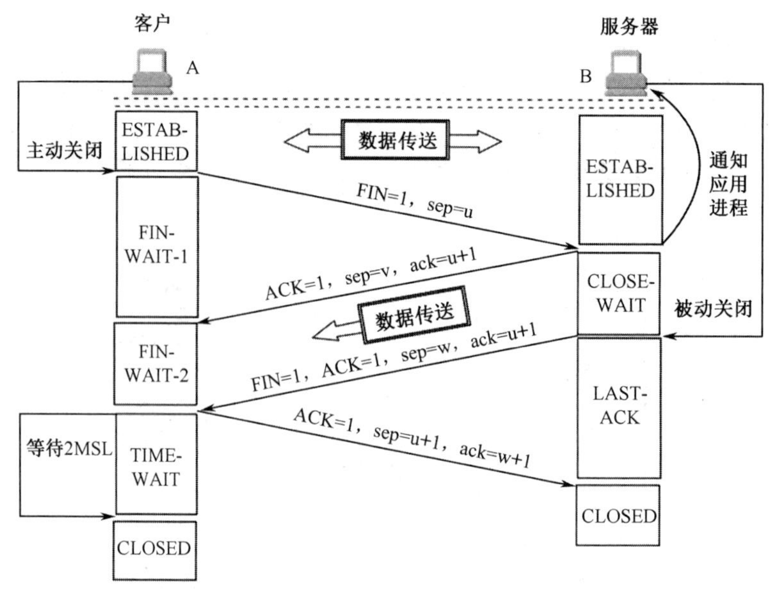

图 4-10　释放 TCP 连接的过程

第 1 次握手：客户 A 的应用进程先向服务器 B 发出连接释放报文段，并停止发送数据，主动关闭 TCP 连接。

第 2 次握手：B 发出确认。此时，从 A 到 B 这个方向的连接就释放了，A 不能再向 B 发送数据，因此不再消耗序号，TCP 连接处于半关闭状态，若 B 还有数据要发送，A 仍要接收。

第 3 次握手：若 B 的数据已经发完了，则其应用进程就通知 TCP 释放连接。B 向 A 发送连接释放请求报文段。

第 4 次握手：A 收到 B 的连接释放报文段后，必须发出确认。A 在发出确认后还必须再等待 2MSL 的时间后，才能进入关闭状态。

4.3.2　实验目的

（1）熟悉 TCP 通信的 3 个阶段。

（2）理解 TCP 连接建立过程和 TCP 连接释放过程。

（3）掌握 TCP 报文段首部中与 TCP 连接管理相关的字段信息及其含义。

4.3.3　实验配置说明

本实验对应的实验文件为“4-3 TCP 的连接管理.pka”。

TCP 的连接管理实验拓扑如图 4-11 所示，其中 Server 仅提供 Web 服务。

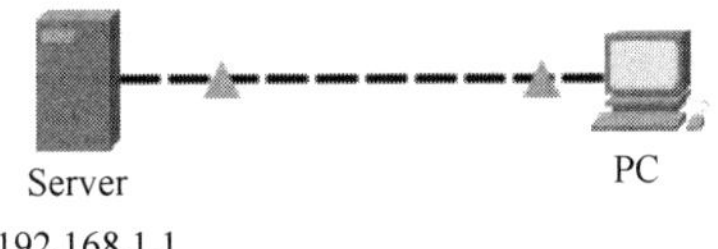

图 4-11　TCP 的连接管理实验拓扑

IP 地址配置如表 4-12 所示。

表 4-12　IP 地址配置

设备	接口	IP 地址	子网掩码	网关
PC	FastEthernet0	192.168.1.11	255.255.255.0	192.168.1.254
Server	FastEthernet0	192.168.1.1	255.255.255.0	192.168.1.254

4.3.4　实验步骤

打开该实验对应的实验文件“4-3 TCP 的连接管理.pka”。

1．任务一：捕获 TCP 事件

在 Simulation 模式下单击 PC 打开其属性窗口，在 Desktop 选项卡中打开 Web Browser，在 URL 框中输入 192.168.1.1，然后单击 Go 按钮，并最小化 PC 的属性窗口。

单击 Play Controls 面板上的 Play 按钮，开始捕获数据包。在该过程中，PC 充当 HTTP 客户端，Server 充当 HTTP 服务端。当通信结束时再次单击 Play 按钮，结束捕获。若未手动结束捕获，则在弹出 Buff Full 对话框时，单击 View Previous Events 按钮关闭对话框结束捕获。

此时的事件列表如图 4-12 所示。

Event List

Vis.	Time(sec)	Last Device	At Device	Type
1	0.000	—	PC	TCP
2	0.002	—	PC	TCP
3	0.003	PC	Server	TCP
4	0.004	Server	PC	TCP
5	0.004	—	PC	HTTP
6	0.005	PC	Server	TCP
7	0.005	—	PC	HTTP
8	0.006	PC	Server	HTTP
9	0.007	Server	PC	HTTP
10	0.007	—	PC	TCP
11	0.008	PC	Server	TCP
12	0.009	Server	PC	TCP
13	0.010	PC	Server	TCP

建立连接

传输数据

释放连接

图 4-12　Event List 窗口

从图 4-12 中可以看到，在传送 HTTP 报文之前及之后都分别传送了若干 TCP 报文段，整个事件列表包含通信过程完整的 3 个阶段：建立连接、传输数据、释放连接。

2．任务二：观察并分析建立 TCP 连接的 3 次握手过程

✧　**步骤 1：查找 TCP 建立连接的事件**

在如图 4-12 所示的 Event List 窗口中，最初的几个 TCP 报文段为 TCP 建立连接的事件。

✧　**步骤 2：分析 TCP 建立连接的 3 次握手机制**

单击图 4-12 中的第 1 个事件，在弹出的 PDU Information 窗口的 OSI Model 选项卡中查看第 4 层（运输层）的描述。用同样的方法查看 Event List 窗口的第 3 个、第 4 个、第 6 个事件。

◉　**观察：**将观察到的信息以表 4-13 的形式记录到实验报告中。

表 4-13　TCP 建立连接报文封装信息记录表

事件编号	1	3		4		6
	Out Layers	In Layers	Out Layers	In Layers	Out Layers	In Layers
At Device	PC	Server		PC		Server
发送/收到的 TCP segment						
connection state			/		/	
window size						
MSS						
sequence number						
ACK number						
data length						

?　思考：连接建立阶段的第 1 次握手是否需要消耗 1 个序号？其 SYN 报文段是否携带数据？为什么？第 2 次握手呢？

3. 任务三：观察并分析释放 TCP 连接的 4 次握手过程

✧　**步骤 1：查找 TCP 释放连接的 4 次握手事件**

在如图 4-12 所示的 Event List 窗口中，最后的几个 TCP 报文段为 TCP 释放连接的事件。

✧　**步骤 2：分析 TCP 释放连接的 4 次握手机制**

单击 Event List 窗口中的第 10 个事件，在弹出的 PDU Information 窗口的 OSI Model 选项卡中查看第 4 层（运输层）的描述。用同样的方法查看 Event List 窗口的第 11 个、第 12 个、第 13 个事件。

观察：将观察到的信息以表 4-14 的形式记录到实验报告中。

表 4-14　TCP 释放连接报文封装信息记录表

事件编号	10	11		12		13
	Out Layers	In Layers	Out Layers	In Layers	Out Layers	In Layers
At Device	PC	Server		PC		Server
发送/收到的 TCP segment						
connection state			保持		保持	

（续表）

事件编号	10	11		12		13
	Out Layers	In Layers	Out Layers	In Layers	Out Layers	In Layers
window size						
sequence number						
ACK number						
data length						

? 思考：（1）在本实验中的连接释放过程的第 1 次握手中，PC 发送的 ACK 是对什么的确认？与 Server 收到 PC 的连接释放请求后回发的 ACK 一样吗？如果不一样，二者有什么区别？

（2）本实验的连接释放过程的第 2 次、第 3 次握手是同时进行的还是分开进行的？这 2 次握手何时需要分开进行？

（3）在本实验的连接释放阶段的第 4 次握手中，PC 向 Server 发送最后一个 TCP 确认报文段后，为什么不是直接进入 CLOSED（已关闭）连接状态，而是进入 CLOSING（正在关闭）连接状态？将思考答案记录到实验报告中。

4.4 实验四：TCP 运行机制探究

4.4.1 背景知识

1. TCP 面向字节流的概念

虽然应用程序和 TCP 的交互是一次一个数据块（数据块的大小不一），但发送方的 TCP 把应用程序发来的数据仅看成一连串的无结构的字节流，并不知道所传送字节流的含义。而 TCP 的接收方也不保证其应用程序所收到的数据块和发送方应用程序所发出的数据块具有对应大小的关系。但接收方应用程序收到的字节流必须和发送方应用程序发出的字节流完全一样。

发送方的 TCP 并不关心应用进程一次把多长的报文发送到 TCP 缓存中，而是根据对方的窗口值和当前网络拥塞的程度来决定一个报文段应该包含多少字节。如果应用进程传送到 TCP 缓存的数据块太长，TCP 就可以把它划分为短一些的数据块再传送；反之，如果应用进程一次只发来很短的数据块，TCP 也可以等待积累到足够多的字节后再封装成报文段发送出去。

同样地，接收方 TCP 也不关心从网络层一次收到多长的报文到 TCP 缓存中，而是根据缓存剩余空间及 TCP 的推送机制等因素来决定何时将接收到的数据交付接收应用进程。

2．TCP 的序号和确认号

因为 TCP 是面向字节流的，所以对在 TCP 连接中传送的字节流的每个字节都要按序编号。在建立 TCP 连接时，通信双方都要设置好自己的起始序号，该起始序号是随机的，其范围为 0～（$2^{32}-1$）。在一个 TCP 报文段中，序号字段的值就等于本报文段所发数据的第 1 个字节的序号。而确认号则是期望收到对方下一个报文段的第 1 个数据字节的序号。同时，确认号隐含表明了该确认号之前的所有字节都已正确收到。

3．TCP 的确认机制

确认机制是 TCP 保证可靠传输的基本方法。

1）停止等待协议

停止等待协议要求接收方每收到一个分组后都要回发确认，告知发送方自己已经正确收到报文。发送方只有在收到对方的确认后，才能再发送下一个分组。

2）流水线传输协议

停止等待协议的信道利用率很低，因为发送方每发送完一个分组后，都要停止发送，等待对方的确认。只有收到对方的确认，发送方才能发送下一个分组。为了提高传输效率，发送方可以采用效率更高的流水线传输。在流水线传输方式下，发送方可以连续发送多个分组，不必每发送完一个分组就停顿下来等待对方的确认。这样就可以使信道上一直有数据在不间断地传送。

3）连续 ARQ 协议和累积确认

使用流水线传输时，由于发送方可以一次性连续发送多个分组，就要使用连续 ARQ 协议，同时接收方采用的确认方式也改为累积确认方式。在累积确认方式下，接收方不必对收到的分组逐个发送确认，而是在收到几个分组后，对按序到达的最后一个分组发送确认，用这种方式告诉发送方：到这个分组为止的所有分组都已经正确收到了。

累积确认容易实现，即使之前的确认丢失也不必重传。但它只能确认连续收到的分组，不能向发送方及时反映接收方已经正确收到的所有分组的信息。要解决这个问题，还需要使用 TCP 首部中的选项字段：SACK，即选择确认。

4）捎带确认

确认分组本身可以不带数据，此时的确认分组的开销基本都花在首部上，不仅是 TCP 的首部，还有网络层中 IP 数据报的首部，以及数据链路层中 MAC

帧的首部，因此，确认分组的传输效率比较低。为改善这种局面，接收方可以在合适的时候发送确认，也可以在自己有数据要发送时把确认信息顺便捎带上，这种情况称为捎带确认。当然，使用捎带确认时，接收方不应过分推迟发送确认，否则会导致发送方不必要的重传，反而浪费了网络资源。

4. TCP 的超时重传机制

由于 TCP 采用了确认机制，发送方只有在收到对方的确认后才能继续发送下一个分组。在没有收到对方的确认的情况下，也不可能一直处于等待状态，因此，TCP 规定，发送方每发送一个分组，就启动一个相应的计时器，只要在规定的时间内没有收到对方的确认，就重传已发送的报文段。

TCP 的超时重传机制是在发送方根据计时器的时间到了后自动进行的，不需要接收方的参与，因此又称为自动重传。

4.4.2 实验目的

（1）理解 TCP 面向字节流的概念。

（2）了解 TCP 的序号和确认号的含义并理解两者之间的逻辑关系。

（3）理解 TCP 的确认机制和累积确认机制。

（4）理解 TCP 的超时重传机制。

4.4.3 实验配置说明

本实验对应的实验文件为“4-4 TCP 运行机制探究.pka”。

TCP 运行机制探究实验拓扑如图 4-13 所示，其中 Server1 和 Server2 仅提供 HTTP 服务。

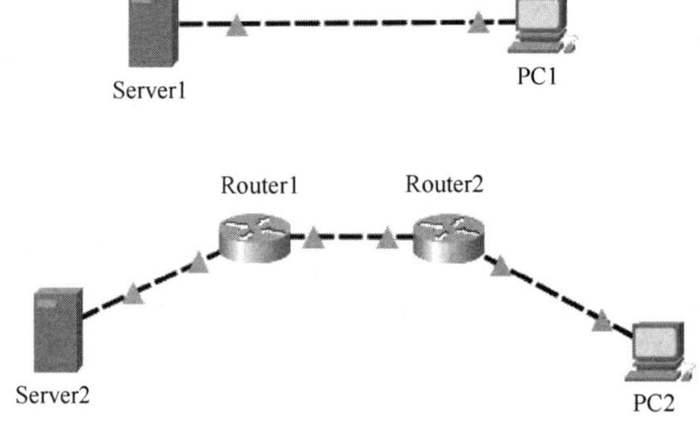

图 4-13　TCP 运行机制探究实验拓扑

IP 地址配置如表 4-15 所示。

表 4-15 IP 地址配置

设备	接口	IP 地址	子网掩码	网关
PC1	FastEthernet0	192.168.1. 11	255.255.255.0	—
Server1	FastEthernet0	192.168.1.1	255.255.255.0	—
PC2	FastEthernet0	192.168.3. 1	255.255.255.0	192.168.3.254
Server2	FastEthernet0	192.168.1.1	255.255.255.0	192.168.1.254
Router1	FastEthernet0/0	192.168.1.254	255.255.255.0	—
	FastEthernet0/1	192.168.2.1	255.255.255.0	—
Router2	FastEthernet0/0	192.168.3.254	255.255.255.0	—
	FastEthernet0/1	192.168.2.2	255.255.255.0	—

4.4.4 实验步骤

打开该实验对应的实验文件“4-4 TCP 运行机制探究.pka”。

1．任务一：理解 TCP 面向字节流的概念

✧ **步骤 1：捕获 TCP 事件**

在 Simulation 模式下单击 PC1 打开其属性窗口，在 Desktop 选项卡中打开 Web Browser，在 URL 框中输入 192.168.1.1，然后单击 Go 按钮，并最小化 PC1 的属性窗口。

单击 Play 按钮开始捕获数据包。通信结束时再次单击 Play 按钮，结束捕获。若未手动结束捕获，则在弹出 Buff Full 对话框时单击 View Previous Events 按钮关闭对话框结束捕获。

此时的事件列表类似本章实验三中的图 4-12，先是若干个 TCP 事件用于建立 TCP 连接，然后是若干个 HTTP 事件用于传输 Web 页面，最后是若干个 TCP 事件用于释放 TCP 连接。

✧ **步骤 2：记录并分析序号和确认号的含义及关系**

观察不同 TCP 报文段（包含 HTTP 报文所对应的 TCP 报文段）中的序号和确认号。

👁 **观察：**观察 SEQUENCE NUMBER 及 ACKNOWLEDGEMENT NUMBER 字段的取值，将实验过程截图并将观察到的信息以表 4-16 的形式记录到实验报告中。

表 4-16　TCP 报文段封装信息记录表 1

事件		SEQUENCE NUMBER	ACKNOWLEDGEMENT NUMBER
建立连接 TCP	PC1→Server1		
	Server1→PC1		
	PC1→Server1		
HTTP	PC1→Server1		
	Server1→PC1		
释放连接 TCP	PC1→Server1		
	Server1→PC1		
	PC1→Server1		

提示：为了简便，网络模拟工具通常将初始序号及初始确认号的值设为 0，而实际的初始序号及初始确认号的值则是随机的。

？ 思考：观察表 4-16 中相邻的两行，前一行的确认号与后一行的序号有什么关系？观察结果表明序号和确认号有什么含义？将思考答案记录到实验报告中。

✧ 步骤 3：分析 TCP 报文段中的序号和确认号与传输的数据字节数的关系

重点观察事件列表中 HTTP 的传输过程，记录其对应的 TCP 报文段中的数据长度。

观察：除了步骤 1 中的 SEQUENCE NUMBER 和 ACKNOWLEDGEMENT NUMBER 字段值，还要观察 DATA LENGTH 的值。将实验过程截图并将观察到的信息以表 4-17 的形式记录到实验报告中。

表 4-17　TCP 报文段封装信息记录表 2

事件		SEQUENCE NUMBER	ACKNOWLEDGEMENT NUMBER	DATA LENGTH	数据字节的编号范围
HTTP	PC1→Server1				
	Server1→PC1				
释放连接 TCP	PC1→Server1			—	—

？ 思考：（1）表 4-17 中最后一列的数据是如何得到的？

（2）在本任务的 HTTP 的通信阶段，PC1 向 Server1 发送了多少数据？Server1 向 PC1 发送了多少数据？

（3）表 4-17 中第 2 行和第 3 行中的 ACKNOWLEDGEMENT NUMBER 与前一行中最后一列的值有什么关系？将思考答案记录到实验报告中。

分析完成后单击 Reset Simulation 按钮，将原有的事件全部清空。

2．任务二：理解 TCP 的累积确认机制

✧ **步骤 1：请求新的网页（信息量大）并捕获 TCP 事件**

返回 PC1 属性窗口中的 Web Browser，在任务一打开的网页中单击“copyrights”链接，最小化 PC1 的属性窗口。

单击 Play Controls 面板上的 Play 按钮，开始捕获数据包。请求的“copyrights”页面较大，通信过程较久。当通信结束时再次单击 Play 按钮，结束捕获。若未手动结束捕获，则在弹出 Buff Full 对话框时，单击 View Previous Events 按钮关闭对话框结束捕获。

此时的事件列表中的事件较多，在请求新的网页时，TCP 要重新建立连接，初始序号及初始确认号的值重新设为 0（原因请查看任务一中的提示）。从捕获到的第 1 个 HTTP 事件开始，可以看到部分的事件列表（如图 4-14 所示）。

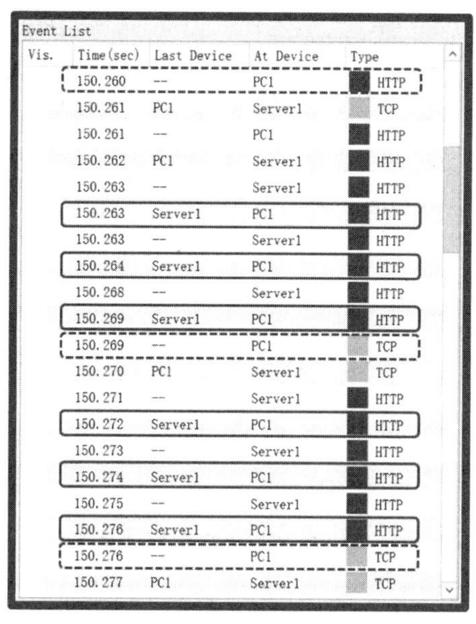
Event List

Vis.	Time(sec)	Last Device	At Device	Type
	150.260	--	PC1	HTTP
	150.261	PC1	Server1	TCP
	150.261	--	PC1	HTTP
	150.262	PC1	Server1	HTTP
	150.263	--	Server1	HTTP
	150.263	Server1	PC1	HTTP
	150.263	--	Server1	HTTP
	150.264	Server1	PC1	HTTP
	150.268	--	Server1	HTTP
	150.269	Server1	PC1	HTTP
	150.269	--	PC1	TCP
	150.270	PC1	Server1	TCP
	150.271	--	Server1	HTTP
	150.272	Server1	PC1	HTTP
	150.273	--	Server1	HTTP
	150.274	Server1	PC1	HTTP
	150.275	--	Server1	HTTP
	150.276	Server1	PC1	HTTP
	150.276	--	PC1	TCP
	150.277	PC1	Server1	TCP

图 4-14　Event List 窗口（部分）

提示：此处查看到的事件列表可能与图 4-14 不完全相同，但大致的过程是一样的，不影响后续实验的结果。

✧ **步骤 2：记录并分析 TCP 的累积确认机制**

由于事件列表中的事件较多，为了便于观察，这里仅选择“At Device”列为 PC1 的事件，如图 4-14 中矩形框标出的事件所示（忽略 PC1 在物理层处理的个别事件）。其中，虚线矩形框标出的事件是 PC1 发出的，我们需要观察其 PDU Information 窗口的 OSI Model 选项卡的 Out Layers 下第 4 层（运输层）的描述。而实线矩形框标出的事件则是 PC1 收到的，我们仅需要观察其 PDU Information 窗口的 OSI Model 选项卡的 In Layers 下第 4 层（运输层）的描述，如图 4-15 所示。

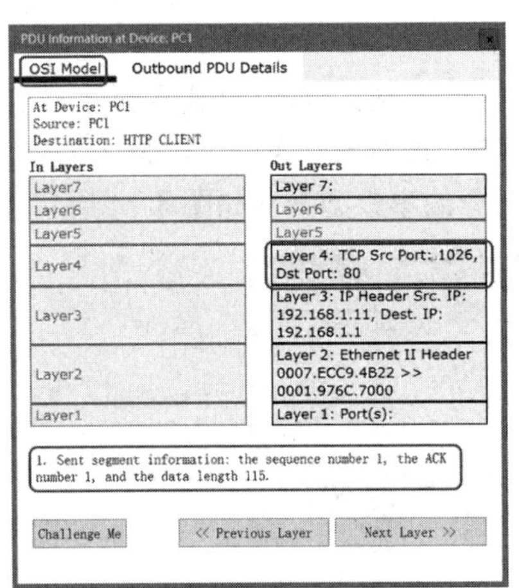

（a）PC1 发出的事件

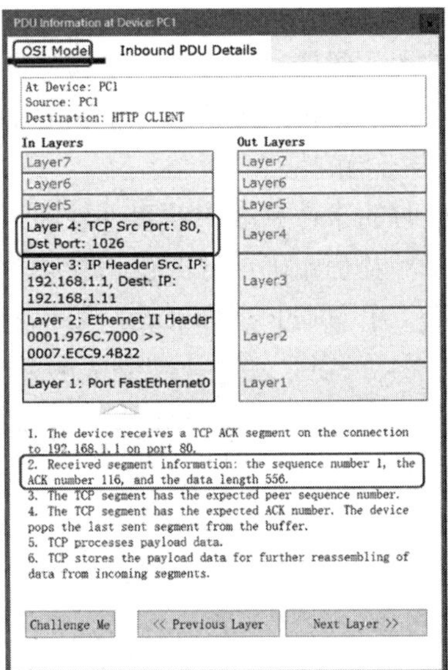

（b）PC1 收到的事件

图 4-15　PDU Information 窗口

◉ **观察：** 观察 sequence number、ACK number 以及 data length 的取值，将实验过程截图并将观察到的信息以表 4-18 的形式记录到实验报告中。

表 4-18　TCP 报文段封装信息记录表 3

事件		sequence number	ACK number	data length
HTTP	PC1 发出			
	PC1 收到			
	PC1 收到			
	PC1 收到			
确认 TCP	PC1 发出			—

（续表）

事件		sequence number	ACK number	data length
HTTP	PC1 收到			
	PC1 收到			
	PC1 收到			
确认 TCP	PC1 发出			—
⋮	⋮	⋮	⋮	⋮
确认 TCP	PC1 发出			—
HTTP	PC1 收到			
	PC1 收到			
	PC1 收到			
释放连接 TCP	PC1 发出			—

提示： 为了简化表格，我们仅要求记录 HTTP 通信最初及最后的几组往返数据。

？ 思考：（1）在 HTTP 传输过程中，PC1 为什么不是每收到 1 个 HTTP 报文就回发 1 个确认，而是连续收到 3 个 HTTP 报文后才回发 1 个确认？这是什么现象？

（2）在表格的前 3 个由 PC1 发出的报文中，相邻的 2 个的确认号的值相差多少？由 PC1 先后发出的相邻 2 个报文之间的 3 个 HTTP 报文，其数据长度之和为多少？这 2 个值有什么关系？

（3）在表格的最后 2 个由 PC1 发出的相邻报文中，确认号的值又相差多少？它们之间的 3 个 HTTP 报文的数据长度之和又为多少？这 2 个值又有什么关系？将思考答案记录到实验报告中。

分析完成后单击 Reset Simulation 按钮，将原有的事件全部清空。

3．任务三：理解 TCP 的重传机制

✧ 步骤 1：初始化拓扑图

单击主窗口右下角的 Realtime 和 Simulation 按钮切换模式数次，或双击预设的 PDU 列表的 Fire 项下的图标，直至 Last Status 转换为 Successful。

上述初始化操作完成后，单击 Delete 按钮删除预设的 PDU 列表。

✧ 步骤 2：添加通信事件

在 Simulation 模式下，单击 PC2 打开其属性窗口，在 Desktop 选项卡中打开 Web Browser，在 URL 框中输入 192.168.1.1，然后单击 Go 按钮，并最小化

PC2 的属性窗口。

✧ **步骤 3：删除 Router1 的路由表并观察 TCP 的超时重传**

单击 Play 按钮开始捕获数据包，注意观察数据包交换的动画演示过程。当 PC2 发送的第一个 HTTP 请求报文到达 Server2 时，单击 Play 按钮暂停捕获数据。

提示： 设备上出现信封图标"![]"表示数据包到达该设备，信封上闪烁红色"×"（![]）表示设备丢弃数据包（接收到但不处理该数据包），信封上闪烁绿色"√"（![]）表示此次通信成功完成。

单击 Router1 打开其属性窗口，将其路由表手动删除后关闭该属性窗口。单击一次 Forward 按钮（▶|）进行逐步跟踪和捕获，可以看到 Server2 回发的 HTTP 应答报文到达 Router1 后，无法继续往下传送。此时的数据包交换过程即 Router1 转发失败，如图 4-16 所示。

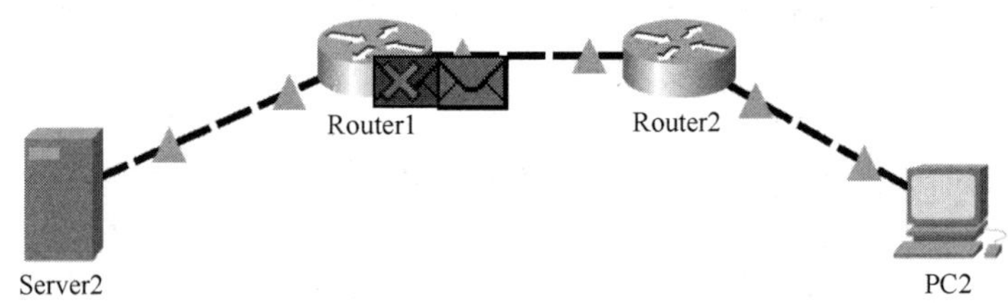

图 4-16　Router1 转发失败

观察： 在捕获数据包过程中，注意观察拓扑工作区中通信过程的动画演示，观察 Server2 发出的 HTTP 应答包到达 Router1 后数据包对应的图标形式。Router1 如何处理该数据包？将实验过程截图并记录到实验报告中。

单击 Play 按钮继续捕获数据包，当 PC2 产生一个超时重传的 HTTP 请求报文时，再次单击 Play 按钮暂停捕获数据。单击此时的 Event List 窗口中的最后一个事件，或者单击拓扑工作区中 PC2 上产生的重传 HTTP 请求报文，打开其 PDU Information 窗口查看报文信息，弹出如图 4-17 所示的 PDU Information 窗口。

在图 4-17 中，可以在 Out Layers 的 Layer 4 中查看服务器 Server2 入口的运输层协议进程对该数据包的处理：

（1）192.168.1.1 上 80 端口的 TCP 连接中超时重传计时器到期。

（2）TCP 重传该报文段。

单击 Play 按钮继续捕获，直到该重传的 HTTP 请求报文到达 Server2 时再次单击 Play 按钮暂停捕获数据。此时数据包对应的图标形式如图 4-18 所示。

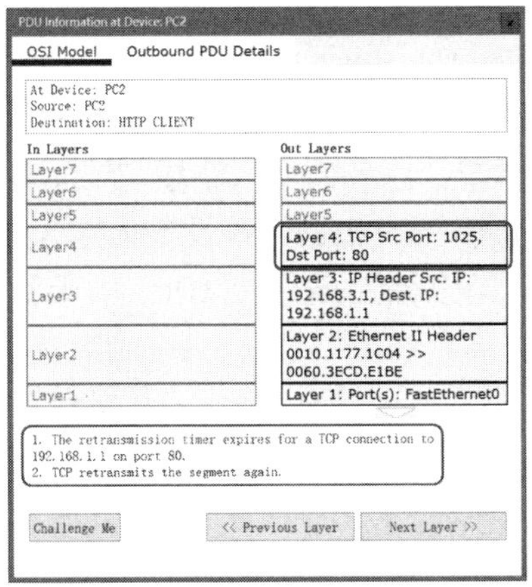

图 4-17　重传的 HTTP 请求报文信息

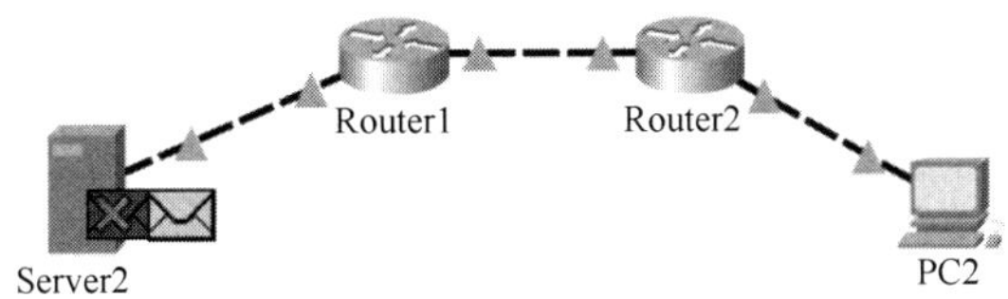

图 4-18　重传的 HTTP 请求报文到达 Server2

单击该 HTTP 重传请求报文，打开其 PDU Information 窗口，如图 4-19 所示。

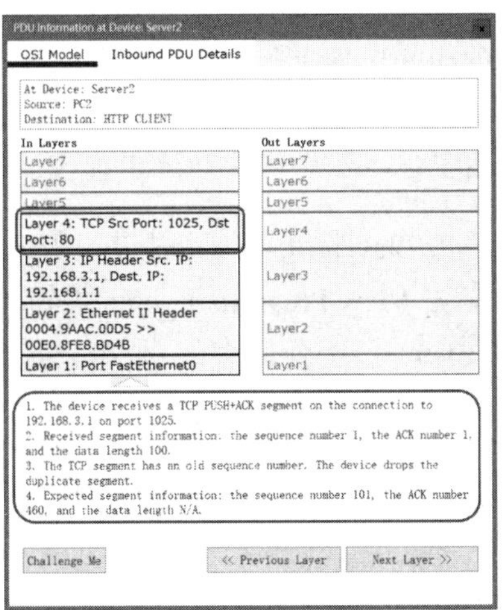

图 4-19　Server2 对重传的 HTTP 报文的详细处理信息

在图 4-19 中，可以在 In Layers 的 Layer 4 中查看服务器 Server2 入口的运输层协议进程对该数据包的详细处理流程：

（1）在与 IP 地址为 192.168.3.1、端口号为 1025 的连接上，收到一条 PUSH+ACK 的 TCP 报文段。

（2）收到的报文段信息：序号为 1，确认号为 1，数据长度为 100。

（3）该 TCP 报文段的序号是旧的。该设备丢弃这个重复的报文段。

（4）期望收到的报文段信息：序号为 101，确认号为 460，数据长度 N/A（表示不适用或无）。

由上述处理流程可见，服务器 Server2 的运输层协议进程在处理该数据包时，检测到该数据包是重复收到的，因此将其丢弃。

打开 Router1 的属性窗口，手动添加如图 4-20 所示的静态路由。

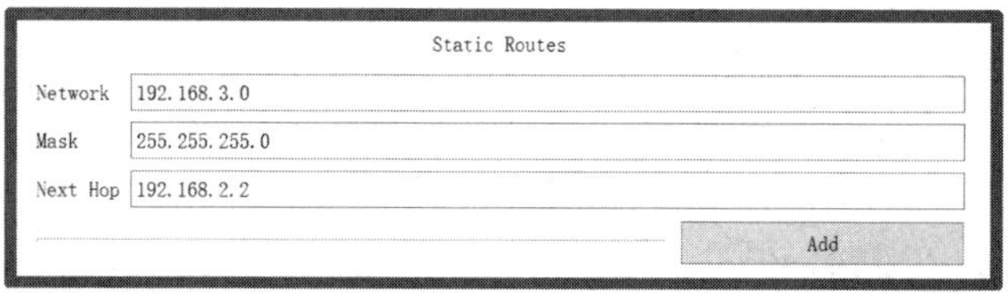

Static Routes

Network	192.168.3.0
Mask	255.255.255.0
Next Hop	192.168.2.2

Add

图 4-20　为 Router1 添加的静态路由

单击 Play 按钮继续捕获，此时可通过向右拖动捕获速度控制滑块加快捕获。

提示： 此处若使用 Forward 按钮进行手动逐步跟踪和捕获，则会影响实验结果，不利于更深入的观察。因为两次按下 Forward 按钮之间间隔的时间与实际情况中两次数据交互的间隔时间有所不同，从而导致设备的处理也不同。感兴趣的读者可以在实验完成后重新打开实验文档，重做任务三，此处不单击 Play 按钮继续捕获，而是改用 Forward 按钮手动逐步捕获，查看结果有何不同。

当通信结束时再次单击 Play 按钮，结束捕获。若未手动结束捕获，则在弹出 Buff Full 对话框时，单击 View Previous Events 按钮关闭对话框结束捕获。

用上述的方法观察 Event List 窗口中的事件，分析总结 TCP 的超时重传机制。

观察： 重点观察 PC2、Server2 发送及接受的 TCP 报文段信息（包含 HTTP 报文所对应的 TCP 报文段），记录 sequence number、ACK number、data length 的值，以及接收方对收到的报文段的处理。将实验过程截图并将观察到的信息以表 4-19 的形式记录到实验报告中。

表 4-19　TCP 报文段封装信息记录表 4

数据包		sequence number	ACK number	data length	首发/重传	传输状况	接收方的处理
HTTP	PC2→Server2						
	Server2→PC2						
	PC2→Server2						
TCP	Server2→PC2			—			
HTTP	PC2→Server2						
TCP	Server2→PC2			—			
HTTP	PC2→Server2						
	Server2→PC2						
释放连接 TCP	PC2→Server2			—			
	Server2→PC2			—			
	PC2→Server2			—			

? **思考：**（1）Server2 对于重复收到的 HTTP 请求报文是如何处理的？为什么？

（2）PC2 对于丢失的 HTTP 请求报文，重传了几次？

（3）Server2 连续收到几次重复的 HTTP 请求报文后重传丢失的 HTTP 应答报文？将思考答案记录到实验报告中。

第5章 应用层实验

5.1 实验一：DNS 解析实验

5.1.1 背景知识

1. 域名

Internet 上的每台主机都有一个唯一的全球 IP 地址，IPv4 中的 IP 地址是由 32 位的二进制数组成的。这样的地址对于计算机来说容易处理，但对于用户来说，即使将 IP 地址用点分十进制数的方式表示，也不容易记忆。而主机之间的通信最终需要用户的操作，用户在访问一台主机前，必须首先获得其地址。因此，我们需要为网络上的主机取一个有意义又容易记忆的名字，这个名字称为域名（Domain Name）。

域名是层次结构的。“域”是名字空间中一个可被管理的划分单位，域可以划分为子域，而子域又可以继续划分为子域的子域，这样就形成了顶级域（也称一级域）、二级域、三级域，等等。

顶级域名分为以下三类。

（1）国家顶级域名 nTLD。例如，cn（中国）、us（美国）、uk（英国）等。

（2）通用顶级域名 gTLD。例如，com（公司企业）、net（网络服务机构）、org（非营利性组织）等。

（3）基础结构域名。只有唯一的一个：arpa（用于反向域名解析，又称为反向域名）。

除以上三类外，ICANN（Internet Corporation for Assigned Names and Numbers，互联网名称与数字地址分配机构）于 2011 年 6 月 20 日正式批准新顶级域名（New gTLD），任何公司、企业都可以向 ICANN 申请。

互联网的域名空间是一个树状的层次结构，如图 5-1 所示。

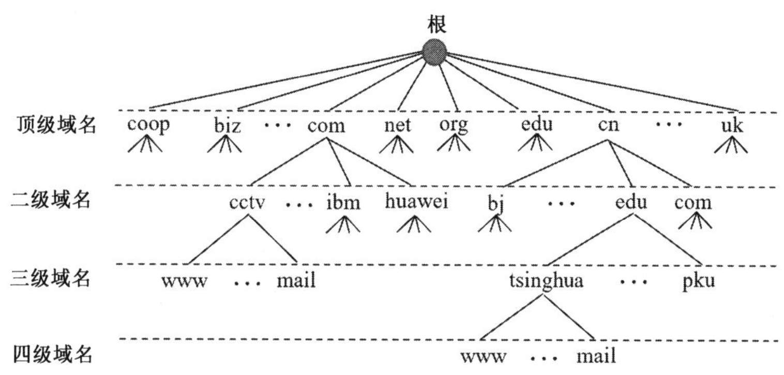

图 5-1　互联网的域名空间

图 5-1 中域名树的树叶就是单台计算机的名字，不能再继续往下划分子域。

完整的域名由标号（label）序列组成，各标号之间用点（“.”）隔开，各标号分别代表不同级别的域名。级别高的域放在后面，级别低的域放在前面。从图 5-1 的树状域名空间来说，从最下面的叶子开始，逐级往上到根为止，不同级别用点（“.”）隔开，就构成了完整的域名，如 www.tsinghua.edu.cn。需要注意的是，根是没有名字的。

2．域名服务器

根据域名服务器（DNS）所起的作用，可以把域名服务器划分为以下 4 种类型：

（1）根域名服务器。它是最高层次的域名服务器，也是最重要的域名服务器。所有的根域名服务器都知道所有的顶级域名服务器的域名和 IP 地址。不管哪一个本地域名服务器，若在本地无法解析域名，都会首先求助于根域名服务器。

（2）顶级域名服务器。它负责管理在该顶级域名服务器注册的所有二级域名。当收到 DNS 查询请求时，就给出相应的回答。

（3）权限域名服务器。它是负责一个区的域名服务器。该区是以顶级域名服务器为根的完整树状结构中的一个子集。

（4）本地域名服务器。当一台主机发出 DNS 查询请求时，这个查询请求报文就发送给本地域名服务器。可见其重要性。每个互联网服务提供者 ISP 或一个大学，都可以拥有一个本地域名服务器。本地域名服务器有时也称为默认域名服务器。

互联网上的域名服务器也是按照层次安排的，如图 5-2 所示。

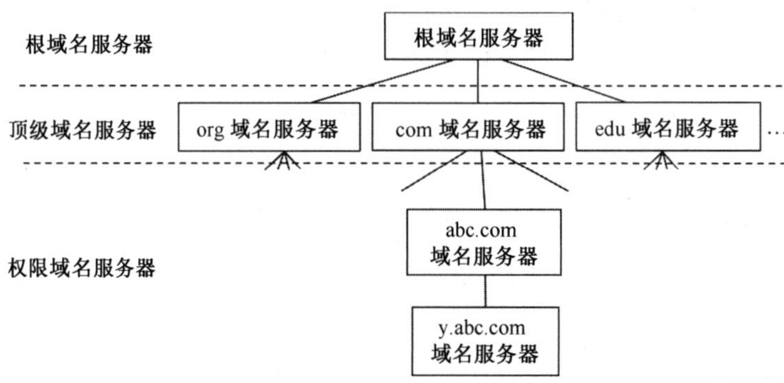

图 5-2　树状结构的 DNS 域名服务器

3．DNS 解析

虽然我们为 Internet 上的主机取了一个便于记忆的域名，但通过域名并不能直接找到要访问的主机，中间还需要一个从域名查找到其对应的 IP 地址的过程，这个过程就是域名解析。域名解析的工作需要由域名服务器 DNS 来完成。

域名的解析方法主要有两种：递归查询（Recursive Query）和迭代查询（Iterative Query）。

（1）递归查询：主机向本地域名服务器的查询一般都采用递归查询。如果本地域名服务器不知道被查询域名的 IP 地址，那么它就以 DNS 客户的身份，向根域名服务器发出查询请求，而不需要主机自己进行下一步的查询。如果查询成功，则递归查询返回的是最终查询到的 IP 地址，否则报错。

（2）迭代查询：本地域名服务器向根域名服务器的查询通常采用迭代查询。当根域名服务器收到本地域名服务器发出的 DNS 查询请求报文时，如果能在本地找到对应的 IP 地址，则将查询到的 IP 地址告诉本地域名服务器，否则告诉本地域名服务器下一步应该向哪一个域名服务器发出查询请求。后续的查询则由本地域名服务器自己去完成。本地域名服务器也可以采用递归查询。

为了提高解析效率，在本地域名服务器及主机中都广泛使用了高速缓存，用来存放最近解析过的域名等信息。当然，缓存中的信息是有时效的，因为域名和 IP 地址之间的映射关系并不总是一成不变的，因此，必须定期删除缓存中过期的映射关系。

4．DNS 报文格式

DNS 请求和应答都用相同的报文格式，分成 5 个部分（有些部分允许为空），如图 5-3 所示。

HEADER（报文首部）
QUESTION（查询的问题）
ANSWER（应答）
AUTHORITY（授权应答）
ADDITIONAL（附加信息）

图 5-3　DNS 报文格式

（1）HEADER 是必需的，它定义了报文是请求还是应答，也定义了报文的其他部分是否需要存在，以及是标准查询还是其他查询。HEADER 的格式如图 5-4 所示。

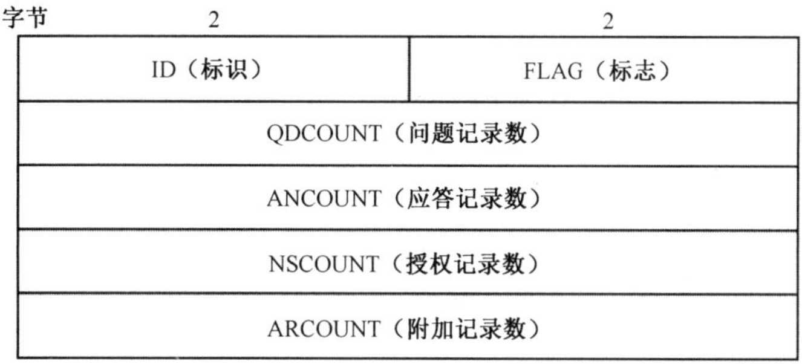

图 5-4　HEADER 的格式

HEADER 中的 FLAG（标志）部分的格式如图 5-5 所示。

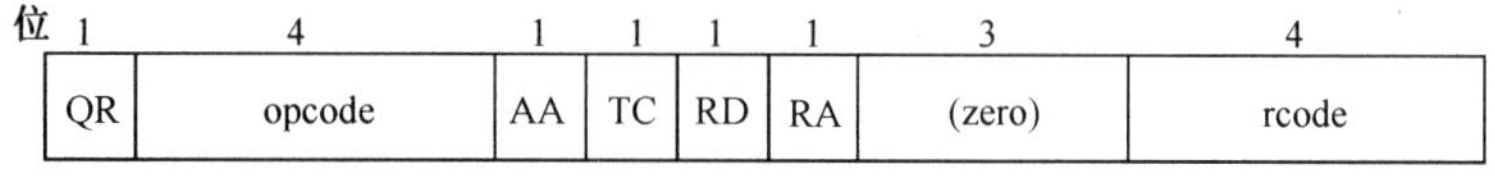

图 5-5　FLAG（标志）部分的格式

各部分含义如下：

- QR：查询/响应标志位。

- opcode：定义查询或响应的类型。
- AA：授权回答的标志位，该位在响应报文中有效。
- TC：截断标志位。
- RD：该位为 1 表示客户端希望得到递归回答。
- RA：只能在响应报文中置为 1，表示可以得到递归响应。
- zero：保留字段，用全 0 填充。
- rcode：返回码，表示响应的差错状态。

（2）QUESTION 部分包含问题，可以有多个问题。每个问题的格式如图 5-6 所示。

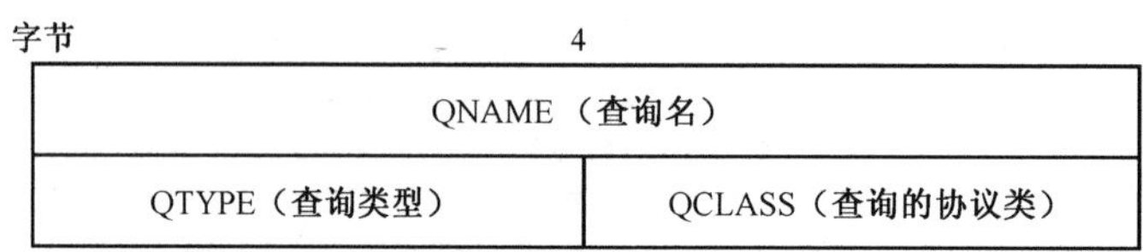

图 5-6　QUESTION 格式

（3）ANSWER（应答）、AUTHORITY（授权应答）、ADDITIONAL（附加信息）部分都使用相同的格式：资源记录（RR，Resource Record）。资源记录可包含多个，其个数由 HEADER 中的 ANCOUNT 值确定。资源记录格式如图 5-7 所示。

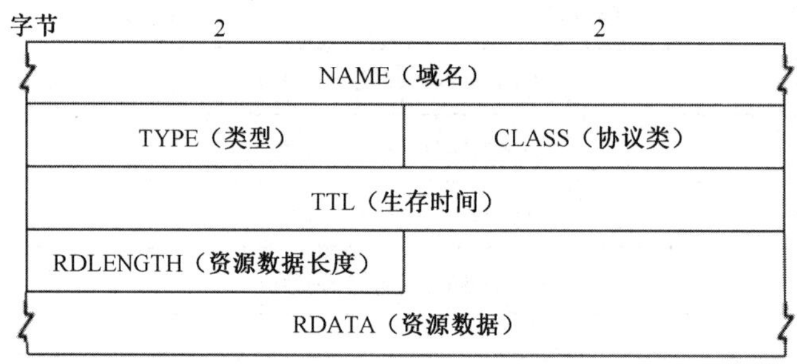

图 5-7　资源记录格式

5.1.2 实验目的

（1）理解 DNS 系统的工作原理。

（2）理解 DNS 服务器的域名解析工作过程。

（3）了解 DNS 报文封装格式。

（4）理解 DNS 缓存的作用。

5.1.3 实验配置说明

本实验对应的实验文件为“5-1 DNS 解析.pka”。

1. 实验拓扑及 IP 地址配置

DNS 解析实验拓扑如图 5-8 所示。

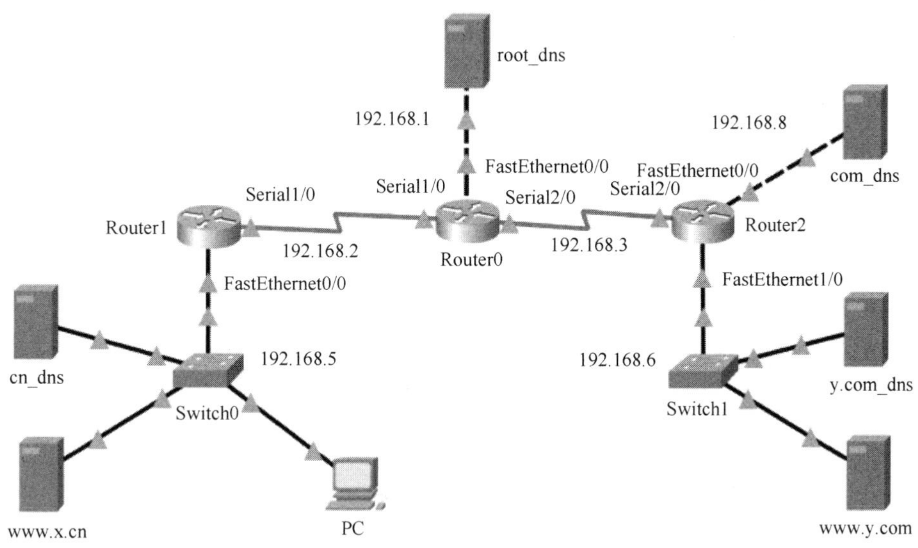

图 5-8 DNS 解析实验拓扑

IP 地址配置如表 5-1 所示。

表 5-1 IP 地址配置

设备	接口	IP 地址	子网掩码	网关	DNS
Router0	FastEthernet0/0	192.168.1.254	255.255.255.0	—	—
	Serial1/0	192.168.2.254	255.255.255.0	—	—
	Serial2/0	192.168.3.254	255.255.255.0	—	—
Router1	FastEthernet0/0	192.168.5.254	255.255.255.0	—	—
	Serial1/0	192.168.2.253	255.255.255.0	—	—
Router2	FastEthernet0/0	192.168.8.254	255.255.255.0	—	—
	FastEthernet1/0	192.168.6.254	255.255.255.0	—	—
	Serial2/0	192.168.3.253	255.255.255.0	—	—

（续表）

设备	接口	IP 地址	子网掩码	网关	DNS
root_dns	FastEthernet0	192.168.1.1	255.255.255.0	192.168.1.254	—
cn_dns	FastEthernet0	192.168.5.1	255.255.255.0	192.168.5.254	—
com_dns	FastEthernet0	192.168.8.1	255.255.255.0	192.168.8.254	—
y.com_dns	FastEthernet0	192.168.6.1	255.255.255.0	192.168.6.254	—
www.x.cn	FastEthernet0	192.168.5.2	255.255.255.0	192.168.5.254	192.168.5.1
www.y.com	FastEthernet0	192.168.6.2	255.255.255.0	192.168.6.254	192.168.6.1
PC	FastEthernet0	192.168.5.12	255.255.255.0	192.168.1.254	192.168.5.1

其中，Router0 的 Serial1/0 和 Serial2/0 接口、Router1 的 Serial1/0 接口及 Router2 的 Serial2/0 接口还需要手动开启。

2．DNS 域名服务器的层次结构

在本实验中，DNS 域名服务器的树状层次结构如图 5-9 所示。

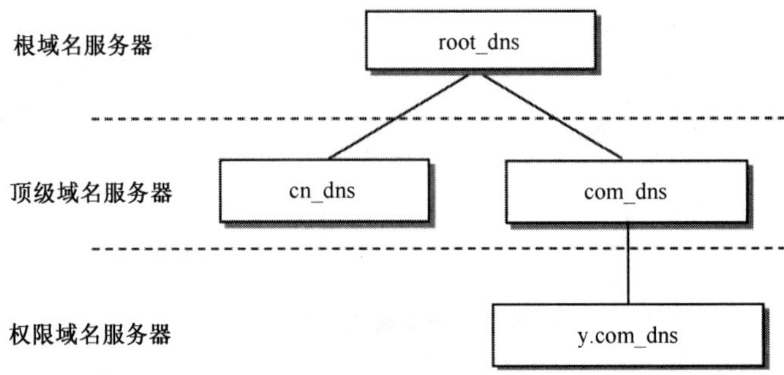

图 5-9　DNS 域名服务器的树状层次结构

3．DNS 服务预配置

预先开启并配置如下域名服务器的 DNS 服务：

root_dns 中添加的资源记录如图 5-10 所示。

No.	Name	Type	Detail
0	cn	NS	cn_dns
1	cn_dns	A Record	192.168.5.1
2	com	NS	com_dns
3	com_dns	A Record	192.168.8.1

图 5-10　root_dns 中添加的资源记录

cn_dns 中添加的资源记录如图 5-11 所示。

No.	Name	Type	Detail
0	.	NS	root_dns
1	root_dns	A Record	192.168.1.1
2	www.x.cn	A Record	192.168.5.2

图 5-11 cn_dns 中添加的资源记录

com_dns 中添加的资源记录如图 5-12 所示。

No.	Name	Type	Detail
0	.	NS	root_dns
1	root_dns	A Record	192.168.1.1
2	y.com	NS	y.com_dns
3	y.com_dns	A Record	192.168.6.1

图 5-12 com_dns 中添加的资源记录

y.com_dns 中添加的资源记录如图 5-13 所示。

No.	Name	Type	Detail
0	www.y.com	A Record	192.168.6.2

图 5-13 y.com_dns 中添加的资源记录

4．其他预配置

本实验需要在 Web 服务器设备 www.x.cn 和 www.y.com 中开启 HTTP 服务并设置其内容，关闭其他服务。

5.1.4 实验步骤

1．任务一：观察并分析本地域名解析过程

✧ **步骤 1：初始化拓扑图**

打开该实验对应的实验文件“5-1 DNS 解析.pka”，单击 Realtime 和 Simulation 按钮切换模式数次，直至拓扑工作区内所有交换机的指示灯变为绿色，并且预设的 PDU 列表中的 Last Status 列均转换为 Successful。

上述初始化操作完成后，单击 Delete 按钮删除预设的 PDU 列表。

✧　**步骤 2：请求本地 Web 服务器的网页并捕获 DNS 事件**

在 Simulation 模式下单击 PC 打开其属性窗口，在 Desktop 选项卡中打开 Web Browser，在 URL 框中输入 www.x.cn，然后单击 Go 按钮，并最小化 PC 的属性窗口。

单击 Play 按钮开始捕获数据包。此时会播放 PC 与 cn_dns 之间的数据包交换动画，并且相关的事件会被添加到 Event List 中。

?　**思考：**（1）DNS 使用运输层的什么协议？

（2）当 PC 输入域名 www.x.cn 请求网页时，为什么它会向 cn_dns 发送一个 DNS 查询请求？

（3）cn_dns 充当什么角色？请将思考的结果记录到实验报告中。

当通信结束时再次单击 Play 按钮，结束捕获。若未手动结束捕获，则在弹出 Buff Full 对话框时，单击 View Previous Events 按钮关闭对话框结束捕获。

✧　**步骤 3：分析本地域名解析过程**

单击 Event List 中的第 1 个事件，注意弹出窗口的标题栏信息“PDU Information at Device: PC”，即当前查看的是 PC 上的 PDU 信息。在 OSI Model 选项卡的 Out Layers 下查看 Layer 7 的说明信息。用同样的方法观察 Event List 中 At Device 列为 PC 或 cn_dns 的事件，忽略交换机的转发过程。此外第 2 个事件是 PC 的发送进程在数据链路层和物理层的处理，此处也暂时忽略。

PC 和 cn_dns 之间的 DNS 交互过程如图 5-14 所示。

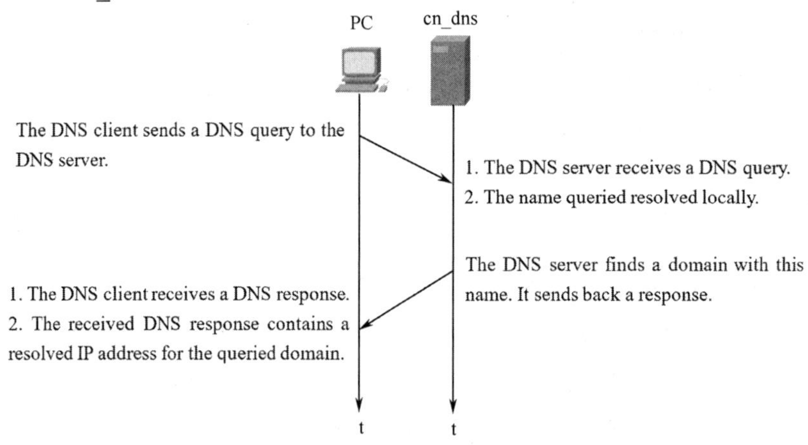

图 5-14　PC 和 cn_dns 之间的 DNS 交互过程

可以看出DNS客户端PC与本地域名服务器cn_dns之间的域名解析过程：

（1）DNS 客户端向本地域名服务器 cn_dns 发送一个 DNS 查询请求，请求域名 www.x.cn 的 IP 地址。

（2）本地域名服务器 cn_dns 收到 PC 的 DNS 查询请求后，在本地查找到相应的资源记录。于是，向 PC 发送 DNS 的应答报文。

（3）PC 收到本地域名服务器 cn_dns 的应答报文，该报文包含查询的域名所对应的 IP 地址。

✧ **步骤 4：查看并分析 DNS 报文的封装**

在 PDU Information 窗口的 Inbound PDU Details/Outbound PDU Details 选项卡中查看并记录 DNS 报文的相关封装信息。

观察：重点观察 DNS 报文 HEADER（报文首部）中的 QDCOUNT（问题记录数）、ANCOUNT（应答记录数），QUESTION（问题）中的 QNAME（查询名）、QTYPE（查询类型）和 QCLASS（查询的协议类），以及 ANSWER（应答）中的 NAME（域名）、RDLENGTH（资源数据长度）和 RDATA（资源数据），将实验过程截图并将观察到的信息以表 5-2 的形式记录到实验报告中。

表 5-2　DNS 报文封装信息记录表 1

报文	QDCOUNT	ANCOUNT	QNAME	QTYPE	QCLASS
PC→cn_dns					
报文	QDCOUNT	ANCOUNT	NAME	RDLENGTH	RDATA
cn_dns→PC					

完成后单击 Reset Simulation 按钮，将原有的事件全部清空；同时关闭 PC 的 Web Browser。

2．任务二：观察并分析外网域名解析过程

✧ **步骤 1：请求外部 Web 服务器的网页并捕获 DNS 事件**

在 Simulation 模式下，单击 PC 打开其属性窗口，在 Desktop 选项卡中打开 Web Browser，在 URL 框中输入 www.y.com，然后单击 Go 按钮，并最小化 PC 的属性窗口。

单击 Play Controls 面板上的 Play 按钮，开始捕获数据包。此时会播放 PC 与 cn_dns 之间的数据包交换动画，并且相关的事件会被添加到 Event List 中。注意此时的数据包交换过程与任务一步骤 2 中的区别。

✧　**步骤 2：分析外网域名解析过程**

应注意重点观察解析外网域名时各级域名服务器的具体解析过程。此处可忽略路由器和交换机的转发过程，仅分析 DNS 的请求和响应报文在 DNS 服务器之间的交互情况。

用任务一步骤 3 中同样的方法查看相关设备 PDU Information 窗口中 Layer 7 的说明信息，可以得到 DNS 服务器之间的解析过程，如图 5-15 所示。

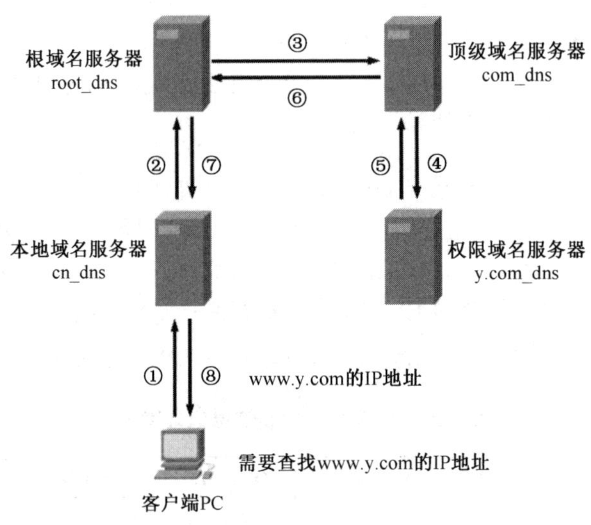

图 5-15　本地域名服务器的递归查询

① PC 向本地域名服务器 cn_dns 发送一个 DNS 查询请求报文请求解析域名 www.y.com。

② 本地域名服务器 cn_dns 收到 PC 的 DNS 查询请求后，在本地未能解析，于是 cn_dns 作为 DNS 客户端向根域名服务器 root_dns（192.168.1.1）发送 DNS 请求报文，请求解析域名 www.y.com。

③ 根域名服务器 root_dns 收到 cn_dns 发来的 DNS 查询请求后，在本地未能解析，于是 root_dns 也作为 DNS 客户端向顶级域名服务器 com_dns（192.168.8.1）发送 DNS 请求报文，请求解析域名 www.y.com。

④ 顶级域名服务器 com_dns 收到 root_dns 发来的 DNS 查询请求后，在本地未能解析，于是 com_dns 也作为 DNS 客户端向权限域名服务器 y.com_dns（192.168.6.1）发送 DNS 请求报文，请求解析域名 www.y.com。

⑤ 权限域名服务器 y.com_dns 收到 com_dns 发来的 DNS 查询请求后，在

本地解析出域名 www.y.com，于是将 IP 地址 192.168.6.2 写入 DNS 应答报文中发送给顶级域名服务器 com_dns。

⑥ com_dns 作为 DNS 客户端收到 DNS 应答报文后，取出 IP 地址 192.168.6.2，同时作为 DNS 服务器将 IP 地址写入 DNS 应答报文中发送给根域名服务器 root_dns。

⑦ root_dns 作为 DNS 客户端收到 DNS 应答报文后，取出 IP 地址 192.168.6.2，同时作为 DNS 服务器将 IP 地址写入 DNS 应答报文中发送给本地域名服务器 cn_dns。

⑧ cn_dns 作为 DNS 客户端收到 DNS 应答报文后，取出 IP 地址 192.168.6.2，同时作为 DNS 服务器将 IP 地址写入 DNS 应答报文中发送给 PC。

PC 收到本地域名服务器 cn_dns 的应答报文后，成功解析出域名 www.y.com 对应的 IP 地址 192.168.6.2，再利用 HTTP 并对其进行访问，此时在 Web Browser 中显示相应的 Web 页面。

？ 思考：（1）cn_dns 收到 PC 的域名解析请求时，做何处理？它的角色有何改变？root_dns 和 com_dns 呢？

（2）y.com_dns 与之前的 DNS 服务器相比，处理方式是否一样？为什么？

（3）本实验中 PC 与本地域名服务器 cn_dns 之间的解析是递归还是迭代？本地域名服务器 cn_dns 与根域名服务器 root_dns 之间呢？将思考的结果记录到实验报告中。

✧ 步骤 3：查看并分析 DNS 报文的封装

在 PDU Information 窗口的 Inbound PDU Details/Outbound PDU Details 选项卡中查看并记录 DNS 报文的相关封装信息。

观察：重点查看以下报文：① PC→cn_dns；② cn_dns→root_dns；③ root_dns→com_dns；④ com_dns→y.com_dns；⑤ y.com_dns→com_dns；⑥ com_dns→root_dns；⑦ root_dns→cn_dns；⑧ cn_dns→PC；观察 DNS 报文 HEADER（报文首部）中的 QDCOUNT（问题记录数）、ANCOUNT（应答记录数）、NSCOUNT（授权记录数），QUESTION（问题）中的 QNAME（查询名）、QTYPE（查询类型）和 QCLASS（查询的协议类），以及 ANSWER（应答）中的 NAME（域名）、TYPE（类型）、CLASS（协议类）、RDLENGTH（资源数据长度）和 RDATA（资源数据），将实验过程截图并将观察到的信息以表 5-3 的形式记录到实验报告中。

表 5-3　DNS 报文封装信息记录表 2

<table>
<tr><td>报文</td><td>①</td><td colspan="2">②</td><td colspan="2">③</td><td colspan="2">④</td></tr>
<tr><td>QDCOUNT</td><td></td><td colspan="2"></td><td colspan="2"></td><td colspan="2"></td></tr>
<tr><td>ANCOUNT</td><td></td><td colspan="2"></td><td colspan="2"></td><td colspan="2"></td></tr>
<tr><td>QNAME</td><td></td><td colspan="2"></td><td colspan="2"></td><td colspan="2"></td></tr>
<tr><td>QTYPE</td><td></td><td colspan="2"></td><td colspan="2"></td><td colspan="2"></td></tr>
<tr><td>QCLASS</td><td></td><td colspan="2"></td><td colspan="2"></td><td colspan="2"></td></tr>
<tr><td>报文</td><td>⑤</td><td colspan="2">⑥</td><td colspan="2">⑦</td><td colspan="2">⑧</td></tr>
<tr><td>QDCOUNT</td><td></td><td colspan="2"></td><td colspan="2"></td><td colspan="2"></td></tr>
<tr><td>ANCOUNT</td><td></td><td colspan="2"></td><td colspan="2"></td><td colspan="2"></td></tr>
<tr><td>NSCOUNT</td><td></td><td colspan="2"></td><td colspan="2"></td><td colspan="2"></td></tr>
<tr><td>NAME</td><td></td><td></td><td></td><td></td><td></td><td></td><td></td></tr>
<tr><td>TYPE</td><td></td><td></td><td></td><td></td><td></td><td></td><td></td></tr>
<tr><td>CLASS</td><td></td><td></td><td></td><td></td><td></td><td></td><td></td></tr>
<tr><td>RDLENGTH</td><td></td><td></td><td></td><td></td><td></td><td></td><td></td></tr>
<tr><td>RDATA</td><td></td><td></td><td></td><td></td><td></td><td></td><td></td></tr>
</table>

? **思考**：不同的 DNS 应答报文的首部中 QDCOUNT（问题记录数）、ANCOUNT（应答记录数）是否一样？为什么会有这样的结果？将思考的结果记录到实验报告中。

完成后单击 Reset Simulation 按钮，将原有的事件全部清空；同时关闭 PC 的 Web Browser 窗口。

3．任务三：观察缓存的作用

✧ **步骤 1：查看本地域名服务器 cn_dns 的缓存**

查看缓存有两种方法：

（1）单击逻辑工作空间中的本地域名服务器 cn_dns，在 Services 选项卡中选择 DNS 服务，并单击页面下方的 DNS Cache 按钮，查看此时本地域名服务器 cn_dns 中的缓存。

（2）先选择工具栏中的 Inspect 工具，再单击拓扑工作区中的本地域名服务器 cn_dns，在弹出的快捷菜单中选择 DNS Cache Table 即可查看此时本地域名服务器 cn_dns 中的缓存。查看完后选择工具栏中的 Select 工具。

观察：将本地域名服务器 cn_dns 中的 DNS 缓存记录截图并记录到实验报告中。

? **思考**：（1）cn_dns 的 DNS 缓存记录中的哪些记录是在任务二中添加的？

（2）任务二还会影响到哪些 DNS 服务器的 DNS 缓存？为什么会有这样的结果？用上述方法逐一查看所有 DNS 服务器的缓存并将查看结果截图。将思考的结果记录到实验报告中。

✧　**步骤 2：再次请求外部 Web 服务器的网页**

重复任务二，再次观察此次解析外网域名的过程。

?　**思考：**（1）该过程与任务二相比有什么区别？

（2）本任务与任务二的过程对比后，能得出 DNS 缓存的作用是什么？

（3）在 Packet Tracer 中如何清空 DNS 缓存？将思考的结果记录到实验报告中。

完成后单击 Reset Simulation 按钮，将原有的事件全部清空；同时关闭 PC 的 Web Browser 窗口。

5.2　实验二：DHCP 分析

5.2.1　背景知识

1．DHCP 的作用

一台计算机若要连接到 Internet，必须对其 TCP/IP 进行正确的配置，如 IP 地址、子网掩码、默认网关、默认 DNS 等。若每次都使用人工配置显然非常不方便，因此需要一种协议能够对网络协议进行自动配置。BOOTP（Bootstrap Protocol，引导程序协议）是一种早期的自动配置协议的方法，它可以自动地为主机设定 TCP/IP 环境。但是，该协议非常缺乏“动态性”，为客户端固定分配 IP 地址的方式必然会造成很大的浪费。DHCP（Dynamic Host Configuration Protocol，动态主机配置协议）是在 BOOTP 基础上发展起来的，它使客户机能够在 TCP/IP 网络上获得相关的配置信息，并在 BOOTP 的基础上添加了自动分配可用网络地址等功能。

2．DHCP 的地址分配类型

DHCP 支持三种类型的地址分配。

（1）自动分配：当 DHCP 客户端第一次成功地从 DHCP 服务器端租用到 IP 地址之后，就永久地使用这个地址。

（2）动态分配：DHCP 客户端被分配到的 IP 地址并非是永久的，而是有时间限制的。只要租约到期，就得释放（Release）这个 IP 地址，以便该 IP 地址可以供其他工作站使用。当然，DHCP 客户端也可以明确表示放弃已分配的地址。

（3）手工分配：网络管理员按照 DHCP 规则，将指定的 IP 地址分配给客户端主机。

动态分配是唯一允许自动重用地址的机制，它非常适合临时上网的用户，尤其是当实际 IP 地址不足时。

DHCP 客户端与服务器的重新绑定无须重启系统就可完成，客户端以设置的固定间隔进入重新绑定状态，该过程在后台进行且对用户是透明的。

3．DHCP 报文格式

DHCP 报文格式如图 5-16 所示。

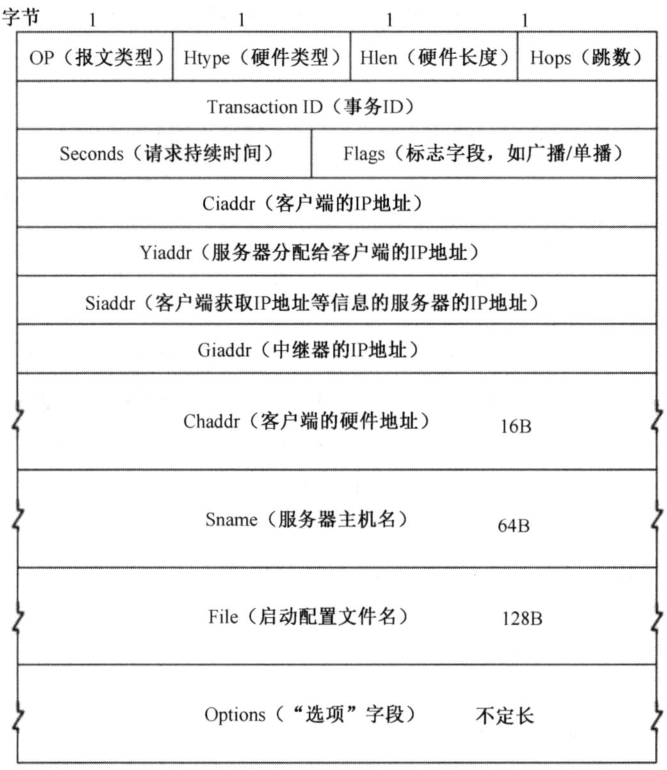

图 5-16　DHCP 报文格式

其中，部分字段的值的含义如下：

- OP：1 表示请求，2 表示应答。
- Htype：1 表示以太网。

- Hlen：以太网该字段的值为 6。
- Hops：初始为 0，由转发代理填写。

DHCP 采用客户/服务器的方式进行交互，交互过程使用的 DHCP 报文共有 8 种，由“选项”字段中的“DHCP Message Type”选项的 value 值确定。

4．DHCP 中继

使用一个 DHCP 服务器可以很容易地实现为一个网络中的主机动态分配 IP 地址等配置信息，但若在每个网络上都设置一个 DHCP 服务器，则会造成 DHCP 服务器的数量过多，显然不合适。一个有效的解决方法是，为每个网络至少设置一个 DHCP 中继代理，该代理可以是一台 Internet 主机或路由器。DHCP 中继代理可以用来转发跨网的 DHCP 请求及响应，因此可以避免在每个物理网络中都建立一台 DHCP 服务器。当 DHCP 中继代理收到 DHCP 客户端以广播方式发送的发现报文（DHCPDISCOVER）后，就以单播方式向 DHCP 服务器转发该报文并等待应答；当它收到 DHCP 服务器发回的提供报文（DHCPOFFER）后，将其转发给 DHCP 客户端。

5．DHCP 的工作过程

DHCP 服务器和客户端之间的交互报文主要有 5 个：DHCPDISCOVER、DHCPOFFER、DHCPREQUEST、DHCPACK、DHCPRELEASE。DHCP 客户端使用 UDP 的端口 68，DHCP 服务器使用 UDP 端口 67。DHCP 服务器和客户端的标准交互过程如图 5-17 所示。

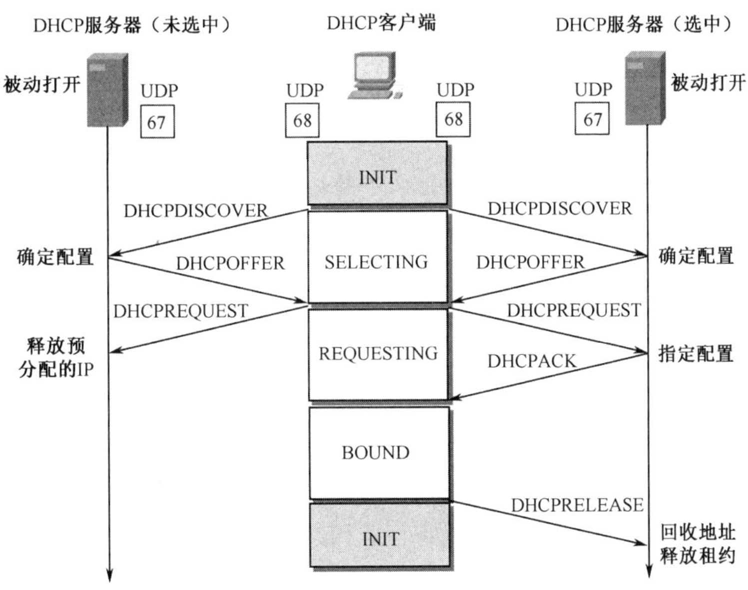

图 5-17　DHCP 服务器和客户端的标准交互过程

通过 5 个主要的交互报文，DHCP 客户端实现了不同状态的变迁：初始化状态 INIT、选择状态 SELECTING、请求状态 REQUESTING、已绑定状态 BOUND。

客户端进入已绑定状态 BOUND 后，将获得使用配置参数的租期。在有效的租期内，若客户端想退租，随时可以发送 DHCPRELEASE 报文请求服务器释放该地址。

5.2.2 实验目的

（1）了解 DHCP 的作用。
（2）理解 DHCP 中继的作用及其工作过程。
（3）理解 DHCP 的工作过程。
（4）熟悉 DHCP 的报文格式。

5.2.3 实验配置说明

本实验对应的实验文件为“5-2 DHCP 分析.pka”。

1. 网络拓扑图及 IP 地址配置

DHCP 分析实验拓扑如图 5-18 所示。

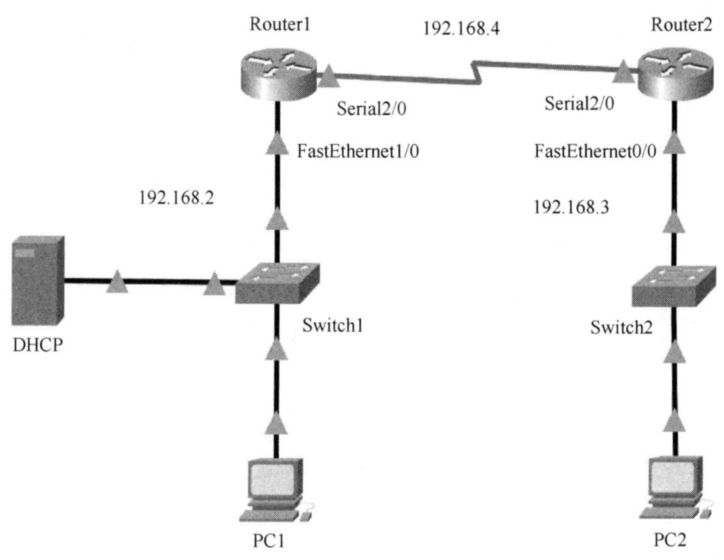

图 5-18 DHCP 分析实验拓扑

IP 地址配置如表 5-4 所示。

表 5-4　IP 地址配置

设备	接口	IP 地址	子网掩码	网关
Router1	FastEthernet1/0	192.168.2.254	255.255.255.0	—
	Serial2/0	192.168.4.1	255.255.255.0	—
Router2	FastEthernet0/0	192.168.3.254	255.255.255.0	—
	Serial2/0	192.168.4.2	255.255.255.0	—
DHCP	FastEthernet0	192.168.2.1	255.255.255.0	192.168.2.254

对 PC1 和 PC2 的 IP 地址等无须进行任何设置。

2．DHCP 服务预配置

本实验需要开启 DHCP 设备的 DHCP 服务并添加两个地址池。DHCP 设备添加的地址池如表 5-5 所示。

表 5-5　DHCP 设备添加的地址池

序号	1	2
Pool Name（地址池名）	serverPool-net1	serverPool-net2
Default Gateway（默认网关）	0.0.0.0	0.0.0.0
DNS Server（DNS 服务器）	0.0.0.0	0.0.0.0
Start IP Address（起始 IP 地址）	192.168.2.5	192.168.3.5
Subnet Mask（子网掩码）	255.255.255.0	255.255.255.0
Maximum number of users（最大用户数）	50	50
TFTP Server（TFTP 服务器）	0.0.0.0	0.0.0.0

每个地址池添加完成后必须单击 Add（添加）按钮，此时在下方的列表框中将会显示刚添加的地址池记录，表示添加成功。

5.2.4　实验步骤

1．任务一：DHCP 服务器为内网主机动态分配 IP 地址

✧ **步骤 1：初始化拓扑图**

打开该实验对应的实验文件“5-2 DHCP 分析.pka”，单击 Realtime 和 Simulation 模式按钮切换数次，直至拓扑工作区内所有交换机的指示灯变为绿色，并且预设的 PDU 列表中的 Last Status 列均转换为 Successful。

上述初始化操作完成后，单击 Delete 按钮删除预设的 PDU 列表。

✧　**步骤 2：捕获 DHCP 事件**

在 Simulation 模式下单击 PC1 打开其属性窗口，在 Desktop 选项卡中打开 IP Configuration 窗口，选择 DHCP 单选按钮。最小化 PC1 的属性窗口。

单击 Play 按钮开始捕获数据包。此时会播放 PC1 与 DHCP 服务器之间的数据包交换动画，并且相关的事件会被添加到 Event List 中。

👁　**观察：** 在捕获数据包的过程中，注意观察拓扑工作区中通信过程的动画演示，观察 DHCP Discover packet（DHCP 发现报文）到达 Router1 后，该数据包对应的图标形式。该图标说明 Router1 是如何处理收到的数据包的？将观察到的结果记录到实验报告中。

当通信结束时再次单击 Play 按钮，结束捕获。若未手动结束捕获，则在弹出 Buff Full 对话框时，单击 View Previous Events 按钮关闭对话框结束捕获。

✧　**步骤 3：分析 DHCP 为内网主机分配 IP 地址的工作过程**

此时的 Even List 窗口如图 5-19 所示。

Event List

Vis.	Time(sec)	Last Device	At Device	Type
1	0.000	--	PC1	DHCP
2	0.001	PC1	Switch1	DHCP
3	0.002	Switch1	Router1	DHCP
4	0.002	--	Switch1	DHCP
5	0.003	Switch1	DHCP	DHCP
6	1.509	DHCP	Switch1	DHCP
7	1.510	Switch1	Router1	DHCP
8	1.510	Switch1	PC1	DHCP
9	1.511	PC1	Switch1	DHCP
10	1.512	Switch1	Router1	DHCP
11	1.512	Switch1	DHCP	DHCP
12	1.513	DHCP	Switch1	DHCP
13	1.514	Switch1	Router1	DHCP
14	1.514	Switch1	PC1	DHCP

图 5-19　Event List 窗口

👁　**观察：** 重点观察 DHCP 服务器为 PC1 动态分配 IP 地址的工作过程。此处可忽略交换机的转发过程，仅分析 DHCP 的请求和响应报文在 PC1 与 DHCP 服务器之间的交互情况，如图 5-19 中的第 1 个、第 5 个、第 8 个、第 11 个、第 14 个事件。

由此得到的 DHCP 为内网主机分配 IP 地址的工作过程大致如下：

（1）PC1 首先以广播方式发送一个 DHCP Discover packet（DHCP 发现报文），由于此时 PC1 还未设置 IP 地址信息，故该报文的源 IP 为 0.0.0.0。

（2）DHCP 服务器收到 DHCP 发现报文后，发现未与 DHCP 客户端（PC1）进行绑定，于是从地址池中找出第一个可用的 IP 地址封装成 DHCP Offer packet（DHCP 提供报文）并以广播方式发送出去。

（3）PC1 收到 DHCP 提供报文后，以广播方式发送一个 DHCP Request packet（DHCP 请求报文），请求使用预分配的 IP 地址。

（4）DHCP 服务器收到 DHCP 请求报文后，将被请求的 IP 地址从其地址池中与 DHCP 客户端（PC1）的 MAC 地址绑定，并以广播方式发送一个 DHCP Ack packet（DHCP 确认报文）。

（5）PC1 收到该报文后，在本机进行 IP 配置。

✧　步骤 4：查看并分析 DHCP 报文的封装

在 PDU Information 窗口的 Inbound PDU Details/Outbound PDU Details 选项卡中查看并记录 DHCP 报文的相关封装信息。

以 Event List 中的第一个事件为例。单击该事件，打开其 PDU Information 窗口，在 Outbound PDU Details 选项卡中查看 DHCP 报文的相关封装信息，如图 5-20 所示。

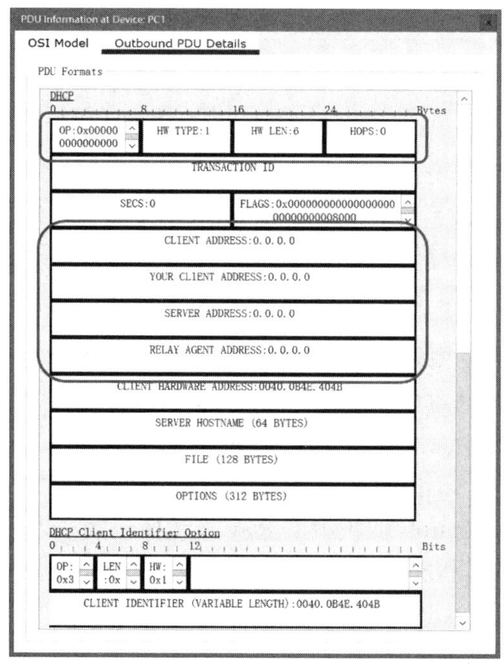

图 5-20　PDU Information 窗口

👁 **观察**：重点观察 DHCP 报文中的 OP（报文类型）、Htype（硬件类型）、Hlen（硬件长度）、Hops（跳数），以及 Ciaddr（客户端的 IP 地址）、Yiaddr（服务器分配给客户端的 IP 地址）、Siaddr（客户端获取 IP 地址等信息的服务器的 IP 地址）、Giaddr（中继器的 IP 地址）这 4 个地址的信息。将实验过程截图并将观察到的信息以表 5-6 的形式记录到实验报告中。

表 5-6　DHCP 报文封装信息记录表 1

报文	PC1→DHCP	DHCP→PC1	PC1→DHCP	DHCP→PC1
OP				
Htype				
Hlen				
Hops				
Ciaddr				
Yiaddr				
Siaddr				
Giaddr				
报文类型				
单播/广播				
Router1 的处理				

?　思考：观察 PC1 分配到的 IP 地址，并将其与 DHCP 服务器中的地址池进行对比，分析 DHCP 服务器在分配 IP 地址时有何规律。将思考答案记录到实验报告中。在后续实验全部完成后，直接关闭实验文件（不保存），然后重新打开实验文件，改用 Realtime 模式（跳过对实验过程的观察）下以同样的方法为 PC1 申请分配 IP 地址，观察是否与本次实验中获取到的地址相同。

完成后单击 Reset Simulation 按钮，将原有的事件全部清空。

✧　**步骤 5：再次捕获事件并分析 DHCP 释放 IP 地址的工作过程**

返回 PC1 的属性窗口，在 Desktop 选项卡的 IP Configuration 窗口中，单击 IP Configuration 下的 Static 单选按钮，并最小化 PC1 的属性窗口。

再次单击 Play Controls 面板上的 Play 按钮捕获数据包，直到通信结束。

释放 IP 地址的过程相对更加简单。用步骤 3 的方法查看 Event List 窗口中的事件，可以得出 DHCP 释放 IP 地址的工作过程大致如下：

（1）PC1 生成一个 DHCP Release packet（DHCP 释放报文），并将其发送给 DHCP 服务器。

（2）DHCP 服务器收到 PC1 发来的 DHCP Release packet 后，释放租约。

查看此时 DHCP 报文的相关封装信息，并用步骤 4 相同的方法将信息追加到表 5-6 中，并记录到实验报告中。

完成后单击 Reset Simulation 按钮，将原有的事件全部清空；同时关闭 PC1 的配置窗口。

2．任务二：DHCP 服务器为外网主机 PC2 动态分配 IP 地址

✧　**步骤 1：捕获 DHCP 事件**

在 Simulation 模式下，为 PC2 动态分配 IP 地址并捕获相应的事件。具体操作过程参考任务一中的步骤 2。

👁　**观察：**在捕获数据包的过程中，注意观察拓扑工作区中通信过程的动画演示，观察 DHCP Discover packet 到达 Router2 后，该数据包对应的图标形式。将观察到的结果记录到实验报告中。

?　**思考：**（1）Router2 是如何处理来自 PC2 的 DHCP Discover packet 的？

（2）在本次捕获过程中，PC2 共发送了多少次 DHCP 发现报文？为什么要发送多次？将思考答案记录到实验报告中。

返回 PC2 的属性窗口，此时可以看到 PC2 的 DHCP 配置结果如图 5-21 所示。

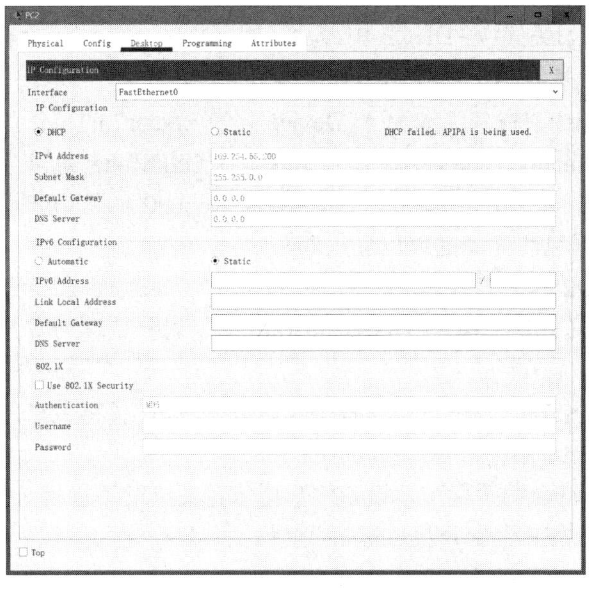

图 5-21　PC2 的 DHCP 配置结果

单击 Realtime 按钮切换到 Realtime 模式。返回 PC2 的属性窗口，单击 IP Configuration 下的 Static 单选按钮，最小化 PC2 的属性窗口。重新单击 Simulation 按钮回到 Simulation 模式，为后续实验做准备。

✧ **步骤 2：配置 DHCP 中继后重新捕获 DHCP 事件**

DHCP 报文是以广播方式发出的，而路由器的端口默认是隔离广播的，若需要路由器转发广播包，则必须在路由器收到广播包的接口配置 ip helper-address，才能转发在 ip forward-protocol 中定义的广播包，并以单播方式送出。本步骤需要为路由器 Router2 的 FastEthernet0/0 接口配置 DHCP 中继。

配置 DHCP 中继的命令为：

ip helper-address <DHCP 服务器 IP 地址>

单击 Router2 打开其属性窗口，选择 CLI（命令行界面）选项卡，分别执行如下命令：

```
Router2>en
Router2#conf t
Enter configuration commands, one per line. End with CNTL/Z.
Router2(config)#interface fa0/0
Router2(config-if)#ip helper-address 192.168.2.1
Router2(config-if)#exit
Router2(config)#
```

在 Router2 上配置好 DHCP 中继后，用同样的方法重新捕获 DHCP 事件。

✧ **步骤 3：分析 DHCP 为外网主机分配 IP 地址的工作过程**

在 Event List 中找到第一个 At Device 列为 Router2 的事件，单击该事件打开其 PDU Information 窗口，如图 5-22 所示，在 OSI Model 选项卡中的 In Layers 和 Out Layers 中分别单击 Layer3，可以查看 Router2 的入口和出口的网络层协议进程对该数据包的详细处理信息。

- Router2 的入口处理流程如下：

① 设备在 CEF（Cisco Express Forwarding，思科快速转发）表中查找目标 IP 地址。

② CEF 表中有一条记录让设备接收该数据包。设备将数据包提交给上层。

- Router2 的出口处理流程如下：

① 数据包符合助手标准，设备将数据包转发给助手地址。

② 设备在 CEF 表中查找目标 IP 地址。

③ CEF 表中没有目标 IP 地址的记录。

④ 设备在路由表中查找目标 IP 地址。

⑤ 路由表中查找到目标 IP 地址的路由记录。

用同样的方法观察 Event List 中的其他事件。

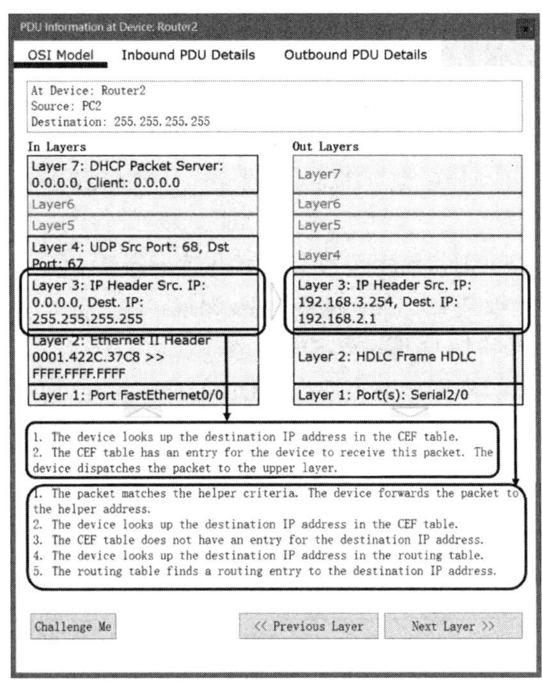

图 5-22　Router2 的详细处理信息

提示：主要观察 DHCP 报文在 PC2 和 DHCP 服务器之间的交互过程。尤其注意观察 Router2 对 DHCP 报文的处理方式。此处可忽略 Router1 及两台交换机的转发过程。

可以得出 DHCP 为外网主机分配 IP 地址的工作过程大致如下：

① PC2 首先以广播方式发送一个 DHCP Discover packet（DHCP 发现报文），由于此时 PC2 还未设置 IP 地址信息，该报文的源 IP 为 0.0.0.0。

② Router2 从 FastEthernet0/0 接口收到该报文后，由于该端口配置了 DHCP 中继，且该报文是广播包，符合 helper criteria（助手标准），可以转发。重新封装的数据包转发给 helper address 192.168.2.1，且将源 IP 设置为 Router2 的 FastEthernet0/0 接口的 IP 地址，之后查找路由表并转发。

③ DHCP 服务器收到 DHCP 发现报文后，发现未与 DHCP 客户端（PC2）进行绑定，从地址池中找出第一个可用的 IP 地址封装成 DHCP Offer packet

（DHCP 提供报文）发送出去。

④ Router2 从 helper address 收到报文后，从 FastEthernet0/0 接口转发出去。

⑤ PC2 收到 DHCP 提供报文后，再次以广播方式发送一个 DHCP Request packet（DHCP 请求报文），请求使用预分配的 IP 地址。

⑥ Router2 再次转发该报文。

⑦ DHCP 服务器收到 DHCP 请求报文后，将被请求的 IP 地址从其地址池中与 DHCP 客户端的 MAC 地址绑定，并发送一个 DHCP Ack packet（DHCP 确认报文）。

⑧ Router2 从 FastEthernet0/0 端口将该报文转发给 PC2。

⑨ PC2 收到该报文后，在本机进行 IP 配置。

✧ 步骤 4：查看并分析 DHCP 报文的封装

用任务一步骤 4 中同样的方法在 PDU Information 窗口的 Inbound PDU Details/Outbound PDU Details 选项卡中查看并记录 DHCP 报文的相关封装信息。

观察：将实验过程截图并将观察到的信息以表 5-7 的形式记录到实验报告中。

表 5-7　DHCP 报文封装信息记录表 2

报文	PC1→Router2	Router2→DHCP	DHCP→PC1	PC1→Router2	Router2→DHCP	DHCP→PC1
OP						
Htype						
Hlen						
Hops						
Ciaddr						
Yiaddr						
Siaddr						
Giaddr						
报文类型						
单播/广播						
Router2 的处理			—			—

完成后单击 Reset Simulation 按钮，将原有的事件全部清空。同样地，用任务一步骤 5 的方法释放 PC2 分配到的 IP 地址，并观察 DHCP 报文的相关封装信息，将信息追加到表 5-7，并记录到实验报告中。

？　思考：对比表 5-7 与表 5-6 中的数据，（1）哪些报文中的 Giaddr 字段会不同？为什么？

（2）Router2 的处理与 Router1 的处理有何不同？为什么会有这样的区别？

（3）若有多个 DHCP 服务器，DHCP 的工作过程会有变化吗？为什么？将思考答案记录到实验报告中。感兴趣的读者可以自行在原有的拓扑图上新增 DHCP 服务器并进行相关的设置，观察主机在申请 IP 地址时与不同服务器之间的交互情况。

完成后单击 Reset Simulation 按钮，将原有的事件全部清空；同时关闭 PC2 的配置窗口。

5.3　实验三：WWW 与 HTTP 分析

5.3.1　背景知识

WWW 是 World Wide Web 的缩写，中文为“万维网”，常简称为 Web。它由 CERN（European Organization for Nuclear Research，欧洲原子核研究组织）研制，其目的是为全球范围的科学家利用 Internet 方便地进行通信、信息交流和信息查询。它是目前 Internet 上发展最快、应用最广的信息浏览机制，大大方便了广大非网络专业人员对网络的使用，在很大程度上促进了 Internet 的发展。WWW 已不是传统意义上的物理网络，而是在超文本和超媒体基础上形成的信息网络。

HTTP（HyperText Transfer Protocol，超文本传输协议）是一个详细规定了浏览器和 WWW 服务器之间互相通信的规则的集合，是通过 Internet 从 WWW 服务器传输超文本到本地浏览器的数据传送协议，是 WWW 交换信息的基础。RFC 1945 定义了 HTTP 1.0 版本，而最著名的就是 RFC 2616，它定义了今天普遍使用的一个版本 HTTP 1.1。

1．HTTP 的主要特点

1）简单快速

客户与服务器连接后，HTTP 要求客户必须向服务器传送的信息只有请求方法和路径，因而 HTTP 服务器的程序规模也就相应比较小且简单，与其他协议相比，其时间开销也就较少，通信速度也较快，能够更加有效地处理客户的大量请求，得到了广泛的使用。

2）灵活

HTTP 允许传输的数据对象可以是任意类型的，类型由 Content-type 加以标记。

3）无连接

无连接的含义是限制每次建立的 TCP 连接只处理一个请求，当客户收到服务器的应答后立即断开连接。这样，服务器不会专门等待客户发出请求；也不会在完成一个请求后还保持原来的连接，而是会立即断开连接、释放资源。采用这种方式可以充分利用网络资源，节省传输时间。

无连接也可以称为非持久连接，HTTP 1.0 使用的就是非持久连接。而在 HTTP 1.1 中则引入了持久连接，允许在同一个连接中存在多次数据请求和响应，服务器在发送完响应后并不关闭 TCP 连接，而客户端可以通过这个连接继续请求其他对象。

4）无状态

HTTP 是无状态协议。无状态是指协议对于事务处理没有记忆能力。同一个客户第二次访问同一个服务器上的页面时，服务器的响应方式完全与第一次被访问时相同。

无状态性使得服务器在不需要先前已传送过的信息时，响应速度较快。当然，这一特点也意味着如果后续处理需要前面已传送过的信息，也还是必须重传，这样必然导致每次连接传送的数据量增大而降低网络资源的利用率。

5）请求响应模型

HTTP 一定是由客户端发起请求，而后服务器才回送响应。换句话说，当客户端没有发起请求的时候，服务器无法主动将消息推送给客户端。

2. HTTP 事务处理过程

HTTP 采用的是请求/响应的握手方式，只有当客户发出请求后，服务器才会对其进行响应。每次 HTTP 的操作称为一个事务。

在 WWW 客户（通常是浏览器）发出请求之前，每个 WWW 网点的服务器（通常称为 Web 服务器）进程需要不断地监听 TCP 的端口 80，以便发现是否有 WWW 客户向它发出连接建立请求。只要在客户端单击某个超链接，HTTP 的工作就开始了。

整个工作过程具体如下：

（1）客户端与 Web 服务器建立 TCP 连接，HTTP 的工作建立在此连接之上。

（2）通过 TCP 连接，客户端向 Web 服务器发送一个文本的请求报文。一个请求报文由请求行、请求首部、空行和请求数据 4 个部分组成。

（3）Web 服务器收到请求报文后，对其进行解析并查找客户需要的资源。找到资源后将其副本写到响应报文中回发给客户端，由客户读取。一个响应报文由状态行、响应首部、空行和响应数据 4 个部分组成。

（4）释放 TCP 连接。一般情况下，在 Web 服务器向客户端发送了响应报文后，便会主动关闭 TCP 连接，而客户端则被动关闭 TCP 连接。

如果在以上过程中的任何一个步骤出现错误，那么 Web 服务器把出错的信息提示返回到客户端显示。对于用户来说，这些过程由 HTTP 自动完成，无须过多介入，只要用鼠标单击并等待信息显示就可以了。

3．HTTP 报文格式

HTTP 报文有两类：请求报文和响应报文。这两种类型的报文均采用 RFC 822 的普通信息格式，由请求行/状态行（也称起始行）、首部行（信息首部）、空行（代表首部行结束）、（数据）信息体组成。其中，首部行可扩展为多行，每行与起始行一样，要用回车换行符<CR><LF>作为结束标识。

HTTP 报文的通用格式如图 5-23 所示。

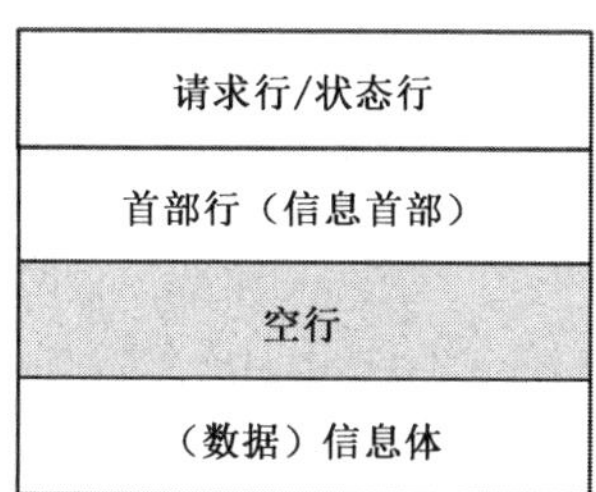

图 5-23　HTTP 报文的通用格式

HTTP 是面向文本的，报文中的每个字段都是 ASCII 码串，因此各字段的长度都是不确定的。

1）请求行/状态行

该行用于区分本报文是请求报文还是响应报文。HTTP 报文请求行格式如图 5-24 所示。

方法	空格	URL	空格	HTTP版本	CRLF

图 5-24　HTTP 报文请求行格式

常用的 HTTP 请求方法有 GET、HEAD、PUT、POST、DELETE、TRACE、CONNECT 等。其中，GET、HEAD、POST 方法为大多数服务器支持。

服务器发出的响应报文中的状态行格式如图 5-25 所示。

HTTP版本	空格	状态码	空格	状态短语	CRLF

图 5-25 服务器发出的响应报文中的状态行格式

状态码是针对请求的由 3 位十进制数组成的结果码。第一位数字定义了响应的类型，后两位则与分类无关，是自动生成的。第一位的含义：1 表示信息，2 表示成功，3 表示重定向，4 表示客户端出错，5 表示服务器端出错。

状态短语是对状态码的文本描述。

2）信息首部

信息首部用于在客户端与服务器之间交换附加信息。HTTP 的信息首部有以下 4 种：通用首部（general-header）、请求首部（request-header）、响应首部（response-header）和实体首部（entity-header）。

信息首部可以有零到多个首部行。HTTP 报文首部行格式如图 5-26 所示。

首部字段名	:	空格	首部值	CRLF

图 5-26 HTTP 报文首部行格式

其中，请求首部仅出现在请求报文中，用于定义客户端的配置和客户端所期望的文档格式。常用的请求首部如表 5-8 所示。

表 5-8 常用的请求首部

请求首部名称	含义
Accept	客户端可以接受的格式
Accept-Charset	客户端可以处理的字符集
Accept-Encoding	客户端可以处理的编码
Accept-Language	客户端可以接受的语言
Authorization	客户端权限
From	用户电子邮件地址
Host	主机和端口号
If-Modified-Since	比所定日期新则发送文件
If-Match	与给定条件匹配则发送文件

响应首部仅出现在响应报文中，用于定义服务器的配置和关于请求的信息。常用的响应首部见表 5-9。

表 5-9　常用的响应首部

响应首部名称	含义
Accept-Range	接受客户请求的范围
Age	文档存在寿命
Public	列出服务器所支持的方法
Retry-After	服务器可用的日期形式
Server	服务器名和版本号

实体首部给出文档信息体的信息。它主要出现在响应报文中，POST 和 PUT 类型的请求也会使用实体首部。常用的实体首部如表 5-10 所示。

表 5-10　常用的实体首部

实体首部名称	含义
Allow	列出 URL 可用的方法
Content-Encoding	编码机制
Content-Language	语言
Content-Length	文档长度
Content-Range	文档范围
Content-Type	媒体类型
Etag	实体标签
Expires	实体过期的日期/时间
Last-Modified	实体前一次变化的日期和时间
Location	文档产生和移动位置

3）空行

空行放在整个信息首部结束之后，用于将信息首部和信息体分开。

4）信息体

信息体是用来传递请求或响应的相关实体的。实际上，在请求报文中一般都不用这个字段，只有当客户确实有数据需要传送给服务器时才使用；而响应报文中也可能没有这个字段。

5.3.2　实验目的

（1）理解 HTTP 的工作过程，对比不同大小的页面文档在 HTTP 响应过程中的区别，以及图文混合文档在响应过程中的先后顺序。

（2）理解 HTTP 报文的封装格式。

5.3.3 实验配置说明

本实验对应的实验文件为“5-3 WWW 与 HTTP 分析.pka”。

1．网络拓扑图及 IP 地址配置

WWW 与 HTTP 分析实验拓扑如图 5-27 所示。

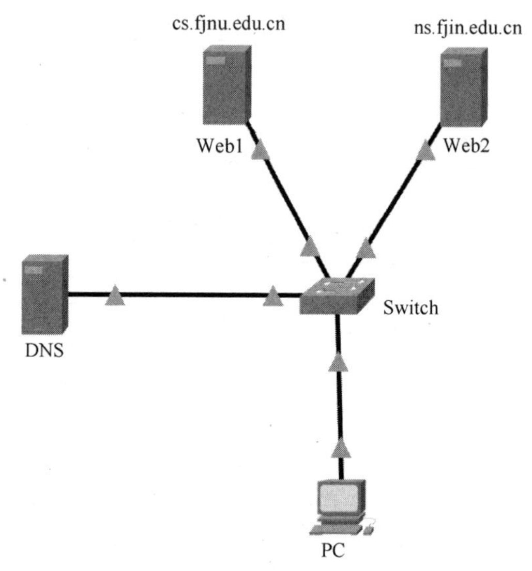

图 5-27　WWW 与 HTTP 分析实验拓扑

IP 地址配置如表 5-11 所示。

表 5-11　IP 地址配置

设备	接口	IP 地址	子网掩码	DNS
DNS	FastEthernet0	192.168.1.1	255.255.255.0	—
Web1	FastEthernet0	192.168.1.2	255.255.255.0	—
Web2	FastEthernet0	192.168.1.3	255.255.255.0	—
PC	FastEthernet0	192.168.1.10	255.255.255.0	192.168.1.1

2．需要的其他预配置

本实验需要开启 Web1 和 Web2 设备的 HTTP 服务并设置其内容，Web1 的首页页面内容为纯文本，而 Web2 的首页页面内则加入一张图片，以便观察两者的区别。同时，需要预先开启 DNS 设备中的 DNS 服务并添加相应的资源记录。

5.3.4 实验步骤

1. 任务一：PC 请求较小的页面文档

✧ **步骤 1：初始化拓扑图**

打开该实验对应的实验文件“5-3 WWW 与 HTTP 分析.pka”，单击 Realtime 和 Simulation 模式按钮切换数次，直至交换机指示灯变为绿色。

✧ **步骤 2：捕获 PC 与 Web1 之间的 HTTP 事件**

在 Simulation 模式下单击 PC 打开其属性窗口，在 Desktop 选项卡中打开 Web Browser 窗口，在 URL 框中输入 cs.fjnu.edu.cn，然后单击 Go 按钮，并最小化 PC 的属性窗口。

单击 Play 按钮开始捕获数据包。此时会播放 PC 与 Web1 服务器之间的数据包交换动画，并且相关的事件会被添加到 Event List 中。

? 思考：若在 PC 的 Web 浏览器中输入的域名有误，能否捕获到 HTTP 事件？为什么？将思考答案记录到实验报告中。

当通信结束时再次单击 Play 按钮，结束捕获。若未手动结束捕获，则在弹出 Buff Full 对话框时，单击 View Previous Events 按钮关闭对话框结束捕获。

✧ **步骤 3：理解 HTTP 的工作过程并分析 HTTP 报文格式**

本次请求的页面文件较小，因此捕获过程比较简单。注意重点观察 PC 和 Web1 之间 HTTP 的工作过程，此处可忽略交换机的转发过程，仅分析 HTTP 的请求与响应报文在 PC 与 Web1 之间的交互情况。

单击 Event List 窗口中的第一个事件，在弹出的 PDU Information 窗口的 OSI Model 选项卡中，单击 Out Layers 中的 Layer 7 查看 PC 出口的应用层协议进程对该数据包的详细处理信息。用同样的方法查看后续事件中 Web1 和 PC 在 Layer 7 中的处理信息。

容易得出以下 HTTP 的事务处理过程：

（1）PC 作为 HTTP 客户端向 Web1 发送一个 HTTP 请求报文。

（2）Web1 收到 HTTP 请求报文后向 PC 回发一个 HTTP 响应报文。

（3）PC 收到 HTTP 响应报文后，在 Web 浏览器上显示网页。

查看 Event List 窗口中的第一个事件（PC 发出）的出站 PDU 信息，以及最后一个事件（PC 收到）的入站 PDU 信息，查看 PC 发出的 HTTP 请求报文及 PC 收到的 HTTP 响应报文，如图 5-28 所示。

提示：HTTP 请求报文、HTTP 响应报文中的详细信息需要单击其右侧的下拉按钮才能查看完整。

👁 **观察：** 重点观察 HTTP 请求报文中的 Accept-Language（客户端可以接受的语言）、Host（主机和端口号）字段的值，以及 HTTP 响应报文中的 Content-Length（文档长度）、Content-Type（媒体类型）、Server（服务器名和版本号）字段的值。同时，注意查看响应报文所对应的 TCP 报文段中的 SEQUENCE NUMBER（序号）字段的值及相应的 data length（数据长度）。将实验过程截图并将观察到的信息以表 5-12 和表 5-13 的形式记录到实验报告中。

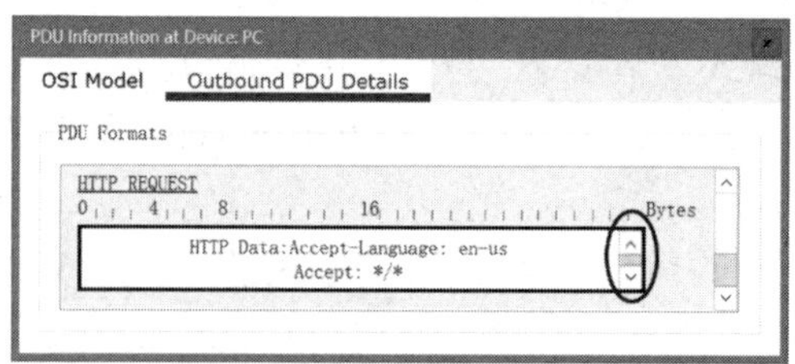

（a）第一个事件的 PDU Information 窗口

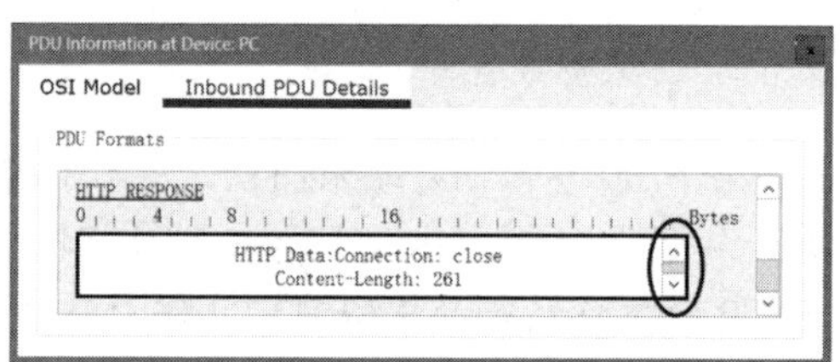

（b）最后一个事件的 PDU Information 窗口

图 5-28 查看 PDU 信息

表 5-12 HTTP 报文段封装信息记录表

请求报文	**PC1→Web1**	响应报文	**Web1→PC**
Accept-Language		Content-Length	
Host		Content-Type	
—	—	Server	

表 5-13 HTTP 响应报文对应的 TCP 报文段封装信息记录表

响应报文	**Web1→PC**
SEQUENCE NUMBER	
data length（B）	

? 思考：（1）在本步骤中，Web1 向 PC 发送了几次 HTTP 响应报文？

（2）PC 收到 Web1 返回的页面后，TCP 的连接是保持还是断开？将思考答案记录到实验报告中。

完成后单击 Reset Simulation 按钮，将原有的事件全部清空。

2．任务二：PC 请求较大的页面文档

✧　**步骤 1：捕获 PC 与 Web1 之间的 HTTP 事件**

返回 PC 属性窗口的 Web Browser 中，在任务一打开的网页中单击“copyrights”超链接，最小化 PC 的属性窗口。

单击 Play Controls 面板上的 Play 按钮，开始捕获数据包。

提示：在捕获数据包过程中，注意观察拓扑工作区中通信过程的动画演示，观察 Web1 的响应过程，并与任务一中 Web1 发送响应报文的过程进行对比。将该步骤相关实验过程截图并将对比观察的结果记录到实验报告中。

?　思考：单击“copyrights”超链接后，TCP 是否需要重新建立一条连接？将思考答案记录到实验报告中。

通信结束时再次单击 Play 按钮，停止数据包的捕获。若未手动结束捕获，则在弹出 Buff Full 对话框时，单击 View Previous Events 按钮关闭对话框结束捕获。

✧　**步骤 2：理解 HTTP 的工作过程并分析 HTTP 报文格式**

由于本任务中 PC 请求的页面文档长度比任务一中的更长，因而此时的 Event List 窗口中的事件也较多。

?　思考：（1）在 Event List 窗口中，Web1 向 PC 发送的 HTTP 响应报文使用了几个 TCP 报文段？

（2）HTTP 响应报文使用的 TCP 报文段的个数由什么值决定？该值在什么时候确定？在本实验中，该值为多少？将思考答案记录到实验报告中。

用任务一步骤 3 的方法分析此时 HTTP 的事务处理过程，并以相同的形式将分析结果记录到实验报告中。

查看各事件的 PDU 信息，分析此时的 HTTP 报文封装信息。

观察：本步骤重点观察 Web1 的响应过程，查看 Event List 中 At Device 为 Web1 的事件，注意查看其出站 PDU 中运输层 TCP 报文段的 SEQUENCE NUMBER 字段及相应的 data length，并可在 Event List Filters 中添加 TCP 事件。将实验过程截图并将观察到的信息以表 5-14 和表 5-15 的形式记录到实验报告中。（表 5-15 中的列数为 Web1 发给 PC 的响应报文对应的 TCP 报文段的个数，读者可按照实际结果填写表格。）

表 5-14　最后一个 HTTP 响应报文封装信息记录表

报文	Web1→PC
Content-Length	
Content-Type	
Server	

表 5-15　第一阶段 HTTP 响应报文对应的 TCP 报文段封装信息记录表

响应报文 Web1→PC	①	②	③	④	⑤	⑥	⑦	⑧	…
SEQUENCE NUMBER									
data length（B）									

完成后单击 Reset Simulation 按钮，将原有的事件全部清空，同时关闭 PC 的 Web Browser 窗口。

3．任务三：PC 请求带图片的页面文档

✧　**步骤 1：第一阶段捕获文本部分的 HTTP 事件并分析其报文格式**

在 Simulation 模式下，返回 PC 属性窗口的 Desktop 选项卡，打开 Web Browser 窗口，在 URL 框中输入 ns.fjnu.edu.cn，然后单击 Go 按钮，并最小化 PC 的属性窗口。

为了更方便观察，在本步骤中需要在中途暂停捕获过程。因此，若在前面的任务中有通过向右拖动捕获速度控制滑块加速捕获，则将其调整回中间的位置。

单击 Play Controls 面板上的 Play 按钮，开始捕获数据包。此时会播放 PC 与 Web2 服务器之间的数据包交换动画，并且相关的事件会被添加到 Event List 中。

提示：提前将鼠标放置在 Play Controls 面板的 Play 按钮上，同时密切注视拓扑工作区中的数据包交换动画，稍后需要暂停捕获。

当来自 Web2 的第一个响应报文回到 PC 时，马上单击 Play 按钮，暂停捕获。此时的拓扑工作区及 Event List 窗口如图 5-29 所示。

观察：单击此时 Event List 窗口中的最后一个事件，查看 PC 收到的 HTTP 响应报文的 PDU 信息，以表 5-16 的形式记录到实验报告中。

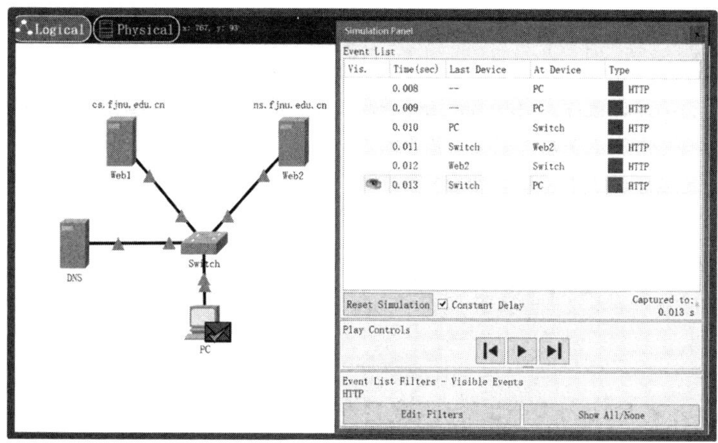

图 5-29　暂停捕获时的拓扑工作区及 Event List 窗口

表 5-16　第一阶段 PC 收到的 HTTP 响应报文封装信息记录表

报文	**Web2→PC**
Content-Length	
Content-Type	
Server	

返回 PC 的 Web Browser 窗口，此时可以看到浏览器页面如图 5-30 所示，页面中已经加载了文本部分的内容。

图 5-30　暂停捕获时 PC 的浏览器页面

✧ **步骤 2：第二阶段捕获图片部分的 HTTP 事件并分析其报文格式**

最小化 PC 的属性窗口，单击 Play Controls 面板上的 Play 按钮，继续捕获数据包。可以看到在 PC 上生成一个新的数据包，此时立刻再次单击 Play 按钮暂停捕获。

观察：单击此时 Event List 窗口中的最后一个事件，查看 PC 刚刚生成的 HTTP 请求报文的 PDU 信息，并对比 Event List 窗口中的第一个事件，查看 PC 先后生成的两个 HTTP 请求报文 PDU 信息的区别，以表 5-17 的形式记录到实验报告中。

表 5-17　PC 发出的 HTTP 请求报文完整的封装信息记录表

第一个请求报文	
第二个请求报文	

记录完成后，再次单击 Play Controls 面板上的 Play 按钮继续捕获数据包。该阶段 PC 请求的内容较大，Web2 回发的 HTTP 响应报文中需要使用多个 TCP 报文段。

提示：剩余的捕获需要较长的时间，大约几分钟，可通过向右拖动捕获速度控制滑块加速捕获。

当通信结束时再次单击 Play 按钮，结束捕获。若未手动结束捕获，则在弹出 Buff Full 对话框时，单击 View Previous Events 按钮关闭对话框结束捕获。

用任务二步骤 2 中的方法查看 Event List 中 At Device 为 Web2 的事件，并做好相关信息的记录。

观察：本步骤重点观察 Web2 的响应过程，查看 Web2 发送的 HTTP 响应报文中的信息，以及封装该 HTTP 报文的 TCP 报文段中的 SEQUENCE NUMBER 字段及相应的 data length，必要时可在 Event List Filters 中添加 TCP 事件。将实验过程截图并将观察到的信息以表 5-18 和表 5-19 的形式记录到实验报告中。

表 5-18　第二阶段 PC 收到的最后一个 HTTP 响应报文封装信息记录表

报文	**Web2→PC**
Content-Length	
Content-Type	
Server	

表 5-19　第二阶段 HTTP 响应报文对应的 TCP 报文段封装信息记录表

	SEQUENCE NUMBER	data length（B）
第一个 TCP 报文段信息		
最后一个 TCP 报文段信息		
所有响应报文的数据总长（B）		
响应报文使用的 TCP 报文段的个数		

?　思考：（1）对比第二阶段的表 5-18 和第一阶段的表 5-16，其内容主要有什么区别？

（2）在表 5-19 中，响应报文使用的 TCP 报文段的个数是如何计算的？

（3）表 5-19 中所有响应报文的数据总长和表 5-18 中的 Content-Length 是否相等？为什么？将思考答案记录到实验报告中。

返回 PC 的 Web Browser 窗口，此时可以看到浏览器页面如图 5-31 所示，页面中已经把图片部分的内容也加载了。

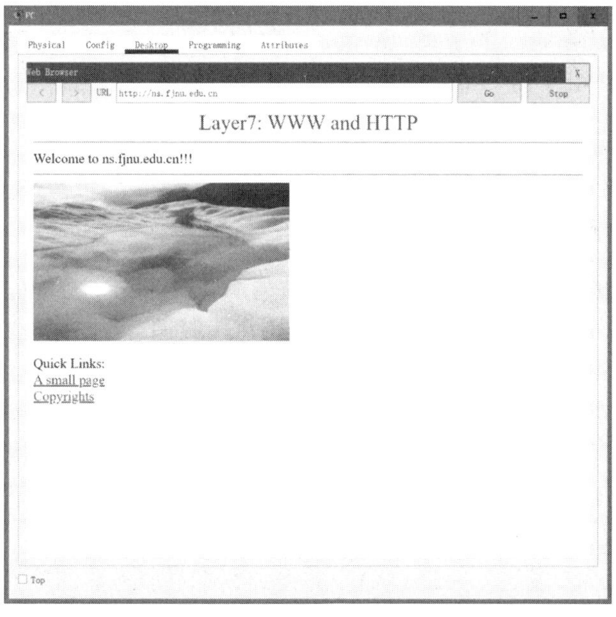

图 5-31　PC 最终的浏览器页面

完成后单击 Reset Simulation 按钮，将原有的事件全部清空，同时关闭 PC 的 Web Browser 窗口。

5.4 实验四：电子邮件协议分析

5.4.1 背景知识

电子邮件（Electronic Mail，E-mail）又称电子信箱，是一种用电子手段提供信息交换的通信方式，也是 Internet 应用最广的服务之一。由于电子邮件具有使用简易、投递迅速、收费低廉、易于保存、全球畅通无阻等优点，被广泛地应用于多个领域，极大地改变了人们的交流方式。

1．邮件发送协议

邮件发送协议主要指 SMTP（Simple Mail Transfer Protocol，简单邮件传输协议）。它是一种提供可靠且有效电子邮件传输的协议，其目标是可靠高效地传送邮件。它独立于传送子系统且只需要一条可靠有序的数据流信道支持。它由 RFC 2821 定义，是基于 TCP 服务的应用层协议，使用熟知端口号 25。SMTP 是基于客户/服务器模式的，因此，发送 SMTP 也称 SMTP 客户，而接收 SMTP 也称 SMTP 服务器。多用途 Internet 邮件扩展（Multipurpose Internet Mail Extensions，MIME）是一个互联网标准，在 1992 年最早应用于电子邮件系统，但后来也应用于浏览器。它没有改动或取代 SMTP，而只是 SMTP 的一个补充协议。

发送 SMTP 与接收 SMTP 之间的通信过程主要包含以下三个阶段。

1）连接建立

当发送 SMTP 收到用户代理的发邮件请求后，首先通过收件人的邮件地址后缀来判断邮件是否为本地邮件，如果是则直接投递，否则，向 DNS 查询接收方邮件服务器的 MX 记录（Mail Exchanger 记录，即邮件交换记录，也称邮件路由记录，它指向一个邮件服务器，用于电子邮件系统发邮件时根据收信人的地址后缀来定位邮件服务器），若 MX 记录存在，则发送 SMTP 用端口 25 与接收 SMTP 之间建立一条 TCP 连接。

2）邮件传送

当 SMTP 客户发送完 HELO 命令并得到 SMTP 服务器的接收应答后，就可以开始正式传送邮件了。当 SMTP 服务器成功地接收完邮件后，则回发“250 OK”应答告知 SMTP 客户；否则发送相应的错误应答。

3）连接释放

SMTP 客户收到 SMTP 服务器成功接收完邮件的应答“250 OK”后，即发送 QUIT 命令。SMTP 服务器收到后必须发送“250 OK”应答，然后关闭传送信道。至此，整个 SMTP 通信过程全部结束。

2．邮件读取协议

目前常用的邮件读取协议主要有两个：POP3（Post Office Protocol 3，邮局协议版本 3）和 IMAP（Internet Mail Access Protocol，网际邮件存取协议）。

POP3 是基于 TCP 的应用层协议，也是 TCP/IP 协议族中的一员，使用熟知端口号 110。它是 Internet 电子邮件的第一个离线协议标准，允许用户从服务器上把邮件存储到本地主机（自己的计算机）上，同时根据客户端的操作删除或保存在邮件服务器上的邮件。POP3 使用客户/服务器方式，POP3 客户在收邮件时，向 POP3 服务器发送命令并等待响应。

IMAP 的主要作用是使邮件客户端（如 Microsoft Outlook Express）可以从邮件服务器上获取邮件的信息及下载邮件等。它是 TCP/IP 协议族中的一员，使用熟知端口号 143。

POP3 的基本工作过程简单描述如下：

（1）POP3 服务器侦听 TCP 端口 110。

（2）POP3 客户与 POP3 服务器建立 TCP 连接后，POP3 客户必须用命令向 POP3 服务器提供账户和密码以确认自己的身份。

（3）POP3 服务器确认了 POP3 客户的身份后，打开客户的邮箱。

（4）POP3 客户通过相关的命令请求 POP3 服务器提供信息（如邮件列表或邮箱统计资料等）或完成动作（如读取指定的邮件等）。

（5）POP3 客户操作完成后，发送 QUIT 命令，通知 POP3 服务器关闭连接。

3．电子邮件的工作过程

电子邮件系统的运作方式与其他网络应用具有本质的不同。在绝大多数的网络应用中，网络协议负责将数据直接发送到目的地。而在电子邮件系统中，发送者只要将邮件发送出去而不必等待接收者读取邮件。

一个电子邮件系统主要包含三个部分：邮件用户代理（Mail User Agent，MUA）、邮件服务器和电子邮件协议。MUA 指用于收发电子邮件的程序，因此通常又称电子邮件客户端软件，如 Outlook Express 和 Foxmail 等；邮件服务器包括发送方邮件服务器和接收方邮件服务器，分别用于发送和接收邮件；电子邮件协议包括邮件发送协议（如 SMTP）和邮件读取协议（如 POP3、IMAP）。

电子邮件的工作过程如图 5-32 所示。

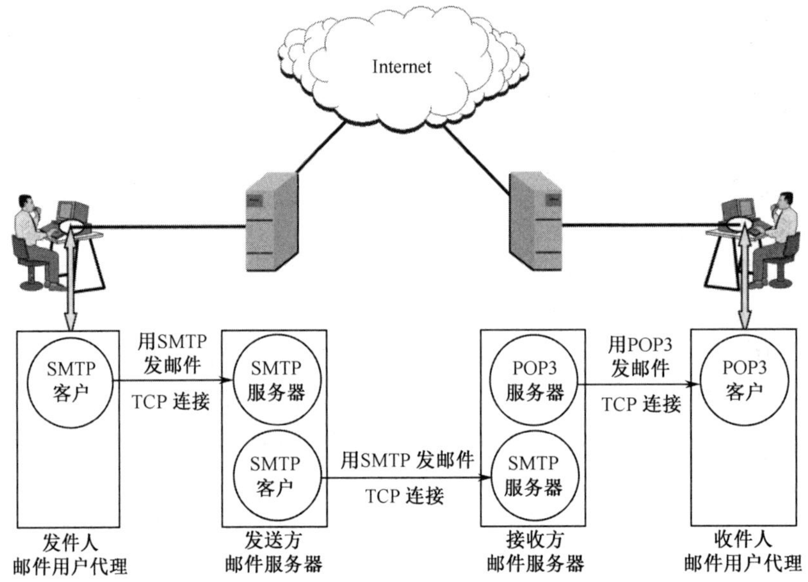

图 5-32　电子邮件的工作过程

可以看出电子邮件工作过程如下：

（1）发件人将邮件交付邮件用户代理（MUA）。

（2）邮件用户代理（MUA）将邮件发给发送方邮件服务器。

（3）发送方邮件服务器将邮件发送给接收方邮件服务器。

（4）收件人读取邮件。

5.4.2　实验目的

（1）了解邮件服务器的配置

（2）了解邮件客户端账号的设置。

（3）熟悉 Packet Tracer 中收发电子邮件的操作方法。

（4）理解发送邮件和接收邮件的工作过程。

5.4.3　实验配置说明

本实验对应的实验文件为“5-4 电子邮件协议分析.pka”。

1. 网络拓扑图及 IP 地址配置

电子邮件协议分析实验拓扑如图 5-33 所示。

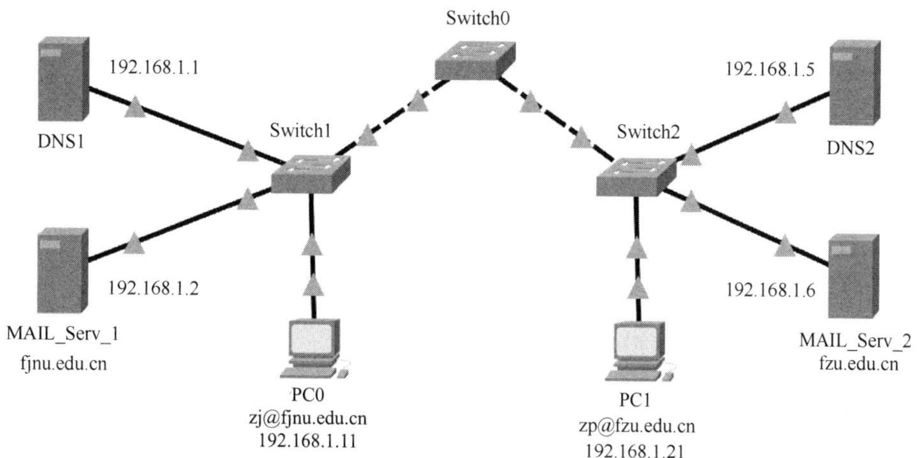

图 5-33　电子邮件协议分析实验拓扑

图 5-33 中设置了两个域，即 fjnu.edu.cn 和 fzu.edu.cn，分别由域名服务器 DNS1 和 DNS2 进行域名解析；并设置了两个邮件服务器 MAIL_Serv_1 和 MAIL_Serv_2 分别负责两个域内用户的邮件收发工作。

IP 地址配置如表 5-20 所示。

表 5-20　IP 地址配置

设备	接口	IP 地址	子网掩码	DNS
DNS1	FastEthernet0	192.168.1.1	255.255.255.0	—
DNS2	FastEthernet0	192.168.1.5	255.255.255.0	—
MAIL_Serv_1	FastEthernet0	192.168.1.2	255.255.255.0	—
MAIL_Serv_2	FastEthernet0	192.168.1.6	255.255.255.0	—
PC0	FastEthernet0	192.168.1.11	255.255.255.0	192.168.1.1
PC1	FastEthernet0	192.168.1.21	255.255.255.0	192.168.1.5

2. 需要的其他预配置

本实验还需要进行以下预配置（已完成）。

1）预配置 DNS 服务器

预先开启 DNS1 和 DNS2 设备的 DNS 服务，添加的资源记录如图 5-34 和图 5-35 所示。

No.	Name	Type	Detail
0	fjnu.edu.cn	A Record	192.168.1.2
1	fzu.edu.cn	A Record	192.168.1.6
2	pop.fjnu.edu.cn	A Record	192.168.1.2
3	smtp.fjnu.edu.cn	A Record	192.168.1.2

图 5-34　DNS1 设备添加的 DNS 资源记录

No.	Name	Type	Detail
0	fjnu.edu.cn	A Record	192.168.1.2
1	fzu.edu.cn	A Record	192.168.1.6
2	pop.fzu.edu.cn	A Record	192.168.1.6
3	smtp.fzu.edu.cn	A Record	192.168.1.6

图 5-35　DNS2 设备添加的 DNS 资源记录

关闭 DNS1 和 DNS2 设备的其他服务。

2）预配置邮件服务器的域名及账号

预先开启 MAIL_Serv_1 和 MAIL_Serv_2 设备的 E-MAIL 服务，相应的配置参数如表 5-21 所示。

表 5-21　邮件服务器的配置参数

设备	Domain Name（域名）	UserName（用户名）	Password（密码）
MAIL_Serv_1	fjnu.edu.cn	zj	zj
MAIL_Serv_2	fzu.edu.cn	zp	zp

关闭 MAIL_Serv_1 和 MAIL_Serv_2 设备的其他服务。

3）预配置主机的邮件账号

预先在 PC0 及 PC1 的 Configure Mail（配置邮件）窗口中分别对其进行邮件账号的设置，配置信息如表 5-22 所示。

表 5-22　PC0 与 PC1 的邮件账号设置

项目		PC0	PC1
User Information（用户信息）	Your Name（用户名）	zj	zp
	E-mail Address（邮箱）	zj@fjnu.edu.cn	zp@fzu.edu.cn
Server Information（服务器信息）	Incoming Mail Server（收件服务器）	pop.fjnu.edu.cn	pop.fzu.edu.cn
	Outcoming Mail Server（发件服务器）	smtp.fjnu.edu.cn	smtp.fzu.edu.cn
Logon Information（登录信息）	User Name（用户名）	zj	zp
	Password（密码）	zj	zp

5.4.4　实验步骤

1. 任务一：分析用 SMTP 发送邮件的工作过程

✧　**步骤 1：初始化拓扑图**

打开该实验对应的实验文件“5-4 电子邮件协议分析.pka”，单击 Realtime 和 Simulation 模式切换按钮数次，直至交换机指示灯变为绿色。

✧　**步骤 2：在 PC0 上发邮件并捕获 SMTP 事件**

在 Simulation 模式下单击 PC0 打开其属性窗口，在 Desktop 选项卡中单击 Email 打开 MAIL BROWSER 窗口，再单击 Compose（撰写）按钮，此时会打开 Compose Mail 窗口。

手动撰写一封新邮件，其信息如下：

“To:”：填入收件人的邮箱地址，此处填写 zp@fzu.edu.cn。

“Subject:”：填入该邮件的主题（如“hello”）。

在下方的空白框中撰写邮件内容（如“Hello, ZP! I am ZJ. I miss you very much! ”）。

提示： 邮件的主题和内容可以自由撰写，但收件人地址必须确保为 zp@fzu.edu.cn。

新邮件撰写完成后，单击 Send 按钮。此时请留意该窗口下方的提示信息。

观察： 单击 Send 按钮之后，查看窗口下方的提示信息。将查看到的信息截图并将该信息的简单描述记录到实验报告中。

最小化 PC0 的属性窗口。

单击 Play 按钮开始捕获数据包。此时会播放相应的数据包交换动画，并且相关的事件会被添加到 Event List 中。

观察：在捕获数据包过程中，注意观察拓扑工作区中通信过程的动画演示，观察数据包在哪些设备之间交换。同时结合事件列表，观察 MAIL_Serv_1 在收到 PC0 发送过来的邮件后做了什么处理，其角色有没有什么变化。将该步骤相关实验过程截图并将观察结果记录到实验报告中。

当通信结束时再次单击 Play 按钮，结束捕获。若未手动结束捕获，则在弹出 Buff Full 对话框时，单击 View Previous Events 按钮关闭对话框结束捕获。

返回 PC0 的 MAIL BROWSER 窗口查看此时窗口下方的提示信息。

观察：PC0 的 MAIL BROWSER 窗口下方的信息和捕获开始之前相比，有什么区别？将查看到的信息截图并将该信息的简单描述记录到实验报告中。

✧ **步骤 3：理解 SMTP 发送邮件的工作过程**

观察并分析 Event List 中的事件。

提示：主要观察 PC0 与 MAIL_Serv_1 之间、MAIL_Serv_1 与 MAIL_Serv_2 之间 SMTP 报文的交互过程，而忽略交换机的转发过程。

可以得出 SMTP 发送邮件的完整过程大致如下：

（1）从 PC0 发送邮件到 MAIL_Serv_1。此时，PC0 中的电子邮件客户端软件充当发件人邮件用户代理（MUA），该邮件用户代理充当 SMTP 客户角色，向 MAIL_Serv_1 发送一个 SMTP 请求报文。

（2）MAIL_Serv_1 作为 SMTP 服务器向 PC0 回发一个 SMTP 响应报文。

（3）从 MAIL_Serv_1 发送邮件到 MAIL_Serv_2。此时，MAIL_Serv_1 充当 SMTP 客户角色，向 MAIL_Serv_2 发送一个 SMTP 请求报文。

（4）MAIL_Serv_2 作为 SMTP 服务器向 MAIL_Serv_1 回发一个 SMTP 响应报文。

至此，SMTP 发送邮件的过程完全结束。

观察：（1）查看 PC0 向本地邮件服务器 MAIL_Serv_1 发送邮件时，PC0 及 MAIL_Serv_1 使用的端口号。（2）查看 MAIL_Serv_1 向接收方邮件服务器 MAIL_Serv_2 发送邮件时，MAIL_Serv_1 及 MAIL_Serv_2 使用的端口号。（3）对比 MAIL_Serv_1 在前两问中查看到的端口号，分析其在这两个阶段中充当的角色。将查看到的相关实验过程截图并将分析的结果记录到实验报告中。

提示：由于模拟器的限制，无法查看 SMTP 报文的 PDU 封装信息。

完成后单击 Reset Simulation 按钮，将原有的事件全部清空，并关闭 PC0 的属性窗口。

2．任务二：分析用 POP3 接收邮件的工作过程

✧ **步骤 1：在 PC1 上收邮件并捕获 POP3 事件**

在 Simulation 模式下，单击 PC1 打开其属性窗口，在 Desktop 选项卡中单击 Email 打开 MAIL BROWSER 窗口，再单击 Receive 按钮。

观察：单击 Receive 按钮之后，查看窗口下方的提示信息。将查看到的信息截图并将该信息的简单描述记录到实验报告中。

最小化 PC1 的属性窗口。

单击 Play Controls 面板上的 Play 按钮，开始捕获数据包。此时会播放相应的数据包交换动画，并且相关的事件会被添加到 Event List 中。

当通信结束时再次单击 Play 按钮，结束捕获。若未手动结束捕获，则在弹出 Buff Full 对话框时，单击 View Previous Events 按钮关闭对话框结束捕获。

同样地，返回 PC1 的 MAIL BROWSER 窗口查看此时窗口下方的提示信息。

观察：PC1 的 MAIL BROWSER 窗口下方的信息和捕获开始之前相比，有什么区别？将查看到的信息截图并将该信息的简单描述记录到实验报告中。

✧ **步骤 2：理解 POP3 的工作过程**

观察并分析 Event List 中的事件。

提示：主要观察 PC1 与 MAIL_Serv_2 之间 POP3 报文的交互过程，而忽略交换机的转发过程。

可以得出 POP3 接收邮件的完整过程大致如下：

（1）读取邮件：PC1 向 MAIL_Serv_2 发送 POP3 请求报文，希望读取邮件，此时 PC1 中的电子邮件客户端软件充当收件人邮件用户代理，该邮件用户代理充当 POP3 客户角色，而 MAIL_Serv_2 则充当 POP3 服务器角色。

（2）MAIL_Serv_2 收到请求后，将缓存的邮件封装到 POP3 响应报文中发送给 PC1。

观察：查看 PC1 向本地邮件服务器 MAIL_Serv_2 发送邮件时，PC1 及 MAIL_Serv_2 使用的端口号。将查看到的相关实验过程截图并将其记录到实验报告中。

完成后单击 Reset Simulation 按钮，将原有的事件全部清空，并关闭 PC1 的属性窗口。

？ 思考：（1）PC1 收到 PC0 发来的邮件后，若单击“Reply”按钮回复邮件，则数据包的交互过程与 PC0 发送邮件给 PC1 是否类似？读者可自行完成实验进行验证。

（2）PC1 若删除任务一中 PC0 发来的邮件，是否能捕获到 SMTP 或是 POP3 数据包？为什么？

（3）若电子邮件的发送方与接收方不在同一个网段，则本实验需要如何修改？将思考答案记录到实验报告中。

5.5 实验五：文件传输协议分析

5.5.1 背景知识

1. FTP

FTP（File Transfer Protocol，文件传输协议）是 Internet 上使用最广泛的文件传输协议，它是 TCP/IP 协议族中的协议之一，其目标是提高文件的共享性，提供可靠高效的数据传送服务。它由 RFC 959 定义，是基于 TCP 服务的应用层协议。FTP 服务一般运行在 TCP 的 20 和 21 两个端口，端口 20 用于在客户端和服务器之间传输数据流，而端口 21 则用于传输控制流，并且是控制命令通向 FTP 服务器的入口。

1）FTP 的工作原理

FTP 使用 TCP 可靠的传输服务，而 FTP 本身则只提供文件传输的一些基本服务，其目的在于向用户屏蔽不同主机中各种文件存储系统的细节。

FTP 使用客户/服务器的工作方式，其工作原理如图 5-36 所示。

FTP 服务器端必须使用两个 TCP 端口：21 和 20，以便和 FTP 客户端建立 TCP 控制连接和 TCP 数据连接。其主要的工作步骤如下：

（1）FTP 服务器进程打开熟知端口（端口号为 21），以便客户进程能够连接上，并等待客户进程发出连接请求。

（2）FTP 客户进程使用选定的端口（假设为 1025）寻找能够连接服务器进程的熟知端口（端口号为 21），向服务器进程发出连接建立请求，同时提供自己用于建立数据传输连接的端口号（假设为 1026）。

（3）FTP 服务器进程使用自己的熟知端口（端口号为 20）与客户进程所提

供的端口号（1026）建立数据传输连接。

由于数据连接和控制连接使用了两对不同的端口号，因此不会发生冲突。

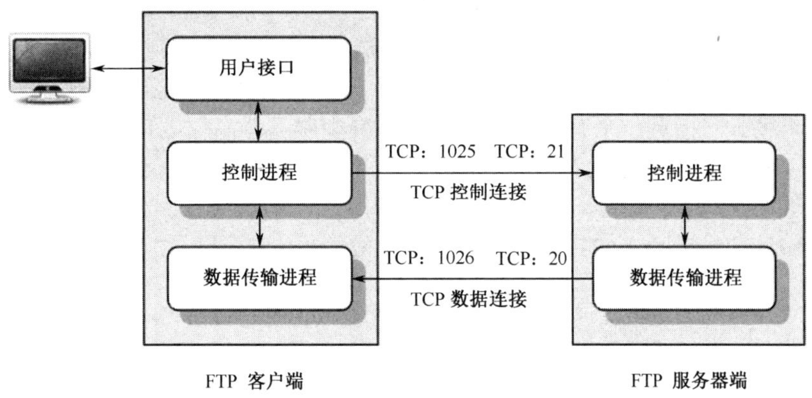

图 5-36　FTP 的工作原理

2）FTP 的工作模式

在 FTP 中，控制连接均由客户端发起，而数据连接则有两种工作模式：PORT 模式（主动方式）和 PASV 模式（被动方式）。

（1）PORT 模式（主动方式）。

FTP 客户端首先和 FTP 服务器端的 TCP 端口 21 建立连接，并通过这个连接发送控制命令，在客户端需要接收数据时，在这个连接上发送 PORT 命令。PORT 命令中同时包含客户端选定的用于接收数据的端口（大于 1024）。在传输数据时，服务器端必须通过自己的 TCP 端口 20 与客户端建立一个新的连接用来发送数据。

（2）PASV 模式（被动方式）。

FTP 客户端仍必须先与 FTP 服务器端的 TCP 端口号 21 建立连接，并通过这个连接发送控制命令，但在该模式下，客户端需要接收数据时，在这个连接上发送的是 PASV 命令，而且 FTP 服务器此时需要打开一个大于 1024 的随机端口并通知客户端在这个端口上传输数据的请求，此后 FTP 服务器将通过这个端口进行数据的传输，而不再需要建立一条新的到客户端的连接用于数据的传输。

在 PORT 模式下，建立数据连接是由 FTP 服务器端发起的，并且服务器使用 20 端口连接客户端的某个大于 1024 的端口；而在 PASV 模式下，建立数据连接是由 FTP 客户端发起的，并且客户端使用一个大于 1024 的端口用于连接服务器端的某个大于 1024 的端口。

主动方式 FTP 的主要问题来源于客户端。如果客户端安装了防火墙则会产生一些问题：当服务器主动向客户端发送连接请求时，对于客户端的防火墙来说，这是从外部系统建立到内部客户端的连接，这通常会被过滤掉。

被动方式FTP解决了客户端的许多问题，但却给服务器端带来了一些问题：需要允许从任何远程客户端到服务器高位端口（大于 1024 的端口）的连接。许多 FTP 的守护程序允许管理员指定 FTP 服务器使用的端口范围，因此可以通过为 FTP 服务器指定一个有限的端口范围来减少服务器高位端口的暴露。

3）FTP 的报文格式

（1）FTP 命令报文。

Packet Tracert 中 FTP 命令报文格式比较简单，如图 5-37 所示。

命令码	参数或说明

图 5-37　FTP 命令报文格式

FTP 的命令包括访问控制命令、传输参数命令、FTP 服务命令三种。FTP 的常用命令如表 5-23 所示。

表 5-23　FTP 的常用命令

FTP 命令类型	命令码	命令名	含义
访问控制命令	USER	用户名	参数是标记用户的 Telnet 串
	PASS	口令	参数是标记用户口令的 Telnet 串
	QUIT	退出登录	终止 USER，如果没有数据传输，则服务器关闭控制连接；如果有数据传输，则在得到传输响应后，服务器关闭控制连接
传输参数命令	PORT	数据端口	参数是要使用的数据连接端口，通常情况下对此不需要命令响应。如果使用此命令，则发送 32 位的 IP 地址和 16 位的 TCP 端口号
	PASV	被动	此命令要求服务器 DTP 在指定的数据端口侦听，进入被动接收请求的状态，参数是主机和端口地址
	MODE	传输模式	参数是一个 Telnet 字符代码指定传输模式。S 表示流（默认值），B 表示块，C 表示压缩
FTP 服务命令	RETR	获得文件	此命令使服务器 DTP 传送指定路径内的文件副本到服务器或用户 DTP
	RNFR	重命名	这个命令和在其他操作系统中使用的一样，只不过后面要跟“rename to”指定新的文件名。参数为重命名之前的文件名
	RNTO	重命名为	此命令和 RNFR 命令共同完成对文件的重命名。参数为新的文件名
	DELE	删除	此命令删除指定路径下的文件
	LIST	列表	返回指定路径下的文件列表或指定文件的当前信息

（2）FTP 应答报文。

Packet Tracert 中 FTP 应答报文格式也较简单，如图 5-38 所示。

应答码	参数或说明

图 5-38　FTP 应答报文格式

FTP 命令的响应既是为了对数据传输请求和过程进行同步，也是为了让用户了解服务器的状态。每个命令必须最少有一个响应。FTP 响应由三个数字构成，后面是一些文本。FTP 的常用应答如表 5-24 所示。

表 5-24　FTP 的常用应答

应答码	含义
125	数据连接已打开，准备传送
220	准备好对新用户服务
221	服务关闭控制连接，可以退出登录
227	进入被动模式
230	用户登录
250	请求的文件操作完成
331	用户名正确，需要口令
350	请求的文件操作需要进一步命令

2．TFTP

TFTP（Trivial File Transfer Protocol，简单文件传输协议）是一个传输文件的简单协议，通常使用 UDP 实现，其目标是在 UDP 之上建立一个类似于 FTP 的但仅支持文件上传和下载功能的传输协议，所以它不包含 FTP 中的目录操作和用户权限等内容。TFTP 传输 8 位数据，它将返回的数据直接返回给用户而不是保存为文件。传输中有三种模式：netascii（8 位的 ASCII 码形式）、octet（8 位二进制类型）和 mail（已不再使用）。目前使用的版本 2 由 RFC 1350 定义，使用熟知端口号 69。

5.5.2　实验目的

（1）了解 FTP 的作用。

（2）熟悉 Packet Tracert 中 FTP 常用命令的使用并进行验证。

（3）学会简单分析 FTP 的 PDU，查看 FTP 的命令报文及应答报文各字段的含义。

（4）理解 FTP 的各类事务的处理过程。

5.5.3 实验配置说明

本实验对应的实验文件为“5-5 文件传输协议分析.pka”。

1．网络拓扑图及 IP 地址配置

文件传输协议分析实验拓扑如图 5-39 所示。

图 5-39 文件传输协议分析实验拓扑

IP 地址配置如表 5-25 所示。

表 5-25 IP 地址配置

设备	接口	IP 地址	子网掩码
FTP Server	FastEthernet0	192.168.1.1	255.255.255.0
PC	FastEthernet0	192.168.1.12	255.255.255.0

2．需要的其他预配置

本实验的 PC 中已有一个默认的文件“sampleFile.txt”，此外再手动创建一个文本文件“a.txt”（已完成），文件列表如表 5-26 所示。

表 5-26 PC 上的文件列表

NO.（序号）	File（文件）	Size（大小）
1	a.txt	80B
2	sampleFile.txt	26B

同时，须开启 FTP Server 设备的 FTP 服务并新增一个 FTP 用户 fjnu，该用户的配置信息如表 5-27 所示。

表 5-27　FTP 新账号设置

User Name（用户名）	Password（密码）	Permission（权限）
fjnu	fjnu	RWDDL

对 FTP 文件目录也需要做相应的调整，调整后的文件列表如表 5-28 所示。

表 5-28　FTP Server 上的 FTP 文件列表

NO.（序号）	File（文件）	Size（大小）
1	ServerFile1.txt	26 B
2	ServerFile2.txt	126 B
3	c3560-advipservicesk9-mz.122-37.SE1.bin	8662192 B

5.5.4　实验步骤

1. 任务一：PC 登录 FTP Server

✧　**步骤 1**：PC 登录 FTP Server 端并捕获相关的 FTP 事件

打开该实验对应的实验文件“5-5 文件传输协议分析.pka”，在 Simulation 模式下单击 PC 打开其属性窗口，在 Desktop 选项卡中打开 Command Prompt 窗口。

提示：登录 FTP Server 的过程较为烦琐，除输入登录命令外，还需要输入用户名和密码。为了避免捕获过程在 PC 的 Command Prompt 窗口和 Simulation Panel 窗口之间进行多次切换并不断单击 Play 按钮控制捕获的开启与暂停，建议调整 Command Prompt 窗口位置使其左侧露出完整的 FTP Server 和 PC，以便在 Command Prompt 窗口中每操作完一步后可以同时查看到拓扑工作区中两台设备的数据包交互过程和 Command Prompt 窗口中的提示信息。

在 PC 的 Command Prompt 窗口中输入命令 ftp 192.168.1.1 后按 Enter 键。此时，Command Prompt 窗口中显示的提示信息如图 5-40 所示。

```
Packet Tracer PC Command Line 1.0
C:\>ftp 192.168.1.1
Trying to connect...192.168.1.1
```

图 5-40　等待连接到 FTP Server

最小化 PC 的属性窗口。切换到 Simulation Panel 窗口，单击 Play 按钮开始捕获数据包。马上返回到 PC 的 Command Prompt 窗口，并观察拓扑工作区中的数据包交互过程。

当看到 Command Prompt 窗口中出现提示“Username:”时，输入用户名“fjnu”并按 Enter 键。继续观察拓扑工作区中的数据包交互过程。

当看到 Command Prompt 窗口中出现提示“Password:”时，输入密码“fjnu”并按 Enter 键。

提示： 在 Packet Tracer 的 Command Prompt 窗口中输入的密码是没有任何显示的，请注意不要重复多次输入。

继续观察拓扑工作区中的数据包交互过程。当 PC 的 Command Prompt 窗口中的提示符变成“ftp>”时，表示登录 FTP Server 成功。此时，再单击 Play Controls 面板上的 Play 按钮，停止捕获数据包。

✧ 步骤 2：分析登录过程中 FTP 报文的封装信息

单击 Event List 中的第一个事件，打开 PDU Information 窗口，在 OSI Model 选项卡的 In Layers 中 Layer 7 的信息如图 5-41 所示，Inbound PDU Details 选项卡中 FTP 报文的封装信息如图 5-42 所示。

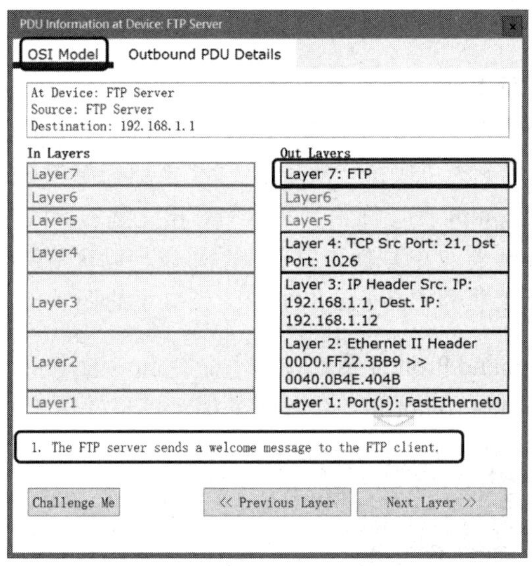

图 5-41　OSI Model 选项卡信息

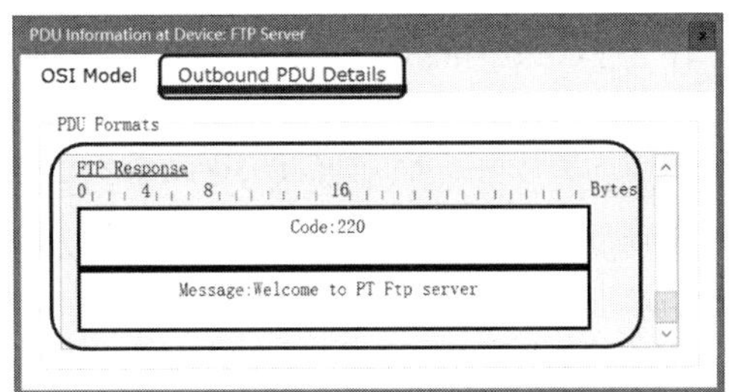

图 5-42 Inbound PDU Details 选项卡信息

用同样的方法查看 Event List 中的其他事件。

👁 **观察**：将实验过程中查看到的窗口截图，并将查看到的信息以表 5-29 的形式记录到实验报告中。

表 5-29 登录 FTP 服务器的 FTP 报文信息记录表

事件顺序	操作	请求报文		
		具体报文类型	FTP Command	FTP Argument
①	输入 ftp 192.168.1.1 后按 Enter 键	—	—	—
③	输入用户名 fjnu 后按 Enter 键			
⑤	输入密码 fjnu 后按 Enter 键			
		响应报文		
		Code	Message	含义
②				
④				
⑥				

? **思考**：（1）FTP 使用运输层的什么协议？

（2）本步骤中 FTP 服务器端的运输层使用的端口号是多少？为什么？请将思考的结果记录到实验报告中。

✧ **步骤 3：分析登录过程中 FTP 的工作过程**

通过上述分析，可以得出 PC 登录 FTP Server 的过程大致如下：

（1）FTP Server 作为 FTP 服务器向 PC 发送一个 Welcome Message（欢迎报文）。

（2）PC 收到 FTP Server 发过来的 Welcome Message 后向服务器发送 username。

（3）FTP Server 收到 PC 发送的 username 信息后回发一个响应报文，告知 PC 用户名合法并需要登录密码。

（4）PC 收到 FTP Server 发过来的响应报文后向服务器发送 password。

（5）FTP Server 收到 PC 发送的 password 信息后回发一个响应报文，告知 PC 密码合法并已登录成功。

PC 收到 FTP Server 发过来的响应报文后，就可以正常访问 FTP 服务器上的资源了。

完成后单击 Reset Simulation 按钮，将原有的事件全部清空；同时最小化 PC 的属性窗口。

✧ **步骤 4：FTP 常用命令的使用**

Packet Tracert 中的 FTP 常用命令可在 PC 登录 FTP 服务器后使用“help”或“?”命令直接查看。

单击 Realtime 按钮切换到 Realtime 模式。返回 PC 的 Command Prompt 窗口，在该窗口中输入“help”或“?”，按 Enter 键后可以看到 FTP 常用命令，如图 5-43 所示。

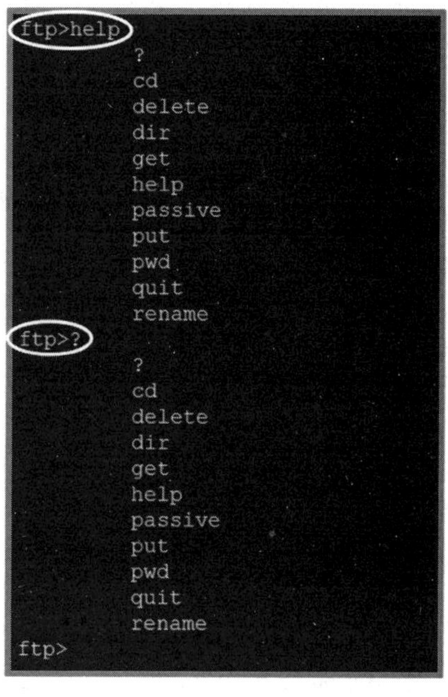

图 5-43　使用“help”或“?”查看 FTP 常用命令

2．任务二：在 PC 端下载 FTP Server 上的文件并进行验证

✧　**步骤 1：查看 PC 的本地文件列表**

保持 Realtime 模式不变，在 PC 的 Command Prompt 窗口中输入“quit”命令退出 FTP 登录状态，并用“dir”命令显示 PC 的本地文件列表，如图 5-44 所示。

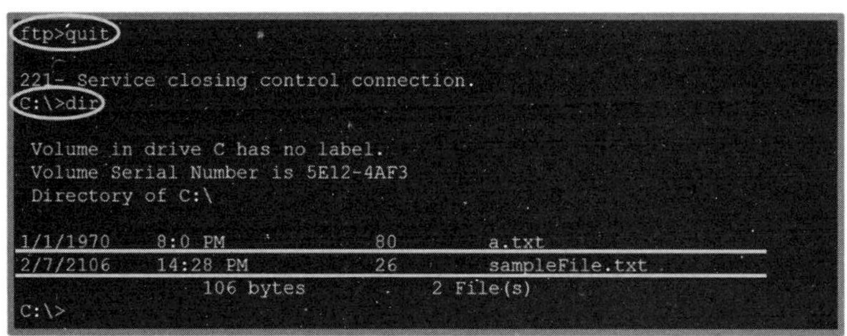

图 5-44　PC 退出 FTP 并查看本地文件列表

此时可以看到 PC 的本地文件有两个：a.txt 和 sampleFile.txt。

✧　**步骤 2：查看 FTP Server 的文件列表**

在 Realtime Mode（实时模式）下，PC 再次使用命令“ftp 192.168.1.1”登录 FTP Server。登录成功后，使用“dir”命令查看 FTP Server 的文件列表，结果如图 5-45 所示。

```
C:\>ftp 192.168.1.1
Trying to connect...192.168.1.1
Connected to 192.168.1.1
220- Welcome to PT Ftp server
Username:fjnu
331- Username ok, need password
Password:
230- Logged in
(passive mode On)
ftp>dir

Listing /ftp directory from 192.168.1.1:
0   : ServerFile1.txt                          26
1   : ServerFile2.txt                          126
2   : c3560-advipservicesk9-mz.122-37.SE1.bin  8662192
ftp>
```

图 5-45　PC 重新登录 FTP 并查看 FTP Server 的文件列表

此时可以看到 FTP Server 有三个文件。

✧　**步骤 3：PC 端下载 FTP 服务器端的文件并捕获相关的 FTP 事件**

进入 Simulation 模式，在 PC 的 Command Prompt 窗口中输入命令“get ServerFile1.txt”后按 Enter 键，最小化 PC 的属性窗口。

单击 Play Controls 面板上的 Play 按钮，开始捕获数据包。当捕获不到事件

时单击 Play 按钮停止捕获。

查看此时 PC 的 Command Prompt 窗口中显示的信息。

◉ **观察：**查看此时 PC 下载的文件大小、耗时及下载速率等信息。将显示的提示信息截图并记录到实验报告中。

✧ **步骤 4：分析下载过程中 FTP 报文的封装信息**

切换到 Simulation Panel 窗口，通过单击 Event List 中的事件观察分析数据包的封装信息，理解整个数据包的交互过程。

◉ **观察：**在 PDU Information 窗口中查看 OSI Model 选项卡的 In Layers 中的 Layer 7 的信息，以及 Inbound/Outbound PDU Details 选项卡中 FTP 报文的封装信息。将实验过程截图并将查看到的信息以表 5-30 的形式记录到实验报告中。

表 5-30　下载文件过程的 FTP 报文信息记录表

事件顺序	请求报文		
	具体报文类型	FTP Command	FTP Argument
①			
③			
⑤			
	响应报文		
	Code	Message	含义
②			
④			
⑥			
⑦	FTP Server 向 PC 传送数据		

? 思考：本步骤中 FTP Server 的运输层使用的端口号是多少？为什么？请将思考的结果记录到实验报告中。

✧ **步骤 5：分析下载过程中 FTP 的工作过程**

通过以上观察分析可以得到 PC 从 FTP Server 下载文件的过程大致如下：

① PC 作为 FTP 客户端向 FTP Server 发送一个 Binary（二进制）类型的 TYPE command（类型请求）报文，表示希望使用二进制模式传送文件。

② FTP Server 收到 PC 发过来的类型请求报文后，向 PC 发送响应报文，接受 PC 的请求。

③ PC 收到 FTP Server 发送的响应后，继续向 FTP Server 发送一个 PASV command（被动请求）报文，表示希望使用 PASSIVE（被动）模式，即服务器被动地等待客户端连接数据端口。

④ FTP Server 收到 PC 发过来的被动请求报文后，向 PC 发送响应报文，接受 PC 的请求，同时监听被动的数据端口，等待客户端连接并传输数据。

⑤ PC 收到 FTP Server 发送的响应后，向 FTP Server 发送一个 RETR command（检索文件请求）报文，希望下载文件 ServerFile1.txt。

⑥ FTP Server 收到 PC 发过来的检索文件请求报文后，向 PC 发送响应报文，同意请求，同时打开数据连接，并开始传送数据。

⑦ PC 收到 FTP Server 发送的响应，并接收 FTP Server 发来的数据。

完成后单击 Reset Simulation 按钮，将原有的事件全部清空。

✧ **步骤 6：验证已下载的文件**

单击 Realtime 按钮切换到 Realtime 模式。返回 PC 的 Command Prompt 窗口，使用“quit”命令退出 FTP 登录状态，再用“dir”命令查看新的本地文件列表，如图 5-46 所示。

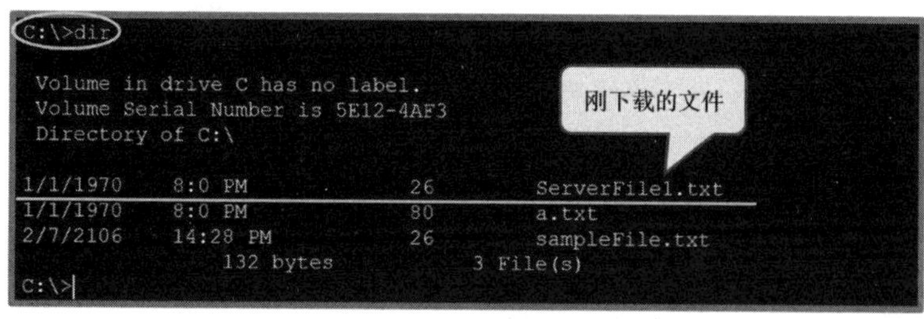

图 5-46　PC 退出 FTP 并查看新的本地文件列表

可以看到此时 PC 端新增了一个文件 ServerFile1.txt，表明文件下载成功。

？ 思考： 若从 FTP Server 下载较大的文件“c3560-advipservicesk9-mz.122-37.SE1.bin”，FTP 的工作过程有何不同？请将传送的过程简要说明并归纳记录到实验报告中。（该文件过大，不必完全传完。）

3. 任务三：将 PC 端的文件上传到 FTP Server 上并进行验证

✧ **步骤 1：将 PC 端的文件上传到 FTP Server 上并捕获相关的 FTP 事件**

保持 Realtime 模式不变，用任务一的方法在 PC 的 Command Prompt 窗口中再次登录 FTP Server。

单击 Simulation 按钮切换到 Simulation 模式。在 PC 的 Command Prompt 窗

口中输入命令“put a.txt”并按 Enter 键，最小化 PC 的属性窗口。

用任务二步骤 3 的方法捕获 FTP 事件。当捕获完成后，查看此时 PC 的 Command Prompt 窗口中显示的信息。

观察：查看此时 PC 端上传的文件大小、耗时及上传速率等信息。将显示的提示信息截图并记录到实验报告中。

✧ **步骤 2：分析上传过程中 FTP 报文的封装信息**

观察 Event List 中的事件，分析数据包的封装信息，理解整个数据包的交互过程。

观察：用任务二步骤 4 的方法查看 FTP 报文的封装信息。将实验过程截图并将查看到的信息以表 5-31 的形式记录到实验报告中。

表 5-31　上传文件过程的 FTP 报文信息记录表

事件顺序	请求报文		
	具体报文类型	FTP Command	FTP Argument
①			
③			
⑤			
⑦	PC 向 FTP Server 传送数据		
	响应报文		
	Code	Message	含义
②			
④			
⑥			

？ 思考：（1）本步骤中 FTP Server 的运输层使用的端口号是多少？为什么？

（2）对比表 5-31 和表 5-32，分析下载和上传过程有什么不同之处。请将思考及分析的结果记录到实验报告中。

✧ **步骤 3：分析上传过程中 FTP 的工作过程**

用任务二步骤 5 的方法描述 PC 向 FTP Server 上传文件的过程。

观察：描述上传文件的过程并记录到实验报告中。

完成后单击 Reset Simulation 按钮，将原有的事件全部清空。

✧　**步骤 4：验证已上传的文件**

单击 Realtime 按钮切换到 Realtime 模式。返回 PC 的 Command Prompt 窗口，使用“dir”命令查看服务器文件列表，如图 5-47 所示。

图 5-47　PC 查看更新后的服务器文件列表

可以看到此时 FTP Server 新增了一个文件 a.txt，表明文件上传成功。

完成后单击 Reset Simulation 按钮，将原有的事件全部清空；同时关闭 PC 的配置窗口。

?　思考：读者可以自行对 FTP Server 上的文件进行重命名（rename）及删除（delete）操作，并分析其过程。

第6章 网络安全实验

6.1 实验一：访问控制列表

6.1.1 背景知识

1. 访问控制列表的定义

ACL（Access Control List，访问控制列表）是应用在路由器上的一种访问控制技术。ACL是一组处理数据包转发的规则，路由器使用这组规则决定哪些数据包允许转发，哪些数据包拒绝转发。使用ACL的路由器接收到数据包后读取其网络层或运输层首部的相关信息，根据预先设置好的一组规则对包进行过滤，从而达到控制访问的目的。

ACL使用到的主要参数包括：

- 网络层首部中的源IP地址、目的IP地址和协议类型。
- 运输层首部中的源端口号、目标端口号等，如图6-1所示。

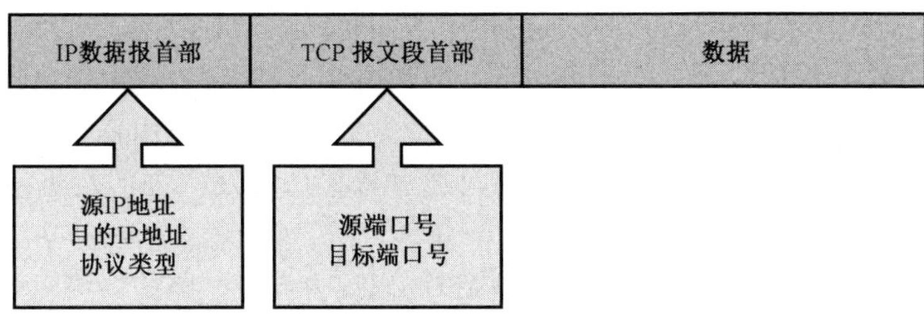

图 6-1　ACL 过滤规则的主要参数

当路由器接收到数据包与访问控制列表中的规则进行匹配时，需要遵循如下规则：

- 按照 ACL 中各条规则的顺序依次进行匹配：首先与第一条规则进行匹配，当数据包与第一条规则不匹配时，继续与下一条规则进行比较，依次类推。
- 当与某条规则匹配时，不再与其他规则进行匹配，该数据包将按照当前匹配的规则设定来进行转发或拒绝转发的处理。
- 所有 ACL 最后都有一条隐含的“deny any”语句，如果数据包与 ACL 中所有显式规则均不匹配，则与这条默认规则匹配，也就意味着数据包将被拒绝转发。

路由器使用 ACL 处理数据包的过程如图 6-2 所示。

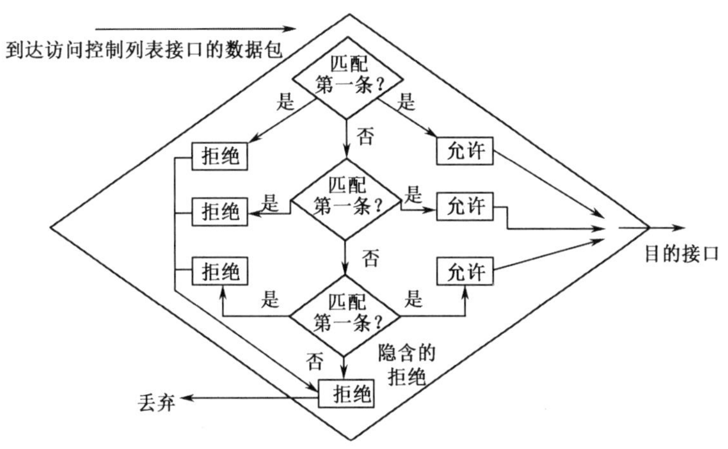

图 6-2　路由器使用 ACL 处理数据包的过程

在路由器上创建 ACL 后，还需要将 ACL 应用到某个接口上，并指定应用到哪个方向，当数据包经过该接口的指定方向时，才能对数据包进行过滤。

依据 ACL 应用在接口的不同方向，可以分为入口 ACL 和出口 ACL。

- 入口 ACL：当 ACL 应用在接口的入口方向时，路由器将对该接口接收到的数据包进行过滤；而对通过该接口转发出去的数据包不进行过滤。
- 出口 ACL：当 ACL 应用到接口的出口方向时，路由器将对该接口转发出去的数据包进行过滤；而对通过该接口接收到的数据包不进行过滤。

2．标准 IP 访问控制列表

标准 IP 访问控制列表只根据源 IP 地址对数据包进行过滤，功能十分有限。标准 ACL 只能允许或拒绝基于某个源 IP 地址的整个协议族的数据包，无法区分 IP 流量类型。

3．扩展 IP 访问控制列表

扩展 IP 访问控制列表允许通过源 IP 地址、目的 IP 地址及上层协议等参数对数据包进行过滤，因此适用于各种复杂的网络应用。扩展 ACL 更具有灵活性和可扩充性，有能力在控制流量时进行细粒度的数据包过滤。例如，针对同一源端主机访问某一目标主机的不同应用类型（FTP、Web 等）做出不同的处理。

6.1.2 实验目的

（1）了解访问控制列表的概念。

（2）理解访问控制列表的工作原理。

（3）理解访问控制列表的作用。

6.1.3 实验配置说明

本实验对应的实验文件为“6-1 访问控制列表.pka”，其实验拓扑如图 6-3 所示。

该实验拓扑由公司内部网络和外部网络两部分组成，具体配置说明如下。

- 公司内部网络按照部门职能划分为 4 个 VLAN。
  - VLAN2：VLAN 名为 Server，服务器子网。
  - VLAN3：VLAN 名为 CWB，财务部子网。
  - VLAN4：VLAN 名为 Other，其他部门子网。
  - VLAN5：VLAN 名为 Manage，管理层子网。

- 公司内部各子网间访问权限设置：只允许财务部员工和管理层访问服务器子网内的财务服务器，其他员工不能访问财务服务器；所有部门员工及管理层均可访问服务器子网内所有其他服务器。其他各子网间均可互相访问。
- 外部网络访问公司内部网络的权限设置：外部网络主机不能 ping 内部网络任意主机或服务器；外部网络主机不能访问内部网络中的财务服务器及 FTP 服务器，但可以访问公司内部 Web 服务器。

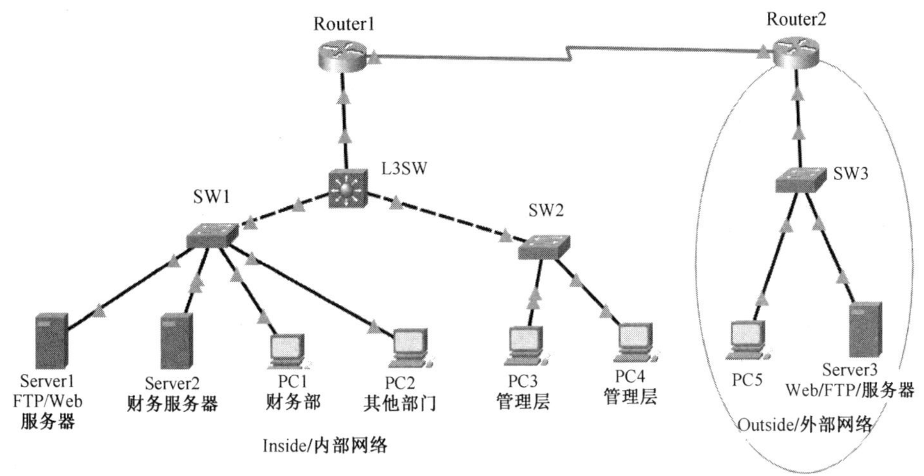

图 6-3　访问控制列表实验拓扑

设备接口 IP 地址信息如表 6-1 所示。

表 6-1　设备接口 IP 地址信息

设备名	接口名	IP 地址	子网掩码
Router0	FastEthernet0/0	192.168.1.1	255.255.255.0
	Serial0/0/0	192.168.2.1	255.255.255.0
Router1	Serial0/0/0	192.168.2.2	255.255.255.0
	FastEthernet0/0	192.168.3.254	255.255.255.0
L3SW	FastEthernet0/1	192.168.1.2	255.255.255.0
	VLAN2	192.168.20.254	255.255.255.0
	VLAN3	192.168.30.254	255.255.255.0
	VLAN4	192.168.40.254	255.255.255.0
	VLAN5	192.168.50.254	255.255.255.0

PC 的 IP 地址信息如表 6-2 所示。

表 6-2 PC 的 IP 地址信息

设备名	所属网段/VLAN	IP 地址	默认网关
内部 FTP/Web 服务器 Server1	VLAN2	192.168.20.1	192.168.20.254
财务服务器 Server2	VLAN2	192.168.20.2	192.168.20.254
PC1	VLAN3	192.168.30.1	192.168.30.254
PC2	VLAN4	192.168.40.1	192.168.40.254
PC3	VLAN5	192.168.50.1	192.168.50.254
PC4	VLAN5	192.168.50.2	192.168.50.254
PC5	外部网络	192.168.3.1	192.168.3.254
外部 FTP/Web 服务器 Server3	外部网络	192.168.3.2	192.168.3.254

6.1.4 实验步骤

1．任务一：观察三层交换机控制各 VLAN 间的访问权限

✧ **步骤 1：初始化拓扑图**

打开实验文件“6-1 访问控制列表.pka”，若此时交换机端口指示灯为橙色，则单击 Realtime 和 Simulation 模式切换按钮数次，直至交换机指示灯变为绿色为止。

✧ **步骤 2：测试内部主机对财务服务器的访问权限**

在实时模式下，分别添加 PC1、PC2、PC3、PC4 向财务服务器 Server2 发送的简单 PDU，测试各主机对财务服务器的访问权限。

提示： 因为 ARP 的影响，可能一些有访问权限的 PC 发送数据失败。可反复双击 PDU List Windows 中 Fire 项下图标 3～4 次，仍为 Failed 状态即最终状态。

观察： 通过上述测试，哪些 PC 有访问财务服务器 Server2 的权限（与 Server2 间通信是否成功）？将观察结果记录到实验报告中。

✧ **步骤 3：测试内部主机访问内部 FTP/Web 服务器的权限**

以 PC1 为例，说明 PC 访问 Web 服务和 FTP 服务的操作步骤。

在实时模式下，单击 PC1 打开其配置窗口，选择“Desktop”选项卡，然后单击“Web Browser”图标。在 Web 浏览器的 URL 文本框中输入 www.inside.com，即 Server1 的 Web 服务器域名，按 Enter 键或单击“Go”按钮。如图 6-4 所示，访问 Server1 的 Web 服务成功，若无法正常显示该欢迎主页，则访问失败。

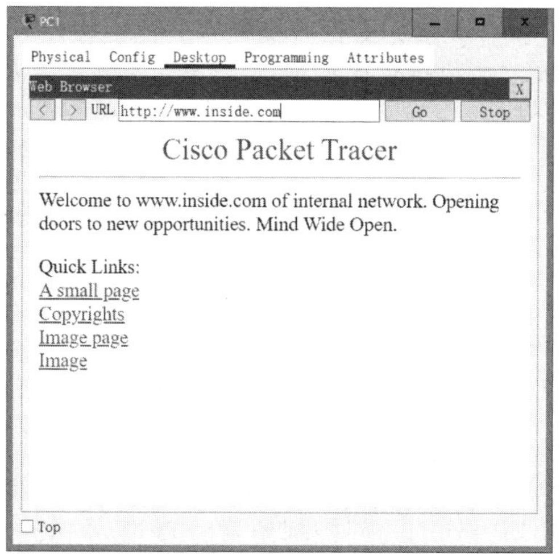

图 6-4　PC1 访问 Web 服务器的结果

👁 **观察：**参照上述操作步骤，测试内部网络其他主机是否有访问 Web 服务器的权限，将测试结果记录到实验报告中。

在实时模式下，单击 PC1“Desktop”窗口内的“Command Prompt”图标，在命令行窗口中输入“ftp ftp.inside.com”命令并按 Enter 键，访问 Server1 的 FTP 服务器，如图 6-5 所示。

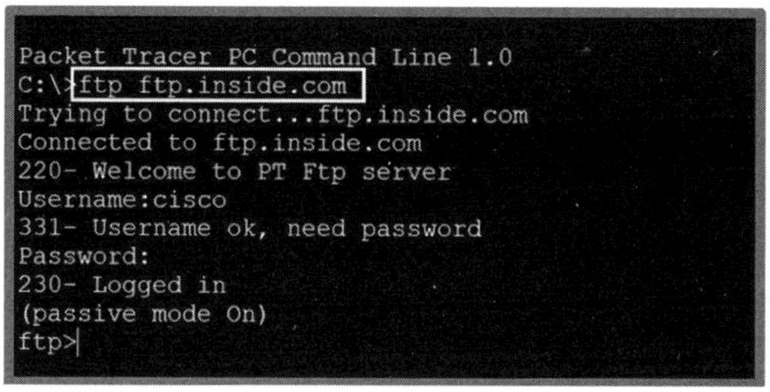

```
Packet Tracer PC Command Line 1.0
C:\>ftp ftp.inside.com
Trying to connect...ftp.inside.com
Connected to ftp.inside.com
220- Welcome to PT Ftp server
Username:cisco
331- Username ok, need password
Password:
230- Logged in
(passive mode On)
ftp>
```

图 6-5　PC1 访问 FTP 服务器

当出现如图 6-5 所示的“Connected to ftp.inside.com”信息时，表示 PC1 连接内部 FTP 服务器成功，此时按提示输入用户名（cisco）和密码（cisco），进入 FTP 服务器的操作界面。此测试结果表示 PC1 具有访问内部 FTP 服务器的权限。若无法连接到 FTP 服务器，则表示无访问 FTP 服务器的权限。

👁 **观察：** 参照上述操作步骤，测试内部网络其他主机是否有访问 FTP 服务器的权限，将测试结果记录到实验报告中。

✧ **步骤 4：观察使用 ACL 的三层交换机转发 IP 数据报的过程**

删除上述步骤产生的场景。在实时模式下添加 PC1 向 Server2 发送的简单 PDU。

进入 Simulation 模式，单击 Play 按钮开始捕获数据，当数据报到达 L3SW 时，再次单击 Play 按钮暂停捕获数据。

单击 L3SW 上的信封图标打开其 PDU 信息窗口，如图 6-6 所示。单击 Out Layers 下的 Layer 3，查看其详细处理信息。其中，第 1～3 条是 IP 协议进程查找路由表、确定转发路径、修改 IP 数据报 TTL 值的常规处理流程，第 4 条显示输出接口有一个出口方向的访问控制列表，ID 值为 100；设备根据访问控制列表检查该数据报；第 5 条显示该数据报与以下规则匹配：permit ip 192.168.30.0 0.0.0.255 host 192.168.20.2，该数据报被允许转发。

单击 Play 按钮继续观察数据发送流程，可以观察到该数据报被转发至 Server2，Server2 发送应答包至 PC1，PC1 访问 Server2 成功。

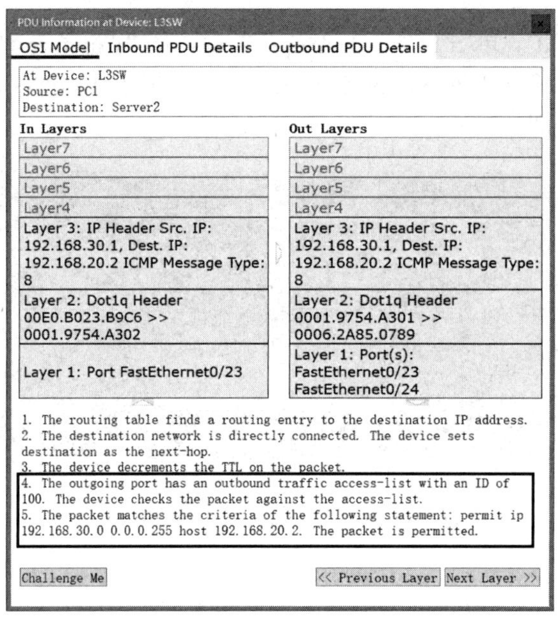

图 6-6 L3SW 转发 PC1 访问 Server2 的 IP 数据报

◇ **步骤 5：观察使用 ACL 的三层交换机拒绝转发 IP 数据报的过程**

删除上述步骤产生的场景。在实时模式下添加 PC2 向 Server2 发送的简单 PDU。

进入模拟模式，单击 Play 按钮开始捕获数据，当数据报到达 L3SW 时，再次单击 Play 按钮暂停捕获数据。

此时可以观察到 L3SW 接收到数据包将其丢弃；同时生成了一个新的 ICMP 类型数据包，如图 6-7 所示。

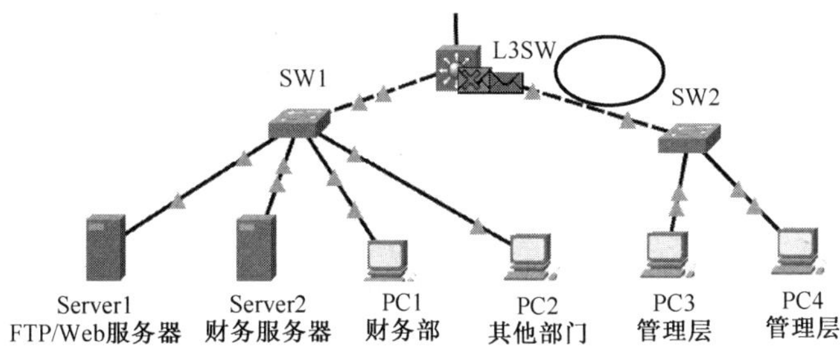

图 6-7　L3SW 对 PC2 发送的 PDU 的处理方式

单击 L3SW 上被丢弃数据包的图标打开其 PDU 信息窗口，如图 6-8 所示。单击 Out Layers 下的 Layer 3，查看详细处理信息：L3SW 检测到输出接口有访问控制列表，并且该数据包与以下规则匹配：deny ip any host 192.168.20.2，因此拒绝转发该数据包并将其丢弃。

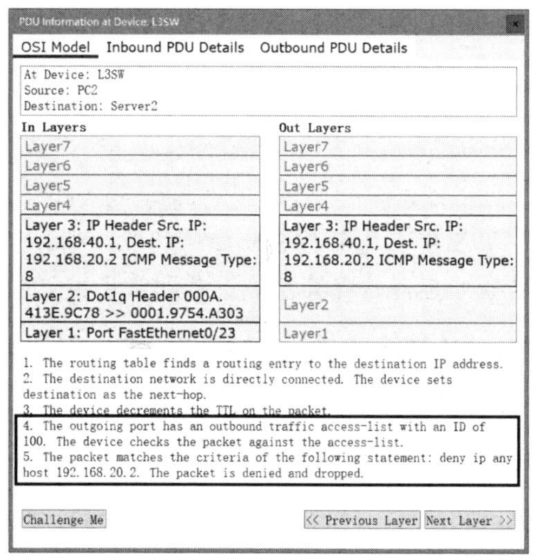

图 6-8　L3SW 拒绝转发 PC2 访问 Server2 的 IP 数据报

单击 L3SW 上新生成的 ICMP 数据包打开其 PDU 信息窗口，如图 6-9 所示。单击 Out Layers 下的 Layer 3，其详细处理信息显示：L3SW 发回一个 ICMP 管理性拒绝不可达信息。

单击 Play 按钮继续观察数据发送过程，可以观察到 L3SW 发回的 ICMP 报错包被转发至 PC2，而在 PDU List Windows 中，PC2 访问 Server2 事件的 Last Status 显示为失败。

完成上述实验后删除当前场景。

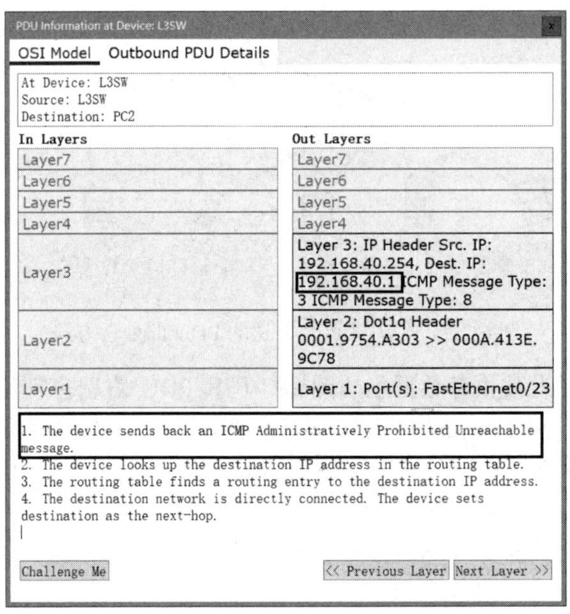

图 6-9　L3SW 向 PC2 发送报错信息

👁 **观察**：在模拟模式下，选择一台 PC 观察其访问 Web 服务和 FTP 服务的过程，参照步骤 4 和步骤 5 重点观察 L3SW 如何处理数据包，L3SW 是依据哪个 ACL、哪条规则处理数据包。将观察结果记录到实验报告中。

2．任务二：观察路由器控制外部网络访问内部网络的权限

✧　步骤 1：测试外部网络 PC 对内部网络的访问权限

在实时模式下，分别添加 PC5 向内部网络各 PC 和 Server 发送的简单 PDU，测试其是否有 ping 内部网络各 PC 和 Server 的权限。

参照任务一步骤 3 的操作方法，测试外部主机 PC5 是否有访问内部网络 Server1 的 Web 服务器和 FTP 服务器的权限。

👁 **观察：** 将上述测试结果记录到实验报告中。

✧ **步骤 2：观察使用 ACL 的路由器对数据包的处理过程**

进入 Simulation 模式，重新观察 PC5 向内部网络中任意一台 PC 或 Server 发送简单 PDU，以及 PC5 访问 Server1 的 Web 服务器和 FTP 服务器的过程。

在观察过程中，PC5 发送的数据包到达 Router1 时暂停捕获数据，参照任务一步骤 4、步骤 5 观察路由器对数据包的详细处理信息，然后继续捕获数据直至当前通信事件结束。

? 思考： 路由器对 PC5 访问内部网络的数据流量进行过滤使用的 ACL 在哪个接口的哪个方向上？分别通过 ACL 中哪些规则对数据进行转发或拒绝转发操作？结合实验观察结果回答问题并记录到实验报告中。

6.2　实验二：端到端 IPSec VPN

6.2.1　背景知识

1．IPSec VPN 简介

IPSec VPN 指采用 IPSec 协议来实现远程接入的一种 VPN 技术。IPSec 全称为 Internet Protocol Security，是由 IETF 定义的一种开放标准的安全框架。

IPSec 协议不是一种单独的协议，它给出了一整套安全体系结构，包括网络认证协议 AH（Authentication Header，认证头）、ESP（Encapsulating Security Payload，封装安全载荷）、IKE（Internet Key Exchange，Internet 密钥交换）和用于网络认证及加密的一些算法。其中，AH 协议和 ESP 协议用于提供安全服务，IKE 协议用于密钥交换。

IPSec 工作在网络层，其基本目的是将安全机制引入 IP，通过使用隧道技术和现代密码学方法来保证数据包在 Internet 上传输时的私密性（Confidentiality）、数据完整性（Data Integrity）和真实性（数据源验证，Origin Authentication）。IPSec 要求乘客协议和承载协议都是 IP。

2．端到端 IPSec VPN 工作流程

IPSec 协议框架包括加密、Hash、对称密钥交换、安全协议这 4 个部分，而每个部分都可以采用多种算法来实现。为了解决身份认证和 IPSec 参数协商问题，在建立端到端 IPSec VPN 时需要经过两个 IKE 阶段，其工作流程包括如下几个阶段。

- 感兴趣流量（需要保护的流量）流经路由器，触发路由器启动协商过程。
- 启动 IKE 阶段 1，协商建立安全通道的参数、进行密钥交换、通信双方进行身份认证并建立安全通道。
- 启动 IKE 阶段 2，在安全通道上协商 IPSec 安全参数，建立 IPSec SA（Security Association，安全关联）。
- 按协商好的 IPSec 安全参数对数据流进行加密、Hash 等保护。

其中，建立 IKE 安全通道需要协商的参数包括加密算法、Hash 算法、DH 算法、身份认证方法和生命周期，这些参数组合而成的集合称为 IKE 策略集（IKE Policies）。在 IKE 阶段 2 中需要协商的 IPSec 安全参数包括加密算法、Hash 算法、安全协议、封装模式和生命周期，这些参数组合而成的集合称为变换集（Transform Set），协商 IPSec 安全参数的过程就是确定变换集的过程。

当双方通过协商确定了 IPSec 变换集后，将根据变换集中的安全参数对数据进行加密、Hash 等保护，按照变换集中的封装模式进行数据封装等。然而，双方在传输数据时并不将变换集中的参数一并传输过去，那么接收方如何确定接收到的数据所使用的 IPSec 变换集呢？为了解决这一问题，在完成 IPSec 安全参数的协商后，还需要为双方建立 IPSec SA（Security Association，安全关联）。IPSec SA 由 SPD（Security Policy Database，安全策略数据库）和 SAD（SA Database，SA 数据库）组成，如图 6-10 所示。

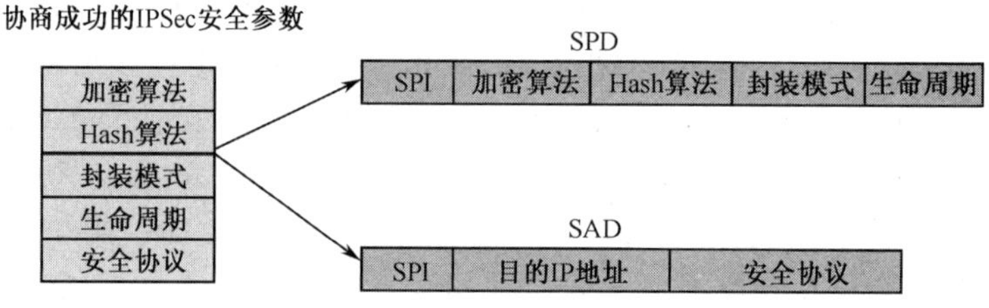

图 6-10　IPSec SA 的组成

其中，

- 目的 IP 地址指使用该 IPSec 变换集与之建立 IPSec 连接的对端的 IP 地址。
- SPI（Security Parameter Index，安全参数索引），由 IKE 自动分配。发送数据包时，将 SPI 插入 IPSec 头中；对端路由器接收到数据包后，根据 SPI 值查找 SAD 和 SPD，从而获知处理数据包所需的加密算法、Hash 算法等。因为一个 SA 只记录单向的安全参数，所以一个 IPSec 连接会有两个 IPSec SA。

6.2.2　实验目的

（1）了解虚拟专用网的概念和作用。

（2）理解端到端 IPSec VPN 的工作原理。

（3）理解 IPSec VPN 如何实现通过开放的公网安全地传输私有数据。

6.2.3　实验配置说明

本实验对应的实验文件为“6-2 IPSec VPN.pka”，端到端 IPSec VPN 实验拓扑如图 6-11 所示。

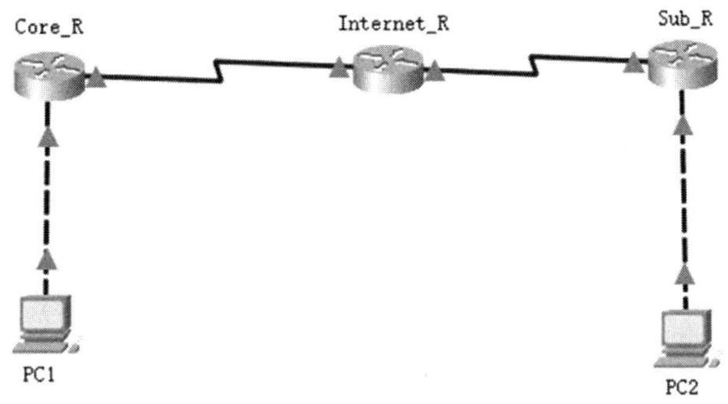

图 6-11　端到端 IPSec VPN 实验拓扑

该实验拓扑配置说明如下：

- 路由器 Internet_R 模拟 Internet。
- 路由器 Core_R 和 Sub_R 分别模拟在不同地理位置的公司总部与分公司的出口网关路由器。
- 公司总部和分公司内部使用私有 IP 地址，在 Core_R 和 Sub_R 之间建立端到端 IPSec VPN，实现公司总部和分公司内部节点通过 Internet 安全地传输内部数据的要求。

IP 地址配置如表 6-3 所示。

表 6-3　IP 地址配置

设备名	接口名	IP 地址	子网掩码	默认网关
Core_R	FastEthernet0/0	192.168.1.254	255.255.255.0	—
	Serial0/0/0	23.1.1.1	255.255.255.0	—

（续表）

设备名	接口名	IP 地址	子网掩码	默认网关
Sub_R	Serial0/0/0	23.1.2.2	255.255.255.0	—
	FastEthernet0/0	192.168.2.254	255.255.255.0	—
Internet_R	Serial0/0/0	23.1.1.2	255.255.255.0	—
	Serial0/0/1	23.1.2.1	255.255.255.0	
PC1	FastEthernet0	192.168.1.1	255.255.255.0	192.168.1.254
PC2	FastEthernet0	192.168.2.1	255.255.255.0	192.168.2.254

6.2.4 实验步骤

1. 任务一：观察端到端 IPSec VPN 工作流程

✧ **步骤 1：初始化拓扑图**

打开实验文件“6-2 IPSec VPN.pka”，单击 Realtime 和 Simulation 模式切换按钮数次，或双击预设的 PDU 列表 Fire 项下的图标，直至 Last Status 均转换为 Successful。

上述初始化操作完成后，单击 Delete 按钮删除预设场景。

✧ **步骤 2：观察感兴趣流量触发路由器启动 IKE 协商**

进入 Simulation 模式，添加 PC1 向 PC2 发送的数据包。单击 Forward 按钮一次，当数据包到达 Core_R 路由器时，进行实验观察。

👁 **观察：** ICMP 包到达 Core_R 后，路由器如何处理该数据包？结合事件列表，在 Core_R 路由器上产生的新数据包的协议类型是什么？将该步骤实验截图及观察结果记录到实验报告中。

单击事件列表中第二个事件（At Device：Core_R），打开其 PDU 信息窗口，如图 6-12 所示。可以观察到其 Out Layers 各层均无封装信息。单击 Layer 3，查看该路由器出口的网络层对该数据包的详细处理流程。

（1）在路由表中查找到目标 IP 地址的路由项。

（2）将 IP 数据报中的 TTL 值减 1。

（3）该流量是感兴趣流量，需要加密并封装到 IPSec PDU 中。

（4）感兴趣流量无法加密，IKE 需要启动协商建立 IPSec SA。

由上述处理流程可见，路由器检测到该数据包是需要使用 IPSec VPN 进行安全传输的感兴趣流量，但该路由器尚未协商安全传输参数、建立 IPSec SA，无法进行加密、封装等操作，因此触发 IKE 启动参数协商。

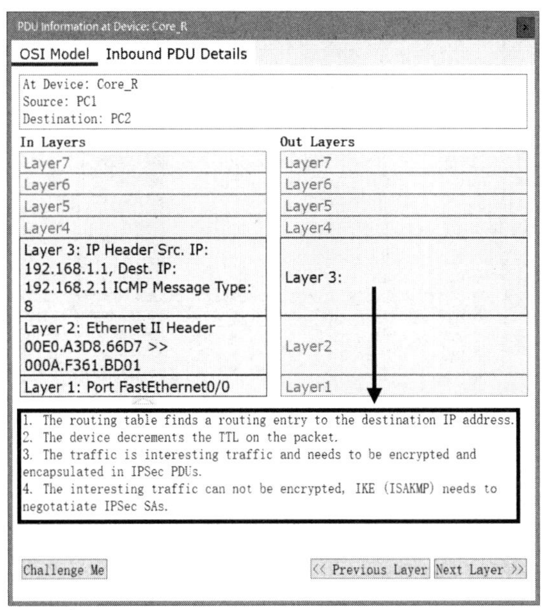

图 6-12　感兴趣流量触发 IKE 协商

？　思考：结合实验及所学知识，说明什么是感兴趣流量。在该实验拓扑中，哪些流量是感兴趣流量？将答案记录到实验报告中。

✧　步骤 3：观察端到端 IPSec VPN 的工作流程

单击 Play 按钮继续捕获数据包，直至不再产生新的数据包，停止捕获。可通过向右拖动捕获速度控制滑块加速实验。

此时，在 Event List 面板中可以看到端到端 IPSec VPN 进行参数协商、建立 IPSec SA 过程中各阶段产生的数据包，如图 6-13 所示。其中，

- IKE 阶段 1：双方协商建立 IKE 安全通道的参数，交换对称密钥、进行身份认证，建立 IKE 安全通道。
- IKE 阶段 2：通过阶段 1 建立的安全通道安全地协商 IPSec 参数，建立 IPSec SA。在后续感兴趣流量通过该 IPSec VPN 通道传输时，使用协商好的 IPSec 参数对其进行保护。

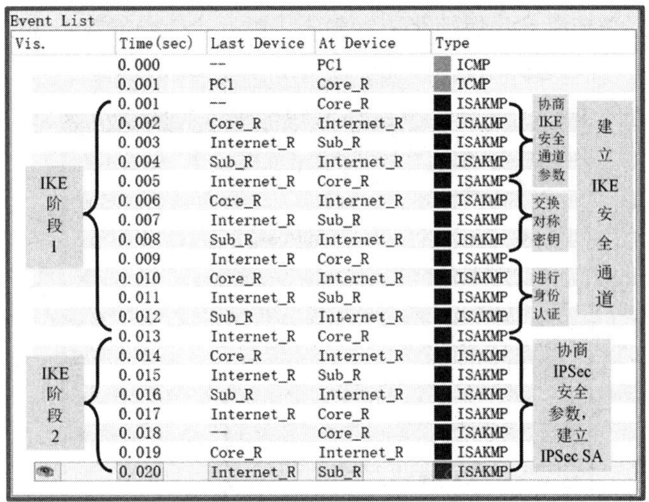

Event List

Vis.	Time(sec)	Last Device	At Device	Type
	0.000	--	PC1	ICMP
	0.001	PC1	Core_R	ICMP
	0.001	--	Core_R	ISAKMP
	0.002	Core_R	Internet_R	ISAKMP
	0.003	Internet_R	Sub_R	ISAKMP
	0.004	Sub_R	Internet_R	ISAKMP
	0.005	Internet_R	Core_R	ISAKMP
	0.006	Core_R	Internet_R	ISAKMP
	0.007	Internet_R	Sub_R	ISAKMP
	0.008	Sub_R	Internet_R	ISAKMP
	0.009	Internet_R	Core_R	ISAKMP
	0.010	Core_R	Internet_R	ISAKMP
	0.011	Internet_R	Sub_R	ISAKMP
	0.012	Sub_R	Internet_R	ISAKMP
	0.013	Internet_R	Core_R	ISAKMP
	0.014	Core_R	Internet_R	ISAKMP
	0.015	Internet_R	Sub_R	ISAKMP
	0.016	Sub_R	Internet_R	ISAKMP
	0.017	Internet_R	Core_R	ISAKMP
	0.018	--	Core_R	ISAKMP
	0.019	Core_R	Internet_R	ISAKMP
	0.020	Internet_R	Sub_R	ISAKMP

图 6-13　端到端 IPSec VPN 工作流程

查看交互过程中各数据包的详细信息，有助于进一步理解 IPSec VPN 工作流程。下面列出部分数据包详细信息，为读者提供参考。

单击事件列表中第 1 个 ISAKMP 数据包，如图 6-14（a）所示，该数据包包括 5 层封装，其中第 5 层为 ISAKMP 协议。单击“Layer 5：ISAKMP”，在详细信息中可见：该协议进程作为发起者发送了第 1 个 message，该 message 中携带了该路由器中预先配置的策略集，即建立安全通道的参数集。单击 Outbound PDU Details 选项卡，拖动滚动条，查看其携带的策略集，如图 6-14（b）所示。

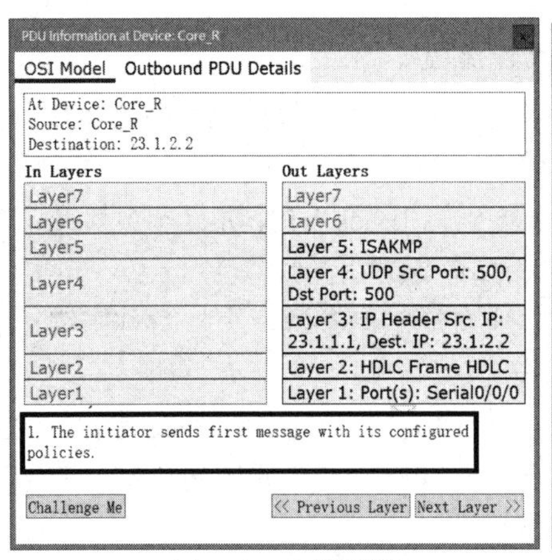

（a）ISAKMP 详细信息

PDU Information at Device: Core_R
OSI Model　Outbound PDU Details
PDU Formats
ISAKMP Transform
Next Payload:0 | Payload Length:33 | Transform#:10
Transform ID: KEY_IKE1 | Encryption Algorithm:3DES
Key Length:MD5
Hash Algorithm:MD5
Group Description:2
Authentication Method:PSK
Life Type: SECONDS
Life Duration:3600

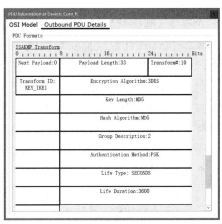

（b）Core_R 的策略集参数

图 6-14　Core_R 路由器启动协商

同样地，请读者查看 Event List 中第 3 个 ISAKMP 数据包（At Device：Sub_R）。

👁 **观察：** 重点查看其 In Layers 和 Out Layers 中“Layer 5：ISAKMP”协议进程的详细处理信息，以及在 Outbound PDU Details 中查看 Sub_R 路由器作为应答者发送的 message 中携带的策略集参数。将相应实验截图及观察结果记录到实验报告中。

? 思考：（1）上述两个数据包中携带的策略集参数是否相同？

（2）如果两台路由器的策略集参数不一致，是否可成功建立安全通道？将答案记录到实验报告中。

打开第 5 个 ISAKMP 数据包（At Device：Core_R），可见发起者 Core_R 路由器在接收到 Sub_R 进行参数协商的应答包后，发送 key 和随机数开始进行对称密钥交换，如图 6-15 所示。同样地，请读者查看第 7 个 ISAKMP 数据包（At Device：Sub_R），查看 Sub_R 路由器发送密钥交换应答信息。

👁 **观察：** 将实验截图及观察结果记录到实验报告中。

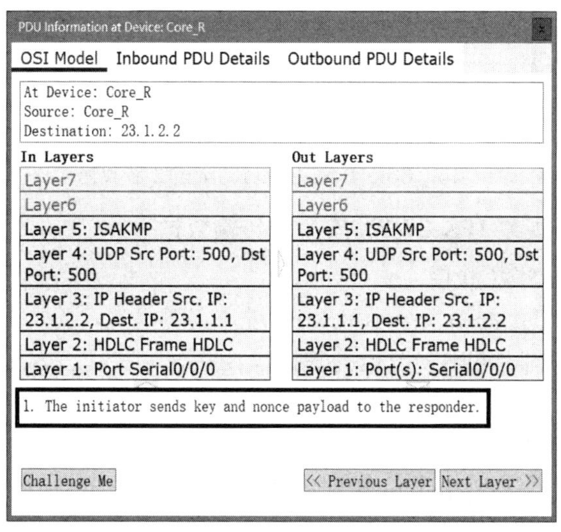

图 6-15　Core_R 路由器发送密钥交换信息

查看第 9 个（At Device：Core_R）、第 11 个 ISAKMP 数据包（At Device：Sub_R）可以发现，在密钥交换完成后，进入身份认证阶段。

👁 **观察：**将实验截图及观察结果记录到实验报告中。

打开第 13 个 ISAKMP 数据包（At Device：Core_R），单击 In Layers 中的 Layer 5：ISAKMP，可见 Core_R 路由器接收到应答信息后，身份认证成功，阶段 1 安全通道的建立完成；开始进入阶段 2 参数协商，即进行 IPSec 安全参数协商并建立 IPSec SA，如图 6-16 所示。从这里开始直至流程结束，均为双方协商 IPSec 安全参数建立 IPSec SA 的交互信息，请读者自行查看，在此不再赘述。

👁 **观察：**请将实验截图及观察结果记录到实验报告中。

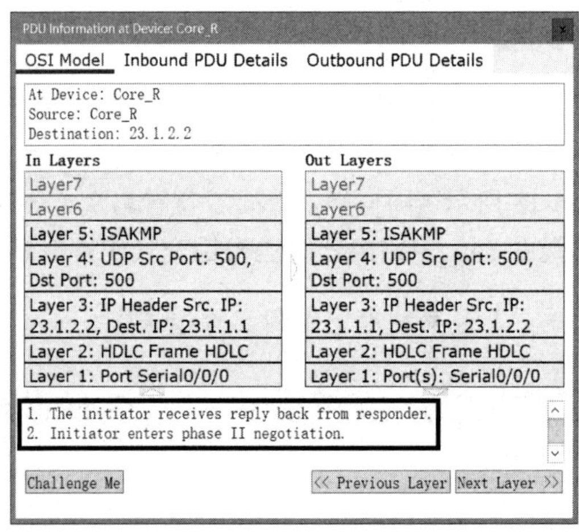

图 6-16　Core_R 路由器启动阶段 2 参数协商

2. 任务二：观察 IPSec VPN 安全地传输数据

✧ **步骤 1：初始化拓扑图**

设置事件列表过滤器仅显示 ICMP。进入实时模式，添加 PC1 向 Core_R 发送的数据包，PC2 向 Sub_R 发送的数据包，并确定其状态为 Successful 后删除已产生的场景。

✧ **步骤 2：观察 PC1 与 PC2 的通信**

进入模拟模式，添加 PC1 向 PC2 发送的数据包。单击 Play 按钮开始捕获数据，注意观察拓扑工作区的演示动画。与任务一不同，此时 PC1 发送的数据包经路由器转发至 PC2；PC2 发送应答包经路由器转发至 PC1。

当 PC2 发送的应答包到达 PC1 后，停止捕获数据。

✧ **步骤 3：观察 IPSec VPN 经公网安全地传输数据的过程**

单击 Reset Simulation 按钮，重置模拟过程。单击 Froward 按钮一次，当数据包到达 Core_R 时，单击信封图标打开其 PDU 信息窗口，如图 6-17 所示。查看入口及出口的 Layer 3 封装信息可见，出口 IP 数据报首部源和目标 IP 地址分别是 Core_R 外部接口的 23.1.1.1 与 Sub_R 外部接口的 23.1.2.2，即公司总部和分公司 IPSec VPN 通道的两端。

单击 Out Layers 下的 Layer3，查看详细的处理过程可以发现，Core_R 路由器除查找路由表、减小 TTL 等常规操作外，还对该 IP 数据报进行了更为复杂的处理。其中，第 3 条：这是感兴趣流量，需要加密并封装进 IPSec PDU 中。第 4 条：该 IP 数据报正在加密并封装进 IPSec PDU。第 5 条：ESP 加密接收到的 IP 数据报。第 6 条：路由器将数据封装进一个新的 IP 数据报中。第 7 条：路由器在路由表中查找目标 IP 地址。第 8 条：在路由表中查找到目标 IP 地址的路由项。第 9 条：一个 IPSec 信息通过 Serial0/0/0 接口发送出去。

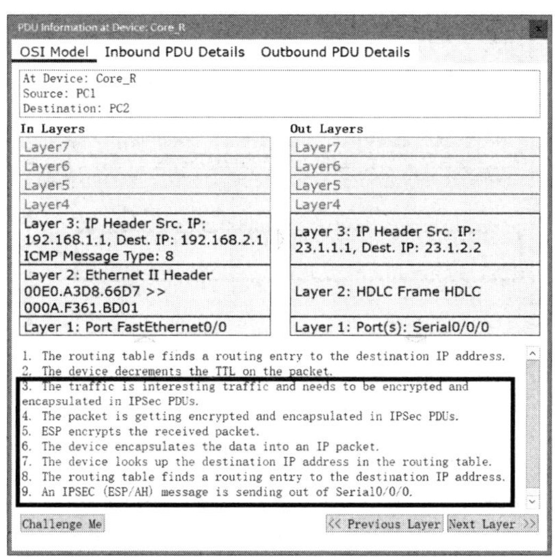

图 6-17　Core_R 使用 IPSec VPN 转发数据

由上述处理信息可以发现，路由器接收到 PC1 发送给 PC2 的 IP 数据报后并未直接转发，而是进行加密、再次封装等操作后进行转发。

观察：查看 Inbound PDU Details 和 Outbound PDU Details，比较入口和出口处 IP 数据报首部封装信息及封装层次有何不同。将相应实验截图及观察结果记录到实验报告中。

? 思考：在图 6-17 中，1 和 7 均为在路由表中查找目标 IP 地址的路由项，两处查找的目标 IP 地址分别是哪个 IP 地址？为什么需要两次查找路由表？将思考答案记录到实验报告中。

单击 Forward 按钮两次，当数据包到达 Sub_R 路由器时，单击信封图标打开其 PDU 信息窗口，如图 6-18 所示。查看其 In Layers 下 Layer 3 的详细处理信息：IP 将数据交付上层协议 ESP 处理；ESP 协议接收到需要进行身份认证和解密的 ESP PDU；ESP 协议查找到与加密数据报匹配的 SPI，并使用该 SPI 对应的算法和参数进行解密；查找路由表转发 IP 数据报。

经过上述处理后，发现出口处转发的 IP 数据报已经恢复为 PC1 发送的原始 IP 数据报。

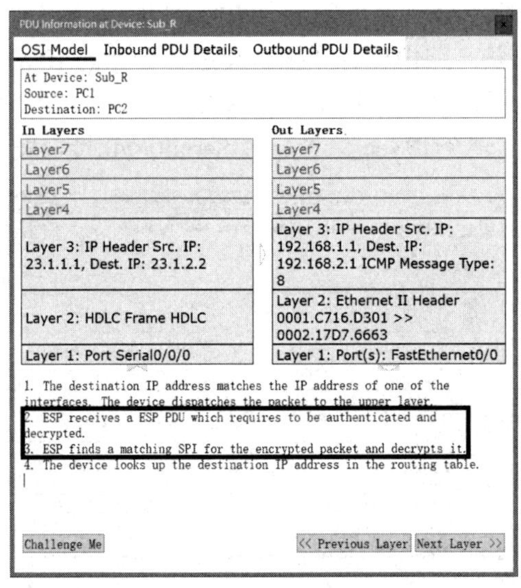

图 6-18　Sub_R 对安全传输数据的处理

至此，IPSec VPN 通过公网安全传输私有数据的流程结束，PC1 发送给 PC2 的数据包已经还原为原始 IP 数据报，并进入 PC2 所在私有网络内传输。

?　思考： Internet_R 路由器在转发数据时能否读取到 PC1 发送给 PC2 的原始 IP 数据报？打开事件列表中第 3 个事件（At Device：Internet_R）的 PDU 信息窗口，通过查看入口与出口的网络层封装信息及 Layer 3 的详细处理信息进行分析，并将相应截图及答案记录到实验报告中。

观察并思考： 重新打开实验文件，进入模拟模式，在 PC1 上 ping 23.1.2.2（Sub_R 的外部接口），通过实验观察并思考：若路由器尚未建立 IPSec SA，接收到非感兴趣流量，是否会触发 IKE 启动参数协商？将实验过程截图及思考题答案记录到实验报告中。

第 7 章 综合实验

7.1 实验一：协议综合分析

7.1.1 背景知识

1. 五层的 TCP/IP 模型

虽然 OSI 七层协议体系结构的概念清楚，理论也较完整，但它复杂又不实用。而 TCP/IP 模型虽然不完整，但较为简约，并且得到了广泛应用。实质上，TCP/IP 只规定了应用层、运输层和网络层的具体内容，而网络接口层并没有规定具体内容。在学习计算机网络原理时，我们一般采用折中的办法，即综合 OSI 和 TCP/IP 模型的各自优点，构造出一种五层（物理层、数据链路层、网络层、运输层和应用层）的网络协议体系结构，这样既简洁也能将概念阐述清楚。

沙漏形五层的 TCP/IP 协议模型如图 7-1 所示，其最大的特点是细腰。应用层和物理层都有丰富的具体协议，而中间层只有一个 IP。这种沙漏形体系结构的优点就是高层应用和低层通信技术能够独立发展，即通过“everything over IP”

和“IP over everything”实现“everything over everything”。“IP over everything”是已被实践证明可行的，也是 IP 的精髓，即通过统一的 IP 层对上层协议屏蔽各种物理网的差异性，实现异构网的互联。而“everything over IP”的“everything”是指所有应用业务，包括数据、图像和语音，实时和非实时的，这对于目前 IP 技术而言仍是心有余而力不足，需要新技术来帮助解决。目前，Internet 采用 TCP/IP 模型，因此 TCP/IP 也被称为事实上的标准。

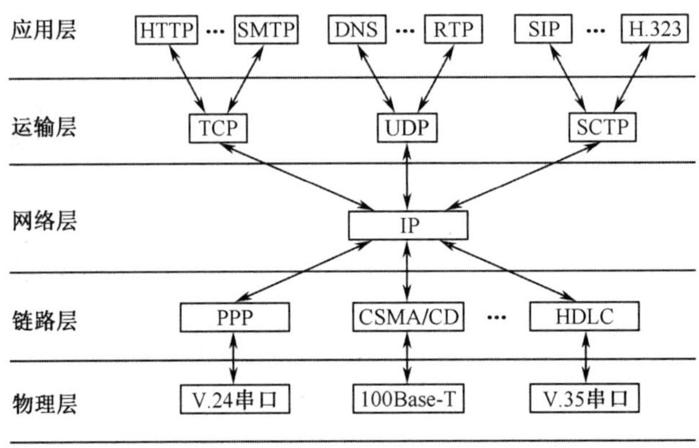

图 7-1 沙漏形五层的 TCP/IP 协议模型

2．分组交换技术

Internet 采用分组交换技术传输数据。发送端先将数据报文切割成若干个更适合传输的分组，再发送到网络。然后，网络将这些分组从一个路由器转发到下一个路由器，通过从源到目标的路径上的链路，逐跳传输抵达目的地。接收端接收到所有分组后再将其重新组成一个完整报文。

与报文相比，分组较小，灵活性好，而且分组交换有利于路由器并行传输，有效地提高了通信效率。根据寻址方式不同，分组交换技术又分两类：面向无连接的数据报交换和面向连接的虚电路交换。

7.1.2 实验目的

本实验搭建了一个小型互联网，模拟 Internet 的典型 Web 服务过程。通过该综合实验，可以进一步理解 Internet 的工作原理和各种协议的执行顺序，从而提高综合知识的运用能力和分析能力。具体目标包括：

（1）掌握网络拓扑的分析能力及简单的故障排除方法。

（2）进一步理解 TCP/IP 协议栈的工作过程及其数据封装方法。

（3）进一步理解 IP 数据报在互联网中的传输过程。

（4）进一步理解路由协议的工作原理。

（5）综合了解各种协议如何协同工作，完成 Internet 信息服务。

7.1.3　实验配置说明

本实验对应的实验文件为“7-1 协议综合分析.pka”。其中，模拟的 Internet 由四个部分组成：家庭网络、ISP 接入提供商、Internet 核心交换网、公开网站。具体配置说明如下。

- 家庭网络：首先，采用以太网接入 Internet，并通过 DHCP 从 ISP 自动获取 IP 地址；然后，通过一个家用无线路由器 Wireless Router0 提供移动终端的接入服务。其中，Wireless Router0 已启用 NAT 功能。
- ISP 接入提供商：通过传统电话线将用户的家庭网络接入 Internet 核心网；并配备一个 DNS 服务器为用户提供 DNS 解析服务；路由器 Router0 为用户提供 DHCP 服务，可分配的 IP 地址池为 106.0.71.0/24。
- Internet 核心交换网：核心部分由 Router0、Router1 和 Router2 互联模拟组成，采用 RIPv2 动态路由协议，实现 IP 数据报的分组交换。
- 公开网站：包含一台 Web 服务器，用于提供 Web 服务。

协议综合分析的网络拓扑如图 7-2 所示。

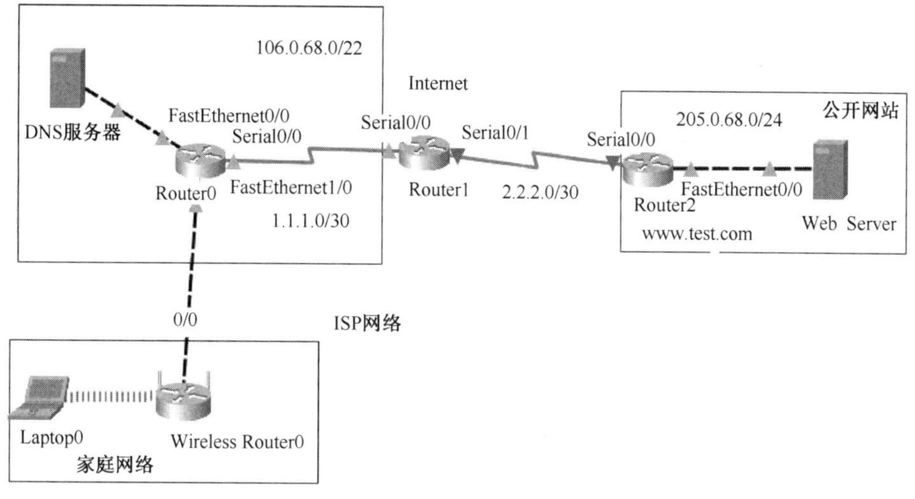

图 7-2　协议综合分析的网络拓扑

协议综合分析的地址分配如表 7-1 所示。

表 7-1　协议综合分析的地址分配

设备	接口	IP 地址	掩码	默认网关
Wireless Router0	Internet	DHCP 获得		
	LAN	192.168.1.1	255.255.255.0	—
Laptop0	Wireless0	DHCP 获得		
DNS Server	FastEthernet0	106.0.70.100	255.255.255.0	206.0.70.254
Router0	FastEthernet0/0	106.0.70.254	255.255.255.0	—
	FastEthernet1/0	106.0.71.254	255.255.255.0	—
	Serial0/0	1.1.1.1	255.255.255.252	—
Router1	Serial0/0	1.1.1.2	255.255.255.252	—
	Serial0/1	2.2.2.1	255.255.255.252	—
Router2	Serial0/0	2.2.2.2	255.255.255.252	—
	FastEthernet0/0	205.0.68.254	255.255.255.0	—
Web Server	FastEthernet0	205.0.68.1	255.255.255.0	205.0.68.254

7.1.4　实验步骤

打开实验文件“7-1 协议综合分析.pka”，并在模拟和实时模式间切换若干次，以便各设备完成初始化工作。

1. 任务一：修复网络故障

✧ **步骤 1：熟悉网络拓扑及 IP 地址配置**

使用 Inspect 工具，打开设备的端口状态汇总表（Port Status Summary Table），分别检查 Laptop0、DNS 服务器、Web 服务器及各路由器物理接口的 IP 地址配置，熟悉本实验的网络拓扑和 IP 编址方案。

打开 Laptop0 的窗口；选择 Desktop 中的 Command Prompt，进入命令行界面；使用 ipconfig /all 命令，查看 Laptop0 的完整地址配置信息。

👁 **观察**：将 Laptop0 的 IP 配置信息截图，记录到实验报告中。

✧ **步骤 2：检查路由表**

使用 Inspect 工具，分别打开 Router0、Router1 和 Router2 的路由表，检查各路由器的路由信息是否完整。

👁 **观察**：将上述 3 个路由器的路由表截图，记录到实验报告中。

? **思考**：上述 3 个路由器的路由表分别缺失哪些路由信息？请在实验报告中

给出答案。

✧　**步骤 3：测试网络连通性**

在实时模式下，从 Laptop0 的桌面打开 Web 浏览器，并尝试访问 Web 服务器（www.test.com）；此时发现网页无法打开，这也表明初始网络确实存在故障。

以 Laptop0 为起点，由近到远地分别测试到各设备端口的连通性，逐跳查找网络故障的位置。打开 Laptop0 的窗口，选择 Desktop 的 Command Prompt 工具，在命令行界面中逐步进行如下测试.

（1）ping Laptop0 自身：输入 ping 192.168.1.1 后按 Enter 键，测试成功。

（2）ping 家庭网关地址：输入 ping 192.168.1.254 后按 Enter 键，测试成功。

（3）ping ISP 网关：输入 ping 106.0.71.254 后按 Enter 键，测试成功。

（4）ping DNS 服务器：输入 ping 106.0.70.100 后按 Enter 键，测试成功。

（5）ping Router0 的 Serial0/0 接口：输入 ping 1.1.1.1 后按 Enter 键，测试成功。

（6）ping Router1 的 Serial0/0 接口：输入 ping 1.1.1.2 后按 Enter 键，测试成功。

（7）ping Router1 的 Serial0/1 接口：输入 ping 2.2.2.1 后按 Enter 键，测试失败。

通过上述测试步骤，可以发现故障发生在 Router1 的 Serial0/1 接口。双击 Router1，通过 GUI 界面检查各接口，可以发现 Serial0/1 接口未被启用。启动该接口后，Laptop0 重新访问网站。

◉　**观察**：将成功访问网站的网页截图，记录到实验报告中。

✧　**步骤 4：重新检查路由表，理解 RIP 动态路由协议的功能**

在修复完网络拓扑后，重新使用 Inspect 工具，分别打开 Router0、Router1 和 Router2 的路由表。各路由器已经拥有了完整的路由信息。由此可见，动态路由协议能根据网络拓扑的实时变化，自动更新路由信息。

◉　**观察**：将 Router1 的路由表截图，记录到实验报告中。

2. 任务二：观察 Laptop0 访问网站的过程，并综合运用所学到的专业知识，分析该访问过程所涉及的协议事件，理解各协议如何协同工作

✧　**步骤 1：观察 DHCP 动态主机配置过程**

重新打开实验文件，并快速进入模拟模式。注意：如果在实时模式停留过久，则 DHCP 配置过程已经完成，将无法进行后续的实验观察。

使用 Inspect 工具或者 ipconfig/all 命令，查看 Laptop0 的接口配置情况。此时，可以发现 PC0 在初始状态下尚未配置 IP 地址。

然后，单击 Play 按钮启动模拟实验。此时，首先观察到两个 DHCP 的完整交互过程：一个是 Laptop0 向家庭网关申请地址的过程；另一个是家庭网关向 ISP 网关申请地址的过程。

当 DHCP 数据报在 Laptop0 和家庭无线网关之间有两次往返时，重新检查 Laptop0 的接口状态表，此时可以发现 Laptop0 已经获得了 IP 地址配置。

观察：将地址分配前后的 Laptop0 接口状态截图，记录到实验报告中。

提示：169.254.X.X 是保留地址，无法进行通信；Windows 操作系统在 DHCP 信息租用失败时自动给客户分配 169.254.X.X。

✧ **步骤 2：观察 ARP 的执行情况**

重新打开实验文件，进入模拟模式，并启用 Router1 的 Serial0/1 接口。

使用 Inspect 工具分别检查 Laptop0、DNS 服务器、Router0、Router1 和 Web 服务器的 ARP 表，可发现所有的 ARP 缓存均为空。

将 Event Filter（事件滤器）设置为显示 ARP。从 Laptop0 的桌面打开 Web 浏览器，输入 www.test.com 后，按 Enter 键。然后，单击 Play 按钮启动模拟实验，观察 ARP 的执行情况。通过观察通信演示和检查 ARP 事件记录，可以发现网络系统在 Laptop0 请求网页过程中先后多次执行 ARP 查询。

观察：将 Laptop0 发起的 ARP 查询报文截图，记录到实验报告中。

? 思考：在上述步骤中，网络系统共执行几次 ARP 查询过程？分别查找哪些接口的 MAC 地址？请在实验报告中给出答案。

✧ **步骤 3：观察 PC 访问 Web 网站的协议执行过程**

单击 Reset Simulation 按钮删除步骤 2 捕获的事件，并设置 Event Filter（事件过滤器）为显示 DNS、UDP、HTTP 和 TCP。从 Laptop0 的桌面打开 Web 浏览器，重新输入 www.test.com 后，按 Enter 键，然后，单击 Event List（事件列表）的 Capture/Forward（捕获/转发）按钮捕获 DNS、UDP、HTTP 与 TCP 的交互。

通过观察上述访问过程，可以发现在 PC0 访问网页的过程中，各协议事件的发生顺序依次为：

（1）DNS 查询过程，Laptop0 通过 DNS 服务器获得 www.test.com 域名的 IP 地址。

（2）TCP 建立连接过程，Laptop0 与 Web 服务器通过 3 次握手建立 TCP 连接。

（3）HTTP 过程，Laptop0 与 Web 服务器之间的 HTTP 请求与响应过程。

（4）TCP 拆除连接过程，Laptop0 与 Web 服务器通过 4 次握手拆除 TCP 连接。

？ 思考：在上述网页访问过程中，Laptop0 与 Web 服务器总共需要交互几次，分别要完成什么任务？请在实验报告中给出答案。

✧ 步骤 4：观察应用层报文的封装方式

可以通过两种方式检查数据报：（1）当数据报信封在动画中显示时，单击它；（2）单击 Event List（事件列表中）的相应记录。

在 Event List 窗口中打开任意一个类型（type）为 DNS 报文，可以发现 DNS 报文的封装顺序自顶向下分别为：DNS 报文→UDP 用户数据报→IP 数据报→Ethernet 数据帧，如图 7-3 所示。

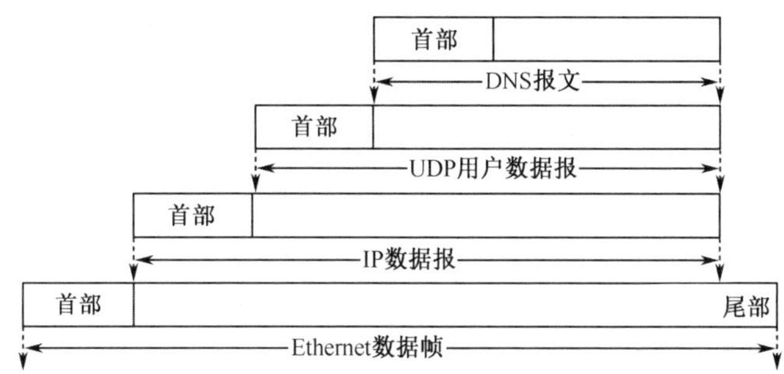

图 7-3 DNS 报文的封装方式

在 Event List 窗口中打开任意一个类型（type）为 HTTP 且上一个设备（Last Device）为 Router0 的数据报。通过对比 Inbound PDU Details（入站 PDU 详细数据）和 Outbound PDU Details（出站 PDU 详细数据），可以发现 HTTP 报文在链路层的封装会发生变化，一种方式为 HTTP 报文→TCP 报文段→IP 数据报→Ethernet 数据帧，另一种方式为 HTTP 报文→TCP 报文段→IP 数据报→HDLC 数据帧（PPP 帧）。

通过观察应用层报文的传输过程可以发现，无论涉及的是哪种应用协议和传输协议，在 Inbound PDU Details（入站 PDU 详细数据）和 Outbound PDU Details（出站 PDU 详细数据）视图中，它们都始终封装在 IP 数据报中。另外，IP 数据报在 Internet 的传输过程中，源/目 IP 地址并没有发生变化，但是帧的封装及帧的 MAC 地址会根据实际物理网络发生改变。

？ **思考**：（1）在 Laptop0 访问 Web 服务器的过程中，从数据链路层到应用层共涉及哪些网络协议？它们的功能分别是什么？

（2）为什么 HTTP 采用 TCP，而 DNS 却选择 UDP？请将思考答案记录在实验报告中。

3．任务三：观察 IP 数据报在互联网中的传输情况

✧ 步骤 1：观察数据传输过程中的封装变化

进入模拟模式，单击 Delete 按钮删除历史事件记录，并将 Event Filter（事件滤器）设置为显示 ICMP。然后单击 Add Simple PDU，分别选择 Laptop0 和 Web 服务器，并单击 Play 按钮启动仿真实验。此时，可以观察到一个报文从 Laptop0 到 Web 服务器的往返传输过程，途径 Wireless Router0、Router0、Router1 和 Router2。

打开 Event List 中 At Device 为 Laptop0 的第一个事件记录。如图 7-4（a）所示，可以看到，Laptop0 中 ping 进程发送了一个 ICMP 请求响应报文，该报文采用 IP 数据报封装，源地址是 192.168.1.1（Laptop0 的 IP 地址），而目的地址是 205.0.68.1（Web 服务器的 IP 地址）。

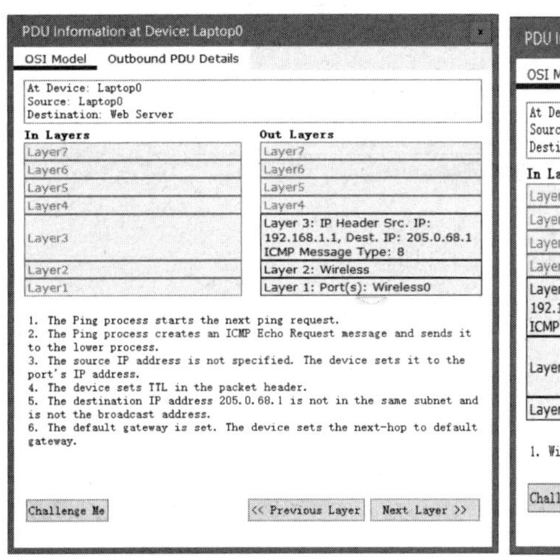

（a）Laptop0

（b）Wireless Router0

图 7-4　ICMP 报文的 PDU 处理信息

接着打开 At Device 为 Wireless Router0 的第一个事件记录。如图 7-4（b）所示，可以看到，家庭网关在转发 IP 数据报时进行了 NAT 处理：将源地址由

私有地址 192.168.1.1 转换为全局地址 106.0.71.1，该地址是 Wireless Router0 从 ISP 动态申请到的全局地址。这也是多数家庭网关所必备的功能，只有使用全局地址的 IP 数据报才能被传输到公网中。

再分别打开 At Device 为 Router0 和 Router2 的第一个事件记录。如图 7-5 所示，可以观察到，该 IP 数据报先采用以太网帧封装，并通过以太网传输到 Router0；然后改用 HDLC 帧封装，并通过串口传输到 Router1；到达 Router2 后，又改为以太网帧封装，再通过以太网传输给最终目的主机 Web Server。这就是 IP over Everything 的核心思想，当前互联网就是通过支持统一的虚拟 IP 网络来实现异构物理网络的互联。

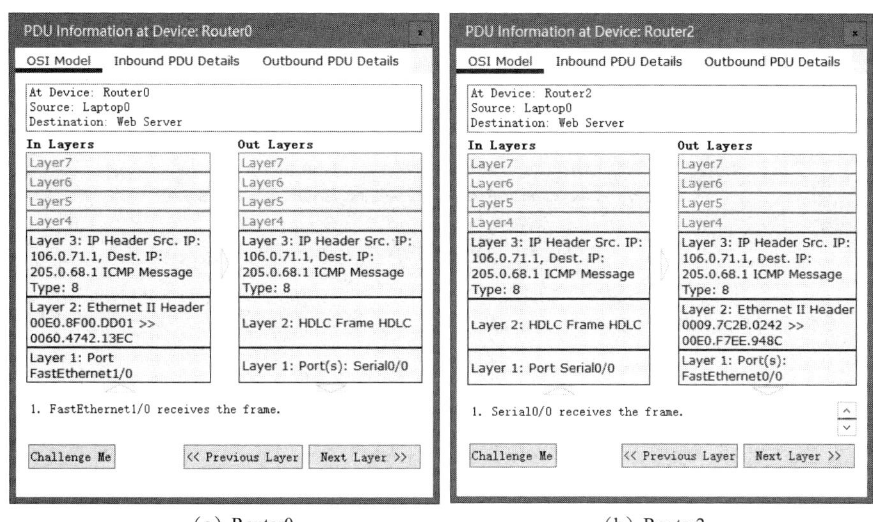

（a）Router0　　（b）Router2

图 7-5　ICMP 报文的封装情况

✧　**步骤 2：观察路由情况**

使用 Inspect 工具或者 ipconfig/all 命令，查看 Laptop0 的接口配置情况。此时可以发现，Laptop0 已通过 DHCP 配置了默认网关地址 192.168.1.254，因此，ICMP 报文首先发送给默认网关（Wireless Router0）。

再使用 Inspect 工具，分别打开 Router0 和 Router1 的路由表。如图 7-6 和图 7-7 所示，可以看到 Router0 和 Router1 的路由表均包含通往 205.0.68.0/24 的路由信息；因此，ICMP 报文能够被正确传到目标主机（205.0.68.1）。此外，还可以发现 Router0 的路由表包含 106.0.70.0/24 和 106.0.71.0/24 两个直连路由信息，而 Router1 只包含一个 106.0.0.0/8 的路由信息。这说明 106.0.70.0/24 和 106.0.71.0/24 两个网络地址被 Router0 汇聚成一个主类网络地址 106.0.0.0/8。

Routing Table for Router0

Type	Network	Port	Next Hop IP	Metric
C	1.1.1.0/30	Serial0/0	---	0/0
R	2.0.0.0/8	Serial0/0	1.1.1.2	120/1
C	106.0.70.0/24	FastEthernet0/0	---	0/0
C	106.0.71.0/24	FastEthernet1/0	---	0/0
R	205.0.68.0/24	Serial0/0	1.1.1.2	120/2

图 7-6　Router0 的路由表

Routing Table for Router1

Type	Network	Port	Next Hop IP	Metric
C	1.1.1.0/30	Serial0/0	---	0/0
C	2.2.2.0/30	Serial0/1	---	0/0
R	106.0.0.0/8	Serial0/0	1.1.1.1	120/1
R	205.0.68.0/24	Serial0/1	2.2.2.2	120/1

图 7-7　Router1 的路由表

👁 **观察：** 将 At Device 为 Router1 的第一个事件记录截图，并记录到实验报告中。

? **思考：** 根据步骤 2 的观察说明路由汇聚技术的作用，并记录到实验报告中。

7.2　实验二：三层架构企业网络

7.2.1　背景知识

1．分层网络设计概述

企业网络一般采用分层思想进行设计，即一个大规模的网络系统往往被分为几个较小的部分，它们之间既相对独立又相互关联。这种化整为零的设计方法称为分层设计。如图 7-8 所示，Cisco 提出的三层分层模型包括核心层（Core Layer）、汇聚层（Distribution Layer）和接入层（Access Layer）。

其中，每层都有其特定的功能，详细说明如下。

（1）核心层（Core Layer）： 主干网络，其主要功能是实现快速而可靠的数据传输。核心层的性能与可靠性对整个网络的性能和可靠性是至关重要的，因此在设计核心层时只将高可靠性、高速的传输作为其设计目标，而不将影响传输速度的数据处理放在核心层实现。核心层交换机需要具有较高的可靠性和性能。

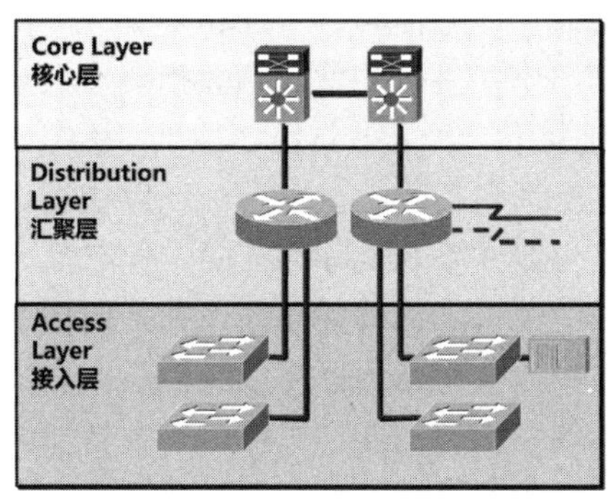

图 7-8　Cisco 的三层分层模型

（2）汇聚层（Distribution Layer）： 负责连接接入层和核心层，将众多的接入层接入点汇集起来，屏蔽接入层对核心层的影响。汇聚层需要实现一些网络策略，包括提供路由、实现包过滤、网络安全、创建 VLAN 并实现 VLAN 间路由、分割广播域、WAN 接入等。汇聚层交换机仍需要较高性能和比较丰富的功能。

（3）接入层（Access Layer）： 又称为桌面层，提供用户或工作站的网络接入，用户可以通过接入层访问网络设备。接入层的交换机数量较多，在设备选择上需要选择易于使用和维护、具有较高性价比和高端口密度的交换机。

分层设计的主要优点如下。

（1）对复杂的网络问题进行层次分割，每层执行特定的功能，使复杂的网络问题更易于解决。

（2）各层间相对独立，某层的拓扑结构变化不会影响到其他层。

（3）使用分层模型设计的网络更易于实现和维护，具有更好的可扩展性。

2．冗余网络

网络的稳定性对于大多数企业网络都是很重要的，一旦网络出现故障（即使时间很短）就会造成很大的损失。因此，为了增强企业网络的稳定性，往往会在网络中使用冗余链路，当其中一条链路出现故障时，另外一条链路仍然可以保证网络的正常通信。

3．HSRP 协议

HSRP（Hot Standby Routing Protocol，热备份路由协议）用于解决冗余网络

中的路由问题，它是 Cisco 公司的私有协议，而与此相对应的标准协议是 IETF 制定的 VRRP（Virtual Router Redundancy Protocol，虚拟路由冗余协议）。HSRP 是一种容错协议，它能够在主机设置的默认网关路由器失效时，及时地使用另一台路由器来替代，从而保证通信的连续性和可靠性。

在使用 HSRP 的网络中，主机的默认网关指向一台虚拟的路由器，该虚拟路由器有一个虚拟 IP 地址和一个虚拟 MAC 地址。虚拟路由器由一组路由器组成，这组路由器称为 HSRP 备份组，由一台活跃路由器、一台备份路由器及群众路由器构成。虚拟路由器并不是实际存在的，但它是一个 HSRP 备份组中的公共默认网关，网络中的主机默认网关必须设置为虚拟 IP 地址。一般情况下，一旦活跃路由器出现故障，备份路由器将成为活跃路由器，然后在备份组内选举另一台路由器作为新的备份路由器。主机把需要转发的数据包发往虚拟路由器，而实际负责转发数据包的是活跃路由器。活跃路由器发生故障时，备份路由器能快速替代活跃路由器，为网络中的主机提供数据包的转发任务，保证通信的连续性。

7.2.2 实验目的

（1）了解一般企业的三层架构企业网络模型。

（2）理解三层架构企业网络内部的通信流程。

（3）理解双核心路由的热备份和负载均衡。

7.2.3 实验配置说明

本实验对应的实验文件为“7-2 三层架构企业网络.pka”，其拓扑如图 7-9 所示。

该实验拓扑由两个主要的部分组成：企业网络、模拟外部网络即模拟 Internet。具体说明如下：

- 为了便于观察，简化了三层架构企业网络拓扑，将核心层与汇聚层合并，因此在拓扑图上看到的企业网络是由核心层/汇聚层和接入层构成的。
- 因本实验重点观察企业网络内部节点间的通信情况，故极大地简化了模拟 Internet，仅使用一台路由器 Internet_R 和一台服务器模拟 Internet。
- 该企业网络采用 VLAN 技术，按部门职能划分为两个 VLAN：销售部为 VLAN2，研发部为 VLAN3。

- 在企业网络内，VLAN 间路由使用三层交换机即拓扑图中名为 L3SW_1 和 L3SW_2 的交换机实现。
- 企业网络设计双核心拓扑，使用生成树协议避免环路问题；同时，在两台三层交换机上配置 HSRP，实现负载均衡和冗余备份。
- 企业网络内部使用私有 IP 地址，并在 GW_R 路由器上配置网络地址转换实现内部网络与 Internet 的通信。

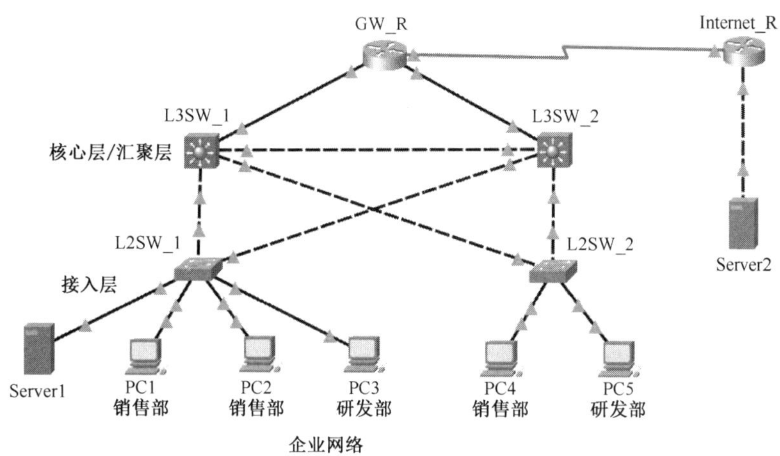

图 7-9　三层架构企业网络拓扑

设备接口的 IP 地址如表 7-2 所示。

表 7-2　设备接口的 IP 地址

设备名	接口名	IP 地址	子网掩码
Internet_R	Serial0/0/0	23.1.1.2	255.255.255.0
	FastEthernet0/0	23.1.2.254	255.255.255.0
GW_R	Serial0/0/0	23.1.1.1	255.255.255.0
	FastEthernet0/0	172.16.1.1	255.255.255.0
	FastEthernet0/1	172.16.2.1	255.255.255.0
L3SW_1	FastEthernet0/1	172.16.1.2	255.255.255.0
	VLAN2	172.16.20.252	255.255.255.0
	VLAN3	172.16.30.252	255.255.255.0
L3SW_2	FastEthernet0/1	172.16.2.2	255.255.255.0
	VLAN2	172.16.20.253	255.255.255.0
	VLAN3	172.16.30.253	255.255.255.0

PC 的 IP 地址如表 7-3 所示。

表 7-3　PC 的 IP 地址

设备名	所属网段/VLAN	IP 地址	默认网关
Server1	VLAN2	172.16.20.1	172.16.20.254
PC1	VLAN2	172.16.20.2	172.16.20.254
PC2	VLAN2	172.16.20.3	172.16.20.254
PC3	VLAN3	172.16.30.1	172.16.30.254
PC4	VLAN2	172.16.20.4	172.16.20.254
PC5	VLAN3	172.16.30.2	172.16.30.254
Server2	外部网络	23.1.2.1	23.1.2.254

7.2.4　实验步骤

1. 任务一：观察企业网络同一 VLAN 内的通信

✧　**步骤 1：初始化拓扑图**

打开实验文件“7-2 三层架构企业网络.pka”，若此时交换机端口指示灯为橙色，则单击 Realtime 和 Simulation 模式切换按钮数次，直至交换机端口指示灯变为绿色为止。

✧　**步骤 2：观察同一交换机上同一 VLAN 内 PC 间的通信**

在实时模式下，添加 PC1 向 PC2 发送的数据包。观察 PDU List Windows 中 Last Status 是否已经为 Successful 状态。若不是，则重复双击 Fire 项下的图标，直至 Last Status 为 Successful。

进入模拟模式，单击 Play 按钮，注意观察数据包传输过程，当 PC2 发送的响应包返回 PC1 时，再次单击 Play 按钮停止捕获数据。

◉　**观察：**注意观察在 PC1 与 PC2 的通信过程中，数据包经过哪些设备转发，将观察结果记录到实验报告中。

✧　**步骤 3：观察与不同交换机相连但属于同一 VLAN 的 PC 间的通信**

删除当前场景，进入实时模式，添加 PC1 向 PC4 发送的数据包。在 PDU List Windows 中重复双击 Fire 项下的图标，至 Last Status 为 Successful。

进入模拟模式，单击 Play 按钮，观察数据包传输过程，当 PC4 发送的响应包返回 PC1 时，暂停捕获数据。

👁 **观察**：注意观察在 PC1 与 PC4 的通信过程中，数据包经过哪些设备转发，将观察结果记录到实验报告中。

单击 Event List 中第三个事件（At Device：L3SW_1），打开其 PDU 信息窗口，如图 7-10 所示。从 L3SW_1 对该数据包的处理流程可以发现，该三层交换机是在数据链路层对该数据包进行转发，而不是由网络层进行转发。

？ 思考：为什么 L3SW_1 在数据链路层转发数据包？

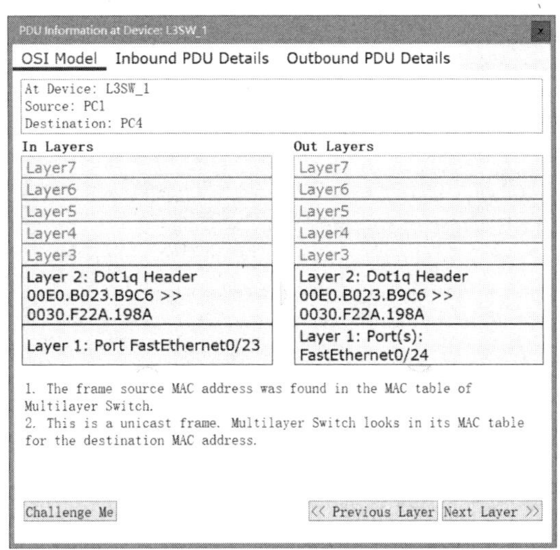

图 7-10 L3SW_1 在数据链路层转发数据包

2. 任务二：观察企业网络不同 VLAN 间的通信

✧ **步骤 1：观察与同一交换机相连但属于不同 VLAN 的 PC 间的通信**

删除当前场景，在实时模式下添加 PC4 向 PC5 发送的数据包。在 PDU List Windows 中重复双击 Fire 项下的图标，至 Last Status 为 Successful。

进入模拟模式，单击 Play 按钮，注意观察数据包传输过程，当 PC5 发送的响应包返回 PC4 时，停止捕获数据。

👁 **观察**：注意观察在 PC4 与 PC5 的通信过程中，数据包经过哪些设备转发，将观察结果及对比分析记录到实验报告中。

？ 思考：PC4 与 PC5 间的通信过程与任务一中 PC1 和 PC2 间通信过程有何不同？思考产生这种不同的原因是什么？将答案记录到实验报告中。

选择 Event List 中第三个事件（At Device：L3SW_1），打开其 PDU 信息窗

口，如图 7-11 所示。从 L3SW_1 对该数据包的处理流程可以发现，该三层交换机是在网络层对该数据包进行转发。

？ 思考： 为什么 L3SW_1 在网络层转发数据包？

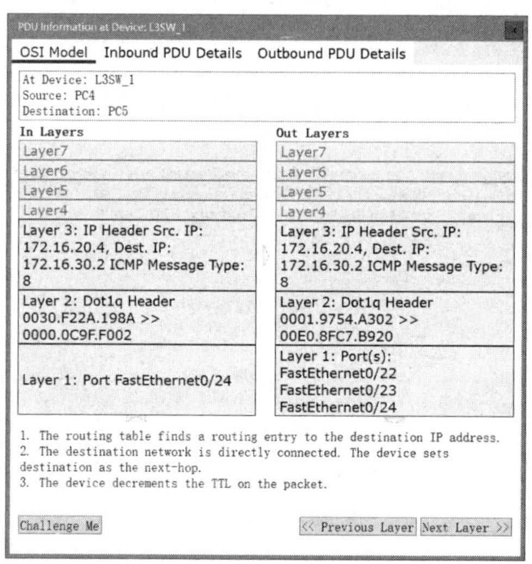

图 7-11　L3SW_1 在网络层转发数据包

✧ **步骤 2：观察与不同交换机相连的不同 VLAN 内 PC 间的通信**

删除当前场景，在实时模式下添加 PC1 向 PC5 发送的数据包。在 PDU List Windows 中重复双击 Fire 项下的图标，至 Last Status 为 Successful。

进入模拟模式，参照本实验上述步骤，观察 PC1 和 PC5 通信的过程。

观察： 在 PC1 与 PC5 的通信过程中，数据包经过哪些设备转发？是否经过三层交换机转发？若经过三层交换机转发，则查看相应事件的 PDU 详细信息，观察三层交换机是在哪一层对该数据包进行转发的，并将观察结果记录到实验报告中。

3. 任务三：双核心路由热备份实验

该任务主要理解在双核心企业网络中，如何在两台核心设备间实现负载均衡；以及在其中一台核心设备出现故障或其上行链路出现故障时，另一台设备自动接替其工作，实现冗余备份。

✧ **步骤 1：观察 VLAN2 内 PC4 与外部通信**

删除当前场景，在实时模式下添加 PC4 向 Server2 发送的数据包，在 PDU

List Windows 中重复双击 Fire 项下的图标，至 Last Status 为 Successful。

进入模拟模式，单击 Play 按钮开始捕获数据，观察 PC4 发送的数据包的转发路径，当响应包返回 PC4 时，再次单击 Play 按钮停止捕获。

在此过程中，可以观察到 VLAN2 内的主机 PC4 发送的数据包经由 L3SW_1 转发，这是因为在 HSRP 配置时，将 L3SW_1 配置为 VLAN2 的活跃路由器，而 L3SW_2 为 VLAN2 的备份路由器。在网络正常运行时，活跃路由器 L3SW_1 转发 VLAN2 的数据。

✧　**步骤 2：观察 VLAN3 内 PC5 与外部通信**

删除当前场景，在实时模式下添加 PC5 向 Server2 发送的数据包，在 PDU List Windows 中重复双击 Fire 项下的图标，至 Last Status 为 Successful。

进入模拟模式，单击 Play 按钮开始捕获数据，观察 PC5 发送的数据包的转发路径，当响应包返回 PC5 时，停止捕获。

👁　**观察：** 注意观察 PC5 发送的数据包经由哪台三层交换机转发，将观察结果记录到实验报告中。

?　**思考：**（1）VLAN3 的活跃路由器是 L3SW_1 还是 L3SW_2？

（2）能否将 VLAN2 和 VLAN3 的活跃路由器设置为同一台三层交换机？结合实验和所学知识说明原因，并记录到实验报告中。

✧　**步骤 3：观察活跃路由器故障时，PC 与外部通信的情况**

删除当前场景，进入实时模式，单击 PC1，在其 Desktop 选项卡中单击 Command Prompt 图标，在命令行窗口中输入 ping 23.1.1.1-n 100 命令后按 Enter 键（该命令含义为：向 23.1.1.1 发送 100 个 ping 请求包）。

当 ping 23.1.1.1 的返回结果为持续连通状态时，打开 L3SW_1 的配置窗口，关闭 FastEthernet0/1 接口。

此时，再观察 PC1 的 Command Prompt 窗口，出现如图 7-12 中矩形框内所示的返回结果。其中，“Request timed out.”表示请求超时，“Reply from 172.16.20.252: Destination host unreachable.”表示目标主机（23.1.1.1）不可达。由此可见，L3SW_1 的 FastEthernet0/1 接口关闭后，PC1 与 23.1.1.1 之间的通信无法正常进行。

继续观察 PC1 的 Command Prompt 窗口，经过一个很短的时间后，返回结果重新恢复为连通状态，即 PC1 与 23.1.1.1 间通信恢复正常。这是因为当 HSRP 发现 L3SW_1 的 FastEthernet0/1 接口关闭时，降低了 L3SW_1 的优先级，使其切换为备用路由器，而 L3SW_2 成为 VLAN2 的活跃路由器，由 L3SW_2 接替

L3SW_1 实际转发 VLAN2 的数据，完成 PC1 与 23.1.1.1 间后续数据包的转发。

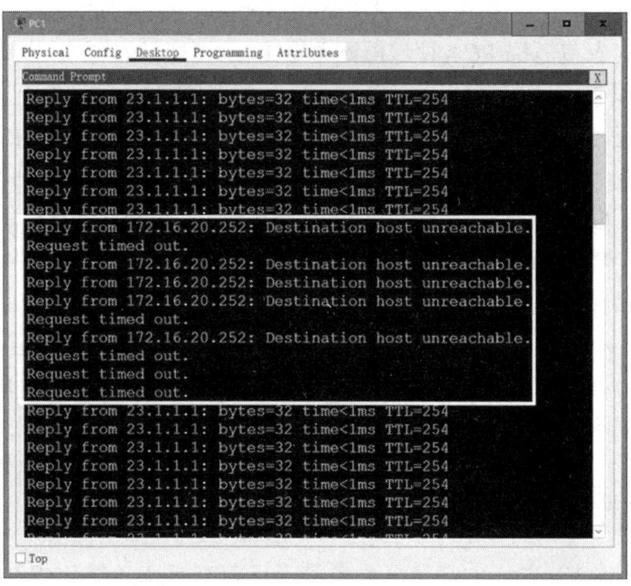

图 7-12　关闭 L3SW_1 的 FastEthernet0/1 后连通性的变化

◉　**观察**：重新打开 L3SW_1 的 FastEthernet0/1 接口，参照步骤 3，观察 VLAN3 内的 PC3 执行“ping 23.1.1.1　-n 100”过程中，关闭 L3SW_2 的 FastEthernet0/1 的通信情况，并将实验截图和观察结果记录到实验报告中。

?　**思考**：从表 7-3 信息可见，VLAN2 内主机的默认网关设置为 172.16.20.254（虚拟路由器 IP 地址）。请思考能否将其默认网关设置为活跃路由器 L3SW_1 的 IP 地址 172.16.20.252，为什么？将答案记录到实验报告中。